U0216294

基金项目

国家社科基金青年项目"明清闽台海洋政策变迁中的官府与士绅研究"（17CZS021）
福建省社科规划项目"明清海洋政策变迁中的福建官绅与海商研究"（FJ2015C209）
福建省高校杰出青年科研人才培育计划（2016）
闽南师范大学杰出青年科研人才培育计划（SJ14003）

国家出版基金项目
NATIONAL PUBLICATION FOUNDATION

苏惠苹 著

众力向洋：
明清月港社会人群与海洋社会

厦门大学出版社
XIAMEN UNIVERSITY PRESS

国家一级出版社
全国百佳图书出版单位

图书在版编目(CIP)数据

众力向洋:明清月港社会人群与海洋社会/苏惠苹著.—厦门:厦门大学出版社,
2018.4
(海上丝绸之路研究丛书)
ISBN 978-7-5615-6842-2

Ⅰ.①众… Ⅱ.①苏… Ⅲ.①海洋学-社会学-研究-漳州-明清时代 Ⅳ.①P7-05

中国版本图书馆 CIP 数据核字(2017)第 320863 号

出 版 人	郑文礼
责任编辑	薛鹏志
封面设计	夏 林
技术编辑	朱 楷

出版发行 厦门大学出版社

社　　址　厦门市软件园二期望海路 39 号
邮政编码　361008
总 编 办　0592-2182177　0592-2181406(传真)
营销中心　0592-2184458　0592-2181365
网　　址　http://www.xmupress.com
邮　　箱　xmup@xmupress.com
印　　刷　厦门集大印刷厂

开本　720mm×1000mm　1/16
印张　17
插页　2
字数　280 千字
印数　1~3 000 册
版次　2018 年 4 月第 1 版
印次　2018 年 4 月第 1 次印刷
定价　54.00 元

本书如有印装质量问题请直接寄承印厂调换

厦门大学出版社
微信二维码

厦门大学出版社
微博二维码

海上丝绸之路研究丛书

总　序

　　海上丝绸之路是自汉代起直至鸦片战争前中国与世界进行政治、经济、文化联络的海上通道，主要包括由中国通往朝鲜半岛及日本列岛的东海航线和由中国通往东南亚及印度洋地区的南海航线。海上丝绸之路涉及港口、造船、航海技术、航线、货品贸易、外贸管理体制、人员往来、民俗信仰等诸多内容，成为以往中外关系史、航运史、华侨史乃至社会史研究的热点领域。

　　当然所谓"热点"，也随时代的变化而呈现出冷热变化。鸦片战争前后，林则徐、姚莹、魏源、徐继畬、梁廷枏、夏燮等已开始思索有关中国与世界的海上关系问题，力图从历史的梳理中寻找走向未来的路。此时，中国开辟的和平、平等的海上丝绸之路何以被西方殖民、霸权的大航海之路所取代？中国是否应该建立起代表官方意志的海军力量，用于捍卫自己的国家利益，保证中国海商贸易的利益？

　　随着20世纪中外海上交通史学科的建立，张星烺、冯承钧、向达等对海上丝绸之路进行了诸多开拓性的研究。泉州后渚港宋代沉船的出土再度掀起了海上丝绸之路的又一股研究热潮，庄为玑、韩振华、吴文良等学者在这方面表现显著。20世纪80年代之后，海上丝绸之路研究又获得了国家改革开放的政策支持，呈现出"百花齐放，百家争鸣"的活跃局面。学者们对中国古代海外贸易制度演变、私人海上贸易、中国与东南亚海上交通路线、贸易商品和贸易范围等问题进行了更加深入的探讨。

　　进入21世纪，海上丝绸之路建设与研究逐渐明显地被纳入到"海洋强国"战略之中，先是有包括广州、漳州、泉州、福州、宁波、扬州、南京、登州、北海在内的诸多沿海港口的联合申请世界文化遗产项目的启动，继而有海洋考古内容丰富的挖掘成果，接着是建设海洋大国、海洋强国的政策引导，建设21世纪海上丝绸之路成为该领域研究更强劲的动员令。

从海上丝绸之路百年研究史中，我们能清晰地体会到其间反复经历着认同中华文明与认同西方文明的历史转换，亦反复经历着接受中国与孤立中国的话语变迁。

从经济贸易角度看，海上丝绸之路打通了中国与沿线国家之间的物资交流通道，中国的丝绸、陶瓷、茶叶和铜铁器纷纷输出到海外各国，海外各国的珍奇异兽等亦纷纷输入中国。在海上丝绸之路上活跃的人群频有变幻，阿拉伯人、波斯商人是截至南宋为止海上丝绸之路上的主角，时至明代，中国的大商帮如徽商、晋商、闽商、粤商乃至宁波商人、山东商人等等都纷纷走进利厚的海贸领域，他们不仅主导着中外货品的贸易，而且还多次与早先进入东亚海域的西班牙、葡萄牙、荷兰直至日本的海上拓殖势力展开了针锋相对的斗争，或收复台湾，或主导着澳门的早期开发。时至清代，中西海上力量在亚洲海域互有竞争与合作，冲突有时也会特别地激烈。中国的海上贸易力量在西方先进的轮船面前日益失去优势，走向了被动挨打的境地，但民间小股的海商、海盗乃至渔民仍然延续着哪怕是处于地下状态的海洋贸易，推动着世界范围内的物资交流与汇通。从文化交流角度看，货物的流动本身已是文化交流的重要载体，东亚邻国日本对"唐物"充满敬佩与崇拜，走出中世纪的欧洲亦痴迷中国历代的书画及各种工艺，因此，伴随着丝绸、陶瓷等的向外输出，优秀的中华文化亦反复掀起一波又一波的中国热。

在既往的海上丝绸之路研究中，或着眼于国际间的经贸往来，或着眼于港口地名的考辨、航海技术的使用与进步，或着眼于各朝海疆疆域、海洋主权的维护等内容，这些或被纳入中外关系史学科，或被定义为边疆史地研究，缺乏整体系统的全面把握。

重建21世纪海上丝绸之路战略的提出是在建设海洋强国的国策下的具体而微，这标志着中国将重启与海上丝绸之路沿线各国之间业已悠久存在的平等的国与国之间的政治关系、和谐的文化交流与融合互摄关系以及国与国之间友好的民间交往等等，历史的梳理便于唤起人们对共同文化理念的笃信，便于彼此重温既往共同精神纽带之缔结的机理，历史传统可以历经岁月的淘洗而显得清晰，亦势必将主宰人们的心理倾向和处世态度。

因此抓住重建21世纪海上丝绸之路的时代契机，认真开展历史上海上丝绸之路的人文思索和挖掘，其学术意义与社会意义都是不可小视的。借着国家"一带一路"策略的东风，海上丝绸之路研究进入了新的再出发阶段。与中国综合国力的迅速提升相比，中国当下的文化建设似未得到足够的重视。我们理应回归到更加理性的层面，思索在海上丝绸之路早期阶段中国话语权的树立，思索海上丝绸之路顿挫时期中国海洋话语权的失落，思索当今建设海上丝绸之路时我们在文化上、历史中可以寻找到的本土资源，形成具有中国风格、中国气派、中国特色的话语体系，弘扬儒家"仁"、"和"、"协同万方"思想，为新时期人类和谐、和平、合作开发利用和开发海洋做出我们自己的理论贡献。

如今，包括广州、漳州、泉州、福州、宁波、扬州、南京、登州、北海在内的九个港口城市联合申请世界文化遗产，这些城市的港口史研究均能被称为申遗的重要佐证。

如今，海洋考古取得了长足的发展，诸多的沉船考古新发现为我们拓展海上丝绸之路的研究提供了丰赡翔实的资料来源。

如今，若干新理论、新方法和新史料的调查、汇集与整理为我们开展专题性的研究提供了更好的平台。

我们有充分的理由相信，海上丝绸之路系列丛书的面世将能够向世人充分展示海上丝绸之路更加丰富的历史面貌，揭示以中国为主导的海上丝绸之路时代贸易的实态、参与人群及其生活方式、海洋贸易及其制度管理状况等，从而使中国海上丝绸之路文化有更进一步的呈现，为新时期海上丝绸之路建设提供一份资鉴。

王日根

2016 年 12 月

目　　录

第一章

绪　论

海洋文明与农耕文明、游牧文明共同构成了中华文明的辉煌历程。海上丝绸之路是东西方经济、政治、文化交流的重要通道,两千多年的海上丝绸之路文化为人类发展史做出了巨大的贡献。以福建漳州月港为中心的东南海洋区域是这条全球性文化线路中不可缺失的角色。从明代中叶起,这一区域汇集了东西方各股海洋力量,是中国海洋文明对外传播和东西方文明碰撞交融的重要桥头堡。隆庆初年,明朝政府在漳州月港设置海澄县,实行有限制地部分开放海禁政策,准贩东西二洋,月港成为唯一合法的民间海外贸易港口。此后,明朝政府在此设置督饷馆,征收商税,是为近代海关之先声。以月港商人为主要代表的中国海商日渐活跃在南中国海,通过与西班牙、葡萄牙以及荷兰等西方国家商人的贸易往来,将国内市场与世界市场联系起来。入清之后,伴随着台湾问题的解决,清朝政府开始探索经略海洋,设置海关,开厦门港与鹿耳门港对渡,其海洋政策走过了艰难历程。在这一过程中,无数闽人通过月港走出漳州,到达台湾及东南亚等地。时至今日,祖籍漳州的台湾同胞和海外侨胞依然是中华文化对外传播的重要媒介。

明清时期,闽台海洋区域地处中原王朝的边缘地带。本书在明清时期海上丝绸之路变迁的历史背景下,选取福建漳州月港为切入点,从海洋社会本身的发展状况出发,探讨和研究中央与地方各级政府,特别是沿海士绅、普通百姓这些人物在海洋政策变迁中的作为和影响,研究它们之间的互动关系,以期对推进"一带一路"倡议和建设海洋强国战略有所裨益。

第一节　选题缘起

一、选题缘起

　　回首漫漫求学路，一路走来，收获颇丰。硕士研究生期间，导师王日根教授鼓励我们各自寻找自己的学术兴趣点，进行相关学习和课堂讨论。作为一名今天的海澄人，明代享有"南方小苏杭"盛誉的月港首先引起了我的兴趣。紧接着，在导师的指导下，我开始较为系统地阅读了相关的史料和学术论著。最终，我把关注点放宽到明清两代的闽台海港，写成硕士学位论文《明中叶至清前期海洋管理中的朝廷与地方——以明代月港、清代厦门港、鹿耳门港为中心的考察》。[①] 论文以明中叶至清前期海洋管理中朝廷与地方的关系为研究对象，将包括月港、厦门港和鹿耳门港在内的闽台海港纳入到海洋管理的范畴内，探讨海乱过后，明清两朝中央政府在中原王朝体制之下所作出的因应措施，同时，围绕这三个海港做个案分析，揭示了海洋管理制度之下，中央朝廷与地方官府、地方海洋社会之间的复杂关系，从中透视出明清两朝政府在边疆治理问题上的得失。

　　博士研究生期间，在老师的引导下，我在原来关注的问题上，对来自福建籍的士绅产生了兴趣，并开始阅读他们的著述，发现从明中叶开始，随着海洋贸易的兴盛，这些士绅带着鲜明的时代特色，他们留下了大量关于海洋的著述。跟老师沟通之后，我在关注闽籍士绅的同时也注意到政府作为对海洋社会的重要影响。首先，从原始材料入手，对康熙时期海疆政策的演变情况进行了一番梳理，深化了此前对这一时期海疆政策反复变化的理解。同时，我们也看到，闽籍士绅作为当时东南海疆社会的一员，他们或居庙堂之上，或驰骋沙场，是康熙帝在海洋管理问题上引为肱骨的重要顾问，他们的言行足以影响清朝政府海洋政策的走向。闽籍士绅与明清时期东南海疆

---

　　① 苏惠苹：《明中叶至清前期海洋管理中的朝廷与地方——以明代月港、清代厦门港、鹿耳门港为中心的考察》，厦门大学硕士学位论文，2008 年。

社会治理之间的关系由此可见一斑。

紧接着,博士一年级暑假期间,我在查找资料的过程中,看到了福建省龙海市图书馆收藏有明清以来漳州府龙溪县和海澄县相关家族的一些族谱,这些第一手的民间文献对于我理解明清时期海洋社会的情况起了很大的补充作用。尽管学术界关于泉州湾、厦门湾的研究成果较多,近年来杨国桢教授提出"大厦门湾"的概念,但涉及月港港区海洋区域社会经济研究成果还不是很多。目前,学术界围绕月港作了很多的探索与研究,但是大多集中于明代月港的讨论,特别关注贸易史方面,而对于整个地方海洋社会经济变迁的情况却较少涉及,月港从历史的叙述中逐渐消失。因此,我希望能将明清两朝政府的海洋政策落实到具体的地方社会中,将包括月港在内的九龙江下游两岸的广大区域放置到一个比较长的历史时段中进行考察,力图揭示16—19世纪以来漳州九龙江下游两岸区域为代表的闽南海洋社会经济发展与变迁的历史过程。

二、明清时期九龙江下游两岸区域的自然地理概况

九龙江是福建省内仅次于闽江的第二大河流,最早名为"柳营江",因"六朝以来,戍闽者屯兵于龙溪,阻江为界,插柳为营",[①]故名。九龙江流域面积14741平方千米,河流干线长度285千米。九龙江由北溪、西溪两大支流和南溪组成,其中北溪和西溪在三叉河交汇,后分三派流经乌礁洲、许茂洲和泥仔洲(今龙海市紫泥镇),在浮宫处与南溪汇合,流入大海。

九龙江河口属厦门湾的一部分,江口以沉积地貌为主,包括河口三角洲和北岸边滩——海沧以西的冲击平原,故九龙江口地貌的演变,主要体现为高建设性三角洲的增长过程,即河口沙洲不断发育的过程。[②]九龙江下游的漳州平原是福建省四大平原之一,地势较为平坦,利于耕种,滨海地方受潮汐影响较大。本区域属于亚热带季风湿润气候,年平均气温在二十度左右,每年六至九月常有台风来袭,这一方面对于缓和高温天气有一定的帮

---

① (清)陈寿祺等撰:《福建通志》卷八十五,《关隘》,清同治十年(1871年)重刊本之影印本,台北:华文书局股份有限公司,1968年。

② 李智君、殷秀云:《近500年来九龙江口的环境演变及其民众与海争田》,《中国社会经济史研究》2012年第2期。

图 1-1　九龙江下游两岸区域卫星图

助,另一方面台风带来的暴雨也容易造成洪涝灾害。

第二节　学术史回顾与相关界定

一、学术史回顾

本书涉及的研究领域甚多,不一而足。下面,笔者将选取与本书中心主题密切相关的几个方面,进行学术史回顾。

(一)有关明清时期海洋政策的总体研究

本书涉及的九龙江下游两岸区域属于福建沿海地区。福建,地处明清两朝政府的东南海疆,中央政府针对本地区,特别是沿海地方所实行的一系列的管理政策,均属于海疆治理的范畴。因此,我们有必要先对明清时期海疆史的总体研究状况进行一番简单的梳理。

边疆史是学术界比较关注的课题之一,20 世纪前半叶成果显著,后来由于复杂的历史原因,边疆史地研究一度低迷。20 世纪 70 年代以来,由于国内外形势发展的需要,这个学科重新焕发出新的生机。[①] 马大正的《二十世纪的中国边疆史地研究》一文,系统地总结了 20 世纪以来的中国边疆史研究概况。[②] 20 世纪 80 年代以后,随着研究机构的建立、专业学术刊物的创刊和大型课题的设立,清代边疆史研究进入全面发展阶段。在早先捍卫领土主权的基础上,增加了边疆开发的讨论,[③]近年来表现出与民族史日益结合的趋势。[④] 虽然中国边疆史地研究成绩斐然,但是,通过对学术史的回顾,我们可以知道,20 世纪 80 年代以前,大多数的学术讨论和研究集中于陆疆方面。然而,中国的边疆,不仅包括陆疆,还应该包括海疆。以往人们多注重陆疆问题而疏于海疆的研究。[⑤] 这种情况在 20 世纪 80 年代以来逐渐得到纠正,越来越多的学人不断投身到海疆史地研究的队伍当中。

落实到明清时期的海洋观上,何瑜认为:与明朝相比,清王朝的海防范围虽多有扩大,但统治集团和士大夫阶层的海疆观念,却没有太大的改变,当时海疆所指仍主要是东南的海防区域,即东南沿海的府县,包括海口、沿海半岛和大小岛屿等,其海洋国土的领海观念,直到清朝末年也没有形成。[⑥] 而李德元的《海疆迷失:对中国传统海疆观念的反思》一文则是从宏观角度对中国传统海疆观念的特质、产生和发展的渊源及其影响进行了检讨。[⑦] 另外,黄顺力的《海洋迷思:中国海洋观的传统与变迁》一书,分析了中国传统的海洋观及其鸦片战争后向近代转型的历史变迁过程。[⑧]

有关明清时期海疆史的研究,起步较晚,直到本世纪初才出现了通史类著作——《中国海疆通史》。[⑨] 王日根的《明清海疆政策与中国社会发展》是

① 吕一燃:《二十年来边疆史地研究的回顾和展望》,《史学理论研究》1992 年第 1 期。

② 马大正:《二十世纪的中国边疆史地研究》,《历史研究》1996 年第 4 期。

③ 冷土:《十年来清代边疆开发史研究概况》,《清史研究》1991 年第 2 期。

④ 钞晓鸿、郑振满:《二十世纪的清史研究》,《历史研究》2003 年第 3 期。

⑤ 马汝珩、马大正主编:《清代的边疆政策》,北京:中国社会科学出版社,1994 年,第 2 页。

⑥ 何瑜:《清代海疆政策的思想探源》,《清史研究》1998 年第 2 期。

⑦ 李德元:《海疆迷失:对中国传统海疆观念的反思》,《厦门大学学报》(哲学社会科学版)2006 年第 2 期。

⑧ 黄顺力:《海洋迷思:中国海洋观的传统与变迁》,南昌:江西高校出版社,1999 年。

⑨ 张炜、方堃主编:《中国海疆通史》,郑州:中州古籍出版社,2003 年。

近年来研究明清海疆政策的专著,侧重从海防政策、海洋贸易政策和海洋移民政策三个方面考察了明清时期的海疆政策,探讨了明清时期海疆政策的形成过程及其对中国社会的影响。① 另外,马汝珩、马大正主编的《清代的边疆政策》一书对清代的海疆政策也有一番论述。编者认为:"恩威并施"与"因俗而治"是清朝政府治边的基本方针。② 海疆治理是国家边疆政策不可分割的一部分,但历代封建统治者均重陆防而忽视海疆。清廷定鼎中原以后,对海疆问题虽一刻未曾忽视,但囿于内外形势,其前期的治边重点亦在西北,形成陆疆积极进取,海疆保守防御的治边整体特征。③ 何瑜更进一步指出,清前期清朝统治者重西北陆疆而轻东南海疆,甚至在某些方面还表现出消极的一面。④ 此外,他还认为:康熙一朝,是清代海疆政策形成的初始阶段。此后雍、乾、嘉、道各朝虽各有发展,但以海治海、以汉治汉的基本方针始终未变,同时防夷、御夷之策却日趋严密,最终形成以"禁"、"防"二字为主的系统的海疆政策。⑤

在康乾盛世海疆政策的主要目标问题上,何瑜认为:在清廷统一台湾之后,其政策的主要目标是内防汉人,外防洋人,尤其是防备内外联合形成大规模的反清势力。在内防方面其主要内容是抑制台湾的发展,推行"为防台而治台"的治台政策,和防止沿海商民与南洋吕宋、噶喇吧等国的勾连串通。但随着时间的推移,18世纪中叶以后,以英国为首的西方国家不断扩大对华贸易,中西冲突与日俱增。清政府海疆政策的主要目标逐步变为以防外为主,防内为辅。在对内方面,乾隆五十一年(1786年),清廷镇压台湾林爽文起义之后,对台政策则逐步出现了缓和。⑥

卢建一在《试论明清时期的海疆政策及其对闽台社会的负面影响》一文中提出,明清海疆政策是针对当时东南沿海的客观形势变化而制定的,以消极防守为指导思想,为统治者的政治总目的服务。其一是明清的海禁,其二

① 王日根:《明清海疆政策与中国社会发展》,福州:福建人民出版社,2006年。
② 马汝珩、马大正主编:《清代的边疆政策》,北京:中国社会科学出版社,1994年,第61页。
③ 马汝珩、马大正主编:《清代的边疆政策》,北京:中国社会科学出版社,1994年,第200页。
④ 何瑜:《清代海疆政策的思想探源》,《清史研究》1998年第2期。
⑤ 何瑜:《康熙晚年清政府海疆政策变化原因探析》,《清史研究》1991年第2期。
⑥ 何瑜:《康乾盛世与海疆政策》,《清史研究》1993年第1期。

是防务重心南移。海疆政策的实施,基本上达到维护海疆安定的效果。但此政策造成的负面影响是:使原有的海洋经济衰退,沿海社会经济惨遭破坏,同时使敌对力量加大,增加了海防的难度。① 另外,范金民认为,明清时代的海洋政策,无论是严禁还是开海,无论是四口通商还是一口通商,指导思想上尽量限制民间航海力量与海外的交往。中国民间海外贸易势力始终得不到正常的发展,民间海上力量也就难以与有着强大国家支持的西方殖民航海势力相竞争。②

开海与禁海的研究也是近二十年来学术界关注的主要问题之一。张立凡的《试论明代廷争的社会影响——兼论明代倭寇与禁海》③、韦庆远的《论康熙时期从禁海到开海的政策演变》④、范东升的《浅谈清初海禁对台湾开发的作用》⑤、李金明的《清康熙时期的开海与禁海的目的初探》⑥、林仁川的《明后期海禁的开放与商品经济的发展》⑦、刘奇俊的《清初开放海禁考略》⑧、陈东有的《试论明代后期对外贸易的禁通之争》⑨、王日根的《明清海洋管理政策刍论》⑩等都是这方面的论文,分别从不同的角度探讨了开海与禁海的转变及其后续影响。

根据上面的内容,我们可以看到,目前学术界关于明清时期海洋政策的研究成果主要集中于政策本身及其演变、乃至特征和影响等方面。

① 卢建一:《试论明清时期的海疆政策及其对闽台社会的负面影响》,《福建论坛·人文社会科学版》2002 年第 3 期。

② 范金民:《明清海洋政策对民间海洋事业的阻碍》,《学术月刊》2006 年第 3 期。

③ 张立凡:《试论明代廷争的社会影响——兼论明代倭寇与禁海》,《吉林师范大学学报》(人文社会科学版)1984 年第 2 期。

④ 韦庆远:《论康熙时期从禁海到开海的政策演变》,《中国人民大学学报》1989 年第 3 期。

⑤ 范东升:《浅谈清初海禁对台湾开发的作用》,《武汉教育学院学报》1989 年第 3 期。

⑥ 李金明:《清康熙时期的开海与禁海的目的初探》,《南洋问题研究》1992 年第 2 期。

⑦ 林仁川:《明后期海禁的开放与商品经济的发展》,《安徽史学》1992 年第 3 期。

⑧ 刘奇俊:《清初开放海禁考略》,《福建师范大学学报》(哲学社会科学版)1994 年第 3 期。

⑨ 陈东有:《试论明代后期对外贸易的禁通之争》,《南昌大学学报》(社会科学版)1997 年第 2 期。

⑩ 王日根:《明清海洋管理政策刍论》,《社会科学战线》2000 年第 4 期。

（二）有关明清时期海洋贸易的研究

有关明清时期海洋贸易的研究成果，可谓是汗牛充栋。我们知道，根据具体活动的范围，海洋贸易大致上可以分为海外贸易和国内贸易两大部分。因为本书的时间断限为 16 至 19 世纪，所以，在以下的内容中，笔者仅选取与本书主题关系较为密切的部分进行学术史回顾。

首先，有关明清时期海洋贸易的研究成果，早在 20 世纪四五十年代，傅衣凌就写成了《明清时代商人及商业资本》，对明清时代的商人及商业资本作了比较深入的讨论。其中，《明代福建海商》提到了从 15 世纪到 17 世纪80 年代郑氏占据台湾时，即以明代为中心的前后三百多年间，是福建沿海商人最活跃的一个时期，尤其是 17 世纪的福建海商，已经发展到自由商人的阶段。[①] 书中提及了当时以月港为中心的海商情况，这一区域就是此前走私商人以及此后合法出洋海商的重要聚集地。另外，傅衣凌也撰文探讨了清代前期厦门洋行的情况。[②]

在明代海外贸易研究的问题上，尽管有许多学者对郑和下西洋等议题进行了深入研究，但是与此同时，更多的学者集中于明中叶之后海上贸易的探讨。

由于隆庆初年，明朝政府在漳州月港实行有限度的开放海禁政策，奠定了月港明中叶之后独揽中国普通百姓贩洋之利的独特地位。因此，研究明中叶之后海上贸易的专家学者对月港给予了相当的关注。其中，20 世纪 40年代左右，胡寄馨的《国内港口居重要地位为厦门兴起先声的月港（海澄）》一文当为月港研究的先声。[③] 后来外籍学者菲律乔治发表了《西班牙与漳州之初期通商》一文，该文由薛澄清翻译成中文。[④] 此后的二三十年间，史学界几乎没有人问津月港研究。直至 20 世纪 80 年代初，月港重新进入史

---

① 傅衣凌：《明清时代商人及商业资本》，《傅衣凌著作集》，北京：中华书局，2007 年，第 103～153 页。

② 傅衣凌：《明清时代商人及商业资本》，《傅衣凌著作集》，北京：中华书局，2007 年，第 188～203 页。

③ 胡寄馨：《国内港口居重要地位为厦门兴起先声的月港（海澄）》，《明代福建对外贸易港研究》第四章，厦门大学国学研究会出版，1947 年。

④ （美）菲律乔治：《西班牙与漳州之初期通商》，该文由薛澄清译自《中国评论》第 19卷第 4 期，原载《南洋问题资料译丛》1957 年第 4 期。

学界的视野,逐渐成为我国古代海外交通贸易史研究的热点之一。1982 年
10 月,明代漳州月港学术研讨会在福建漳州召开,会后出版了论文集,进一
步推动了月港研究的步伐。① 此后,林仁川的《明末清初私人海上贸易》②和
《福建对外贸易与海关史》③、李金明的《明代海外贸易史》④和《漳州港》⑤、蓝
达居的《喧闹的海市》⑥、廖大珂的《福建海外交通史》⑦等专著都不同程度地
涉及了月港走私以及合法开海时代海洋贸易的情况。值得一提的是,林仁
川的《明末清初私人海上贸易》是我国第一部研究私人海上贸易史的专著,
该著作从明末清初私人海上贸易发展的历史背景、私人海上贸易商人反海
禁的斗争、贸易集团的形成、商港的出现、贸易的国家和地区、贸易商品的贸
易额与利润率、贸易的管理与条令、贸易的特点和性质、贸易的影响和作用
以及贸易的困难和障碍等方面进行了系统的论述。而漳州月港作为当时私
人海上贸易的重要港口之一,林仁川在著作中花了大量的篇幅来讨论。而
李金明的《漳州港》则是研究明代漳州月港的专著,他从中外文献的解读出
发,将月港放到世界史的角度去认识,使其与世界海洋贸易发展的进程联系
起来,并且深刻地检讨了月港在海外贸易史上的地位。除了学术专著之外,
还有许多论文也谈到了月港,例如李金明的《十六世纪中国海外贸易的发展
与漳州月港的崛起》⑧、《闽南文化与漳州月港的兴衰》⑨、《十六世纪漳泉贸
易港与日本的走私贸易》⑩等论文。值得我们注意的是,许多专家学者在阅
读史料之余,还亲自前往月港地方进行实地考察,除了我们前面提到的林仁

① 陈自强:《月港研究回顾与〈漳州港〉评介》,《泉漳集》,香港:华文国际出版社,2004
年。

② 林仁川:《明末清初私人海上贸易》,上海:华东师范大学出版社,1987 年。

③ 林仁川:《福建对外贸易与海关史》,厦门:鹭江出版社,1991 年。

④ 李金明:《明代海外贸易史》,北京:中国社会科学出版社,1990 年。

⑤ 李金明:《漳州港》,福州:福建人民出版社,2001 年。

⑥ 蓝达居:《喧闹的海市:闽东南港市兴衰与海洋人文》,南昌:江西高校出版社,1999
年。

⑦ 廖大珂:《福建海外交通史》,福州:福建人民出版社,2002 年。

⑧ 李金明:《十六世纪中国海外贸易的发展与漳州月港的崛起》,《南洋问题研究》1999
年第 4 期。

⑨ 李金明:《闽南文化与漳州月港的兴衰》,《南洋问题研究》2004 年第 3 期。

⑩ 李金明:《十六世纪漳泉贸易港与日本的走私贸易》,《日本问题研究》2006 年第 4
期。

川之外,林汀水的《海澄之月港港考》一文也显示了实地调研的成果。① 另外,陈微的学位论文《月港开放与世界贸易网络的形成》试图从世界经济贸易发展和世界贸易网络的高度,通过对漳州月港的兴起、月港开放与西方势力的东进、准贩东西二洋与月港的对外贸易、朝贡贸易的衰落与新的贸易格局的形成等方面的阐述,阐明在明中叶之后,漳州月港与东南亚和欧美各国的海上贸易活动在世界经济贸易中的地位与作用,以及世界贸易网络的形成。② 如果说历史曾经遗忘了月港的话,那么现在一系列专著的出版和论文的发表可谓是月港乃至明代海外贸易史研究的一大幸事。

明代海外贸易管理制度是研究本时期海外贸易情况的重要课题之一。除了上面我们提到的专著之外,张亨道的《明代后期督饷馆税制》③和林枫的《明代中后期的市舶税》④就是这一类的论文。其中,林枫将嘉万年间月港与澳门两地贸易额、贸易利润与税额之间的比例进行了分析,认为月港开放有限,走私普遍存在,政府课税对象狭隘,且税率极低,巨额财富滞留海商手中,国家税源严重流失。另外,在《明海洋管理制度化进程中的朝廷与地方》一文中,作者将视角放在明代隆万年间海洋管理制度的演变过程上,考察月港舶税征收制度化进程中朝廷与地方、官与民之间的复杂关系。⑤ 而郑有国、苏文菁则认为,明朝政府选择月港为私人海上贸易的开放港,是多方力量博弈的结果,体现了封建王朝的保守性。⑥

除了前面提到的有关专著和论文之外,值得一提的是松浦章的《明代末期的海外贸易》,在文章中,作者根据稀见史料,系统探讨了 17 世纪初期,包含明末的中国、日本、东南亚地区等广大地域的航海贸易的真实情况,尤其是中国福建、浙江商人航海贸易的实际状况。⑦ 另外,洪佳期的《试论明代海外贸易立法活动及其特点》一文,则从法律的角度分析明代海外贸易的立

---

① 林汀水:《海澄之月港港考》,《中国社会经济史研究》1995 年第 1 期。

② 陈微:《月港开放与世界贸易网络的形成》,福建师范大学硕士学位论文,2006 年。

③ 张亨道:《明代后期督饷馆税制》,《第七届明史国际学术讨论会论文集》,1999 年。

④ 林枫:《明代中后期的市舶税》,《中国社会经济史研究》2001 年第 2 期。

⑤ 王日根、苏惠苹:《明海洋管理制度化进程中的朝廷与地方》,《大连大学学报》2008 年第 4 期。

⑥ 郑有国、苏文菁:《明代中后期中国东南沿海与世界贸易体系——兼论月港"准贩东西洋"的意义》,《福州大学学报》(哲学社会科学版)2009 年第 1 期。

⑦ 松浦章:《明代末期的海外贸易》,《求是学刊》2001 年第 2 期。

法活动及其特点,认为明代海外贸易立法采取严禁出海贸易、限制外商来华贸易以及迫不得已开放个别港口的政策。其立法包括中央立法与地方立法两大部分,未成独立的体系。其特点主要有:立法内容单一,零散,创新少;立法反复,稳定性差;重海禁律法。①

清代前期海外贸易政策研究是近三十年学术界研究的一个热点问题。自 1979 年戴逸发表《闭关政策的历史教训》一文后,越来越多的学者开始把清朝前期对外政策的研究集中到海外贸易政策方面,争论的中心是清朝前期海外贸易政策是闭关政策还是开放政策。② 王永曾的《清代顺康雍时期对外政策论略》③、夏秀瑞的《清代前期的海外贸易政策》④、徐凤媛的《康熙年间的海外贸易》⑤、王超的《清代海外贸易政策的演变》⑥和王丽英的《简论清代前期的外商政策》⑦等论文从政策出发探讨了清代前期海外贸易的情况。张乃和的《15—17 世纪中英海外贸易政策比较研究》一文则从比较的角度,在海外贸易政策的总体取向、具体进出口商品贸易政策以及国别或地区贸易政策等方面比较了中英两国海外贸易政策之间的异同及其根源和影响。⑧

不过,诚如陈尚胜所说,在相当长的时间内,对清前期海外贸易政策的研究是独立进行的,缺乏比较性研究。对明清两朝的海外贸易政策进行比较,不仅可以揭示清朝前期海外贸易政策对明朝相关政策的传承,并通过这种传承来探讨中国封建社会晚期王朝涉外政策的一般特征,而且还可以观察出清朝前期海外贸易政策与明朝相关政策的变化,从而进一步加强对清朝前期涉外政治行为特殊性的研究。文章中,他从官方出海贸易政策、海外

---

① 洪佳期:《试论明代海外贸易立法活动及其特点》《法商研究》2002 年第 5 期。

② 陈尚胜:《"闭关"或"开放"类型分析的局限性——近 20 年清朝前期海外贸易政策研究述评》,《文史哲》2002 年第 6 期。

③ 王永曾:《清代顺康雍时期对外政策论略》,《甘肃社会科学》1984 年第 5 期。

④ 夏秀瑞:《清代前期的海外贸易政策》,《广东社会科学》1988 年第 2 期。

⑤ 徐凤媛:《康熙年间的海外贸易》,《黑龙江民族丛刊》1997 年第 2 期。

⑥ 王超:《清代海外贸易政策的演变》,《辽宁师范大学学报》(社会科学版)2001 年第 1 期。

⑦ 王丽英:《简论清代前期的外商政策》,《惠州学院学报》(社会科学版)2006 年第 2 期。

⑧ 张乃和:《15—17 世纪中英海外贸易政策比较研究》,《吉林大学社会科学学报》2001 年第 4 期。

国家朝贡贸易政策、本国商民出海贸易政策、外国商民来华贸易政策、关税政策等五个方面进行分析,认为明朝与清朝前期没有本质的差异。清朝前期的许多海外贸易政策不仅直接继承于明朝,而且在很多方面比明朝更加务实,更有利于国计民生。[①] 张彬村的《明清两朝的海外贸易政策:闭关自守?》[②]、史志宏的《明及清前期保守主义的海外贸易政策》[③]、《明及清前期保守主义的海外贸易政策形成的原因及历史后果》[④]二文、冯飞鹏的《对明清政府海外贸易政策的反思》[⑤]、范金民的《明清海洋政策对民间海洋事业的阻碍》[⑥]、尚畅的《从禁海到闭关锁国——试论明清两代海外贸易制度的演变》[⑦]以及彭巧红的《明至清前期海外贸易管理机构的演变——从市舶司到海关》[⑧]等都是属于探讨这方面问题的文章。

具体落实到福建地区的海洋贸易情况的研究,自 20 世纪八九十年代以来,黄福才的《台湾商业史》[⑨]、黄国盛的《鸦片战争前的东南四省海关》[⑩]、陈国栋的《东亚海域一千年》[⑪]等论著纷纷出版,从不同的角度分析了明中叶至清前期中国东南沿海特别是福建地区海洋贸易的具体情况。在具体海港

---

① 陈尚胜:《明与清前期海外贸易政策比较——从万明〈中国融入世界的步履〉一书谈起》,《历史研究》2003 年第 6 期。

② 张彬村:《明清两朝的海外贸易政策:闭关自守?》,《中国海洋发展史论文集》第 4辑,1991 年。

③ 史志宏:《明及清前期保守主义的海外贸易政策》,《中国经济史研究》2004 年第 2期。

④ 史志宏:《明及清前期保守主义的海外贸易政策形成的原因及历史后果》,《中国经济史研究》2004 年第 4 期。

⑤ 冯飞鹏:《对明清政府海外贸易政策的反思》,《玉林师范学院学报》(哲学社会科学版)2006 年第 2 期。

⑥ 范金民:《明清海洋政策对民间海洋事业的阻碍》,《学术月刊》2006 年第 3 期。

⑦ 尚畅:《从禁海到闭关锁国——试论明清两代海外贸易制度的演变》,《湖北经济学院学报》(人文社会科学版)2007 年第 10 期。

⑧ 彭巧红:《明至清前期海外贸易管理机构的演变——从市舶司到海关》,厦门大学硕士学位论文,2002 年。

⑨ 黄福才:《台湾商业史》,南昌:江西人民出版社,1990 年。

⑩ 黄国盛:《鸦片战争前的东南四省海关》,福州:福建人民出版社,2000 年。

⑪ 陈国栋:《东亚海域一千年》,济南:山东画报出版社,2006 年。

的研究问题上,除了《厦门港史》①、《厦门海外交通》②、《厦门港》③、《陆岛网络:台湾海港的兴起》④等有关专著之外,更多的是大量学术论文的发表。例如,《明末清初厦门港的崛起与陶瓷贸易》⑤、《试论清朝前期厦门海外贸易管理》⑥等论文都是关于具体海港海外贸易的讨论。另外,博士学位论文《十九世纪中叶以前厦门湾的历史变迁》⑦和《流动的边界:宋元以来泉州湾的地域社会与海外拓展》⑧,对厦门港和泉州港给予了极大关注。

在清代闽台对渡贸易的具体方面,戴清泉发表于1993年的《清代的闽台对渡及其影响》一文,阐述了清廷对台政策的转变与闽台对渡的演变过程,介绍了闽台对渡的管理,指出闽台对渡的实施对台湾的经济繁荣产生了巨大的促进作用和深远的影响。⑨ 黄国盛在《论清代前期的闽台对渡贸易政策》、《论清代前期的闽台对渡贸易政策(续)》二文中指出,从单口对渡到多口对渡,随着清代闽台对渡贸易政策的实施和不断调整,海峡两岸社会经济进入了新的发展时期。⑩ 而丁玲玲的《清代泉台对渡贸易浅析》则把关注点放到了泉台对渡,分析了泉台对渡贸易的背景及影响。⑪

(三)有关明清时期海洋移民的研究

有关移民史的研究,葛剑雄主编的《中国移民史》是重要的专著,其中第5、6卷涵盖了明清至民国时期中国人移民海内外国家和地区的总体情况。⑫

有关清代移民台湾政策的制定,大陆学者李祖基对学术界的研究成果

① 厦门港史志编纂委员会:《厦门港史》,北京:人民交通出版社,1993年。

② 李金明:《厦门海外交通》,厦门:鹭江出版社,1996年。

③ 顾海:《厦门港》,福州:福建人民出版社,2001年。

④ 吕淑梅:《陆岛网络:台湾海港的兴起》,南昌:江西高校出版社,1999年。

⑤ 陈建标:《明末清初厦门港的崛起与陶瓷贸易》,《南方文物》2004年第2期。

⑥ 冯立军:《试论清朝前期厦门海外贸易管理》,《南洋问题研究》2001年第4期。

⑦ 余丰:《十九世纪中叶以前厦门湾的历史变迁》,厦门大学博士学位论文,2007年。

⑧ 蒋楠《流动的边界:宋元以来泉州湾的地域社会与海外拓展》,厦门大学博士学位论文,2009年。

⑨ 戴清泉:《清代的闽台对渡及其影响》,《大连海运学院学报》1993年第3期。

⑩ 黄国盛:《论清代前期的闽台对渡贸易政策》,《福州大学学报》(哲学社会科学版)2000年第2期。黄国盛:《论清代前期的闽台对渡贸易政策(续)》,《福州大学学报》(哲学社会科学版)2000年第3期。

⑪ 丁玲玲:《清代泉台对渡贸易浅析》,《福建商业高等专科学校学报》2004年第6期。

⑫ 葛剑雄主编:《中国移民史》第五、六卷,福州:福建人民出版社,1997年。

作了梳理。他认为关于清初移民台湾的这一政策的系统表述,最早见于日本学者伊能嘉矩的《台湾文化志》[①],以后庄金德的《清初严禁沿海人民偷渡来台始末》[②]、台湾省文献委员会编的《台湾省通志稿》[③]、林衡道的《台湾史》[④]以及大陆学者的相关论著,如陈碧笙的《台湾地方史》[⑤]等皆沿用这一说法,并认为这一政策的颁布与当时福建水师提督施琅的建议有关。由于伊能氏原书中未注明出处,后人也多未见到这一政策的原始资料,所以所有学者都对这一说法产生怀疑。例如,邓孔昭在《台湾移民史研究中的若干错误说法》一文中通过史料的比对,澄清了清政府禁止大陆人民"偷渡"台湾、禁止赴台者携眷的政策的实行始于康熙二十二年(1683 年)和二十三年(1684 年),乾隆二十九年(1764 年)清政府取消了不许赴台携眷的禁令等一些有影响的错误说法,提出了清政府禁止偷渡和禁止赴台携眷的政策不是一开始就有的,而是逐渐形成的看法。[⑥] 而李祖基则通过对诸多史料的详细考证,提出这一政策的颁定时间应在康熙二十四年至二十九年(1685—1690)之间,而且这一政策的形成的确与施琅有关。除此之外,实际上,清政府禁止的只是无照渡台,对于申领照单,循正当合法途径渡台者,从来没有限制过。[⑦] 另外,曾少聪和刘正刚运用比较的方法,分别将清代海洋移民台湾与菲律宾、明清闽粤移民台湾与四川的情况作了深入的分析和研究,并在博士学位论文的基础上出版了学术专著。[⑧]

关于中国人移民海外的情况,学术界也做了大量的研究。海外的国人,被称之为华侨,较为可靠的记载始于汉代,因此,国人移民海外的情况与华侨研究密切相关。1989 年,庄国土出版了专著《中国封建政府的华侨政策》。他认为,有明一代,政府禁止民人移居国外,认为留居国外的华侨是

---

① 伊能嘉矩:《台湾文化志》,南报:台湾省文献委员会,1985 年。
② 庄金德:《清初严禁沿海人民偷渡来台始末》,《台湾文献》第 14 卷第 3 期,1964 年。
③ 《台湾省通志稿》,南投:台湾省文献委员会,1969 年。
④ 林衡道:《台湾史》,台北:众文图书公司,1984 年。
⑤ 陈望笙:《台湾地方史》,北京:中国社会科学出版社,1982 年。
⑥ 邓孔昭:《台湾移民史研究中的若干错误说法》,《台湾研究集刊》2004 年第 2 期。
⑦ 李祖基:《论清代移民台湾之政策——兼评〈中国移民史〉之"台湾的移民垦殖"》,《历史研究》2001 年第 3 期。
⑧ 曾少聪:《东洋航路移民:明清海洋移民台湾与菲律宾的比较研究》,南昌:江西高校出版社,1998 年;刘正刚:《东渡西进:清代闽粤移民台湾与四川的比较》,南昌:江西高校出版社,2004 年。

"贱民"、"无赖"等；入清之后，清朝政府在前朝政令的基础上制定了更加严厉的管理制度，华侨沦为海外弃儿。尽管清代初期、中期对华侨出入国的政策对华侨出入国和国外华侨社会的发展无疑会产生影响。但似乎可以说，康熙二十三年（1684 年）海禁开放以后，由于种种原因，清廷禁止华侨出国的法令收效甚微，广大华侨仍以各种方式出国，而归国之禁却给华侨以很大的威胁，广大华侨望故乡而兴叹，视归国为畏途，只好留居当地，或繁衍后代，或老死他乡，这反而加速了海外华侨社会的发展以及华侨与当地人民进一步融合同化的过程。晚清以来，由于中外形势的变化，清朝政府的华侨政策发生了重大转变。[①] 以华工身份出洋的国人日益增多，海洋移民迎来新一波的浪潮。庄国土还认为，就闽南华侨出国现象来看，明初以前，主要是与对外贸易相联系。明中期以后，则主要与西方殖民者东来和南洋的开发有关。贯穿始终的，则是中国与南洋经济发展差异产生的移民现象。[②]

晚清以来，随着清朝政府华侨政策的转变，华工成为当时国人出洋的主要身份，因此，许多学者专门针对华工的议题进行了深入的研究和探讨。庄国土的《清朝政府对待华工出国的政策》[③]、李家驹的《清政府对华工出洋的态度与政策》[④]、《同治年间清政府对华工出洋的态度与政策》[⑤]等论文都是研究清朝政府华工政策的重要成果。

关于晚清时期华侨政策转变原因的探讨，学术界亦作了大量的分析，其中谈到华侨经济力量的显现是晚清华侨政策转变的重要原因之一。严重的经济危机，促使清政府把目光投向了海外华侨资本。杜裕根认为，在遣使设领初期，清政府在经济上主要着重于筹赈筹防，卖官鬻爵，汲取华侨的财力；而清政府正式出台引进侨资兴办实业的政策始于 1895 年 8 月光绪的

---

① 庄国土：《中国封建政府的华侨政策》，厦门：厦门大学出版社，1989 年，第 57、120～121 页。

② 庄国土：《海外贸易和南洋开发与闽南华侨出国的关系——兼论华侨出国的原因》，《华侨华人历史研究》1994 年第 2 期。

③ 庄国土：《清朝政府对待华工出国的政策》，《南洋问题研究》1985 年第 3 期。

④ 李家驹：《清政府对华工出洋的态度与政策》，《近代史研究》1989 年第 6 期。

⑤ 李家驹：《同治年间清政府对华工出洋的态度与政策》，《近代史研究》1992 年第 3 期。

上谕。①

在海外移民对侨乡的影响方面,孙谦认为,海外华侨对闽粤社会变迁的影响包括了资本、物质技术、组织制度、精神文化等诸多方面,这些方面相互关系,正是这层层关系的交错,才在闽粤社会尤其是侨乡引起了连锁反应,反应与调适的结果,便是社会由表及里、又由里及外的变迁。海外华侨对闽粤社会近代化的变迁起到了十分重要的辅助作用。② 而林德荣关于明清时期闽粤移民荷属东印度与海峡殖民地的研究也是值得关注的,在谈到西洋航路移民的历史作用时,林德荣着重分析了移民对侨乡发展的影响。他认为,闽粤移民把海外侨居地的物质文明和近代西方的先进技术回馈给闽粤沿海故乡,导致了侨乡的形成,并对闽粤沿海社会经济和生活方式的变迁产生了不小的影响,为侨乡社会经济的发展起到了重要的作用。③

自 20 世纪 90 年代以来,杨国桢倡导建立海洋史学,主张跳出以往中国史研究的学术思维,指出 21 世纪的中国史学需要重新"发现"自己的海洋史,先后组织出版了《海洋与中国丛书》和《海洋中国与世界丛书》两套丛书,发表了《海洋迷失:中国史的一个误区》④、《关于中国海洋社会经济史的思考》⑤和《论海洋人文社会科学的概念磨合》⑥等重要论文,阐述了海洋史学的相关理论,并尝试进行理论指导下的学术实践。2008 年,《瀛海方程:中国海洋发展理论和历史文化》集结出版,该书收录了杨国桢近十年间的一些思考和研究。⑦ 2015 年,《海涛集》也刊印出版。⑧

《闽在海中:追寻福建海洋发展史》是杨国桢研究福建海洋发展史的力作,他认为,清代厦门取代海澄(月港)而成国际贸易港,但海澄并不像一般

---

① 杜裕根:《论晚清引进侨资政策的形成及其评估》,《苏州大学学报》(哲学社会科学版)2000 年第 3 期。

② 孙谦:《清代华侨与闽粤社会变迁》,厦门:厦门大学出版社,1999 年。

③ 林德荣:《明清闽粤移民荷属东印度与海峡殖民地的研究》,南昌:江西高校出版社,2006 年。

④ 杨国桢:《海洋迷失:中国史的一个误区》,《东南学术》1994 年第 4 期。

⑤ 杨国桢:《关于中国海洋社会经济史的思考》,《中国社会经济史研究》1996 年第 2 期。

⑥ 杨国桢:《论海洋人文社会科学的概念磨合》,《厦门大学学报》(哲学社会科学版)2000 年第 1 期。

⑦ 杨国桢:《瀛海方程:中国海洋发展理论和历史文化》,北京:海洋出版社,2008 年。

⑧ 杨国桢:《海涛集》,北京:海洋出版社,2015 年。

史家所云"已全部衰落",而是下降为厦门的附属港继续运作。另外,杨国桢在伦敦大英图书馆和东方图书写本部阅览室里发现了一套道教科仪抄本,从书中添加的一些地方性内容,窥测其为清代闽南海澄县、漳浦县民间道士使用的遗物。从民间道士无意中留下的这份资料看,他提出,清代的海澄人仍活跃在传统的东西洋贸易圈上,虽然活动的范围已经大为缩小。从官方档案和民间文献中继续挖掘,也许有可能恢复这段被人们遗忘的历史。① 杨国桢的这些观点,给了笔者很大的启发,也鼓舞了笔者在月港研究上进一步探索。

另外,郭成康的《康乾之际禁南洋案探析——兼论地方利益对中央决策的影响》②、陈东有的《中央与地方的利益与冲突——乾隆年间丝货贸易中的禁通之争》③两篇文章,分别以清代海洋贸易史中的重要事件为切入点,探讨了中央与地方之间的利益博弈以及中央决策背后的社会含义。近年来,崔来廷以叶向高为研究切入点,透过叶向高来研究明代中后期的海洋社会,着重探讨叶向高与海洋社会的关系,再现叶向高生活时代的海洋社会的历史场景。其中,该著作也涉及到了嘉靖倭乱、荷兰人东来、高寀入闽等事件对福建沿海地方海洋社会的影响以及大闽江口商人通倭的情况。④ 这些研究,将中央决策与具体海洋社会相结合的处理方式,也给了笔者一些启示。

就目前的研究现状来看,国内外学术界对本研究的趋势表现在:

第一,明清海洋政策的相关研究。集中探讨政策本身及其演变、乃至特征和影响等,对其受到统治者忽视、表现出消极一面及对地方社会的负面影响多有论及,较少关注官府积极探索的一面。

第二,月港为代表的民间海洋贸易研究。国内外学术界对月港作了诸多研究,但大多集中于明代贸易史诸如管理政策、贸易规模等内容的讨论,

① 杨国桢:《闽在海中:追寻福建海洋发展史》,南昌:江西高校出版社,1998 年,第 64、80~91 页。

② 郭成康:《康乾之际禁南洋案探析——兼论地方利益对中央决策的影响》,《中国社会科学》1997 年第 1 期。

③ 陈东有:《中央与地方的利益与冲突——乾隆年间丝货贸易中的禁通之争》,《中国社会经济史研究》1998 年第 4 期。

④ 崔来廷:《海国孤生:明代首辅叶向高与海洋社会》,南昌:江西高校出版社,2005 年。

对于长时段的经济社会变迁则较少涉及，月港从历史叙述中逐渐消失。

第三，海洋人物的相关研究。包括海商、海盗、海洋士绅等人物群体的探讨，除了郭成康、陈东有、崔来廷等将中央决策与具体海洋社会相结合研究之外，目前对普通海商、海洋士绅及其背后具体家族、乡族的个案剖析比较少见，特别是来自不同区域、不同乡族的士绅与海商，有关他们之间关系与差异的研究更是屈指可数，这为我们利用第一手的民间文献微观分析海洋人物具体的生活场景留下了学术空间。

目前，学术界关于明清时期中国东南海洋社会治理的研究成果可谓是汗牛充栋，但或多或少带上了"陆地思维"的色彩。笔者在考察明清时期海洋政策的过程中，选取闽籍士绅作为东南海洋社会治理研究的切入点，将闽籍士绅纳入到明清时期中国东南海洋社会治理的范畴中，分析他们在东南海洋社会治理中的作为，力图对闽籍士绅的历史发展脉络做一个总体上的把握，其中，选取几个比较有代表性的闽籍士绅，就他们某些事件作为个案，具体分析他们在海洋社会治理中的做法，并加以总结；同时，关照以九龙江下游两岸区域的小范围，分析士绅们的具体作为；当然，闽籍士绅对于海洋社会除了"有为"的一面，也存在着局限之处，其原因何在？闽籍士绅与近代中国历史发展轨迹之间是否存在关联？这些都是笔者思考的问题。与此同时，笔者也将在收集民间文献的基础上，深入分析普通百姓的日常行为，关照他们与明清时期具体的海洋政策之间存在的互动。我们认为，在海洋史的视野下，从海洋社会本身的发展状况出发，探讨和研究中央与地方各级政府，特别是闽籍士绅、普通百姓这些海洋人物在海洋社会治理中的作为和影响，对于深化研究具有一定的学术意义。

二、相关界定

本书所述漳州月港，主要涉及明清时期福建漳州府龙溪、海澄两个县[①]的广大地方，时间断限集中在 16—19 世纪的历史时段，同时，为了行文的完

---

① 龙溪，位于今福建省漳州市。南朝梁武帝大同六年(540 年)始置龙溪县。海澄，原名月港，明代隆庆元年(1567 年)，析龙溪一都至九都及二十八都之五图并漳浦二十三都之九图地，设置海澄县，与龙溪县同属漳州府。1960 年，龙溪、海澄两县合并为龙海县。1993 年，龙海县改为龙海市，属漳州市管辖。

整性,在追述月港区域海洋社会的发展脉络时,将时间上限往前推了些;而在谈及"海外移民"的后续影响方面,将时间下限延续至 19 世纪末 20 世纪初。关于"海乱",杨国桢等在《明清中国沿海社会与海外移民》一书中提到,明中叶开始,海寇往来波涛之上,纵横海陆之间,在东南海域掀起长期的海乱局面。[①] 在本书中,笔者借用"海乱"这个词汇,不仅是指明中叶以后海寇在东南海域掀起的长期的海乱局面,还包括了明清鼎革战争在东南沿海引发的长达二三十年的混乱局面。海乱等因素是九龙江下游两岸区域实现经济和社会发展的重要契机之一。

第三节 内容构架和使用资料

一、内容构架

唐宋以来,九龙江下游两岸区域原本属于政治、经济、文化相对落后的地区。明清时期,特别是 16 世纪以来,福建漳州府的沿海区域经历了从经济和社会发展相对落后到直线飞速上升的历史过程。

通过研究,我们发现,明中叶以后,闽南海洋社会受到了各种力量的重视,其中,明清政府在海洋管理政策上屡有变迁,地方士绅充分把握形势、建言献策,而普通百姓们则有"犯禁"、"顺应"和"疏离"的不同表现。可以说,明清两朝政府、地方士绅和普通百姓都不同程度地参与到海洋政策变迁的历史现场当中,他们共同推动了闽南海洋社会经济的发展与变迁。

本书共分为七章,简要情况兹列于下:

第一章绪论部分,首先介绍本书的选题缘起;接着,对所涉及的学术界研究成果进行相关回顾,并对书中的一些界定作简要的说明;最后,交代本文的思路和引用资料的情况。

第二章,简单回顾了唐宋以来,九龙江下游两岸区域开发的历史过程。

---

① 杨国桢、郑甫弘、孙谦:《明清中国沿海社会与海外移民》,北京:高等教育出版社,1997 年,第 21 页。

滨海居民以海为伴，或从事农业生产，或从事捕捞作业，或从事商业贸易活动，他们的这些生产经营模式共同构成了本地区海洋经济的主题。明代中叶，在海乱频繁的年代里，本区域开始崭露头角，海洋社会获得了初步发展。

第三章，论述了隆万年间，明朝政府在福建东南沿海地区调整海洋管理政策及其实施的具体情况。本时期，在明朝各级政府"摸着石头过河"的具体实践下，九龙江下游两岸区域以月港开海为依托，迎来了新一轮的发展周期，海洋社会到处呈现出一派蓬勃兴盛的景象，并逐渐享有"天子南库"之盛誉。

第四章，再现了明末清初，海洋环境失序之后普通百姓具体生活的社会场景。天启崇祯年间，各方势力在海上展开角逐，海洋环境剧烈变化，社会秩序陷入混乱，沿海百姓或"从戎"，或"出洋"，在夹缝中艰难谋生，海洋社会进入迂回曲折的发展阶段。

第五章，详细探讨了康雍乾时期，清朝政府海洋政策的变迁过程和海洋人具体的因应之道。尽管，清朝政府针对民人下南洋和过台湾制定了极其严厉的措施，但却未发挥其应有功效。百姓们以不同的方式挑战着政策权威，出洋、过台之人络绎不绝。在往来之间，官、绅、民扮演着各自角色，海洋社会重整旗鼓，向前发展。

第六章，简单介绍了清代中期之后，渡台政策和海外华侨政策逐步调整及其对地方海洋社会的后续影响。

第七章，结论。对本书进行总结。

二、使用资料

本文引用的资料，除了官修正史、政书、档案之外，还大量参考了闽台两地的地方志书、史地著述、私人文集、年谱以及族谱等基本史料，具体情况如下所示：

第一类，正史、政书、档案资料。《明实录》、《清实录》、《明史》、《清史稿》、《康熙起居注》、《明经世文编》、《清经世文编》、《福建省例》、《清一统志台湾府》、《清会典台湾事例》、《清文献通考》、《台湾历史文献丛刊》、《明清台湾档案汇编》、《清奏疏汇编》、《筹办夷务始末》(道光朝、咸丰朝)、《乾隆年间议禁南洋贸易史料》①、《乾隆朝米粮买卖史料（上、下）》②、《鸦片战争档案史料》（第一册）等。

第二类，地方志资料。《重纂福建通志》、光绪《漳州府志》、康熙《龙溪县志》、乾隆《龙溪县志》、崇祯《海澄县志》、乾隆《海澄县志》、《龙海县志》（1993年）、《东山县志》、《石码镇志》、《鹭江志》、《厦门志》、民国《诏安县志》、《台湾府志》（高拱乾修）、《续修台湾府志》（余文仪续修）、《重修台湾府志》（周元文重修）、《重修福建台湾府志》（刘良璧重修）、《重修台湾府志》（范咸重修）、《彰化县志》（周玺修）、《台湾通志》、民国《台湾通史》、《台湾省通志》等。

第三类，史地类著述。张燮的《东西洋考》、顾祖禹的《读史方舆纪要》、顾炎武的《天下郡国利病书》、江日昇的《台湾外纪》等。

第四类，文集、年谱等私人著述。《名山藏》、《崇相集选录》、《靖海纪事：二卷》、《平闽纪》、《鹿州全集》、《秋水堂集》、《缉斋文集》、《二希堂文集》、《壶溪文集》、《台海使槎录》、《台海见闻录》、《陈清端公年谱》等。

第五类，族谱资料。这一类族谱资料主要是福建省龙海市图书馆所能看到的一些明清以来龙溪、海澄两县相关家族的族谱。《白石丁氏古谱》、《高阳圭海（港滨）许氏世谱》、《儒山李氏世谱》、《渐山李氏族谱》、《福河李氏宗谱》、《高氏族谱（卿山）》、《流传郭氏族谱》、《荥阳郑氏漳州谱·翠林郑氏》、《文苑郑氏（长房四世东坡公世系）族谱》、《海澄内楼刘氏族谱》、《官山前楼钟氏重修族谱序》、《纯嘏堂钟氏族谱》、《白石杨氏家谱》、《角美壶屿社族谱、壶屿社概况》、《壶山黄氏传志录》、《龙溪壶山黄氏族谱图系不分卷》、《陈氏霞寮世系渊源》、《霞寮社陈泽的一生》、《马崎连氏族谱》、《南园林氏三修族谱》、《荥阳郑氏漳州谱·鄱山郑氏人物录》、《九牧二房东山林氏大宗谱龟山册系》、《莆山家谱迁台部分集录》、《紫泥吴氏宗谱》、《马岭李记族谱》、《平宁谢氏迁台、南洋名录》、《林氏屿头族谱》、《仰盂林氏族谱》、台湾板桥《林本源家传》、《蔡苑张氏家乘》、《谢仓蔡氏崇报堂族谱》、《金浦蔡氏族谱》、《霞漳溪邑刘瑞保官岱徐氏族谱》、《马麓镇南社东邱崇本堂族谱》、《北溪头黄氏族谱》、《天一总局》、《武城曾氏重修族谱》等。

① 卢经，陈燕平选编：《乾隆年间议禁南洋贸易史料》，《历史档案》2002年第2期。
② 叶志如编选：《乾隆朝米粮买卖史料（上、下）》，《历史档案》1990年第3、4期。

第二章

崭露头角：明代中叶九龙江下游两岸海洋社会的初步发展

第一节 以海为伴：海洋经济的初步发展

漳州九龙江下游两岸的广大区域地处江海交汇处，自唐宋以降，本区域的老百姓们有的"障海为田"，从事农业生产；有的驾驶渔船，从事捕捞作业；还有的泛海经商，从事贸易活动。他们的这些生产经营模式共同构成了本地区海洋经济的主题，共同推动了地方海洋经济的发展。

20 世纪 80 年代末，林汀水曾经撰文，专门讨论了唐代以来福建地区水利建设的总体情况。文章分唐五代、宋和明清三个时期来论述，福建在经过了唐宋以来的发展之后，地方农业经济有了很大的提高，在全国范围内开始处于领头羊的位置。但是，进入明清、特别是至明末之后，由于受到战争的破坏，加上人口过剩，耕地严重不足，人们争相垦拓山坡、进占河道与湖地，水利事业废弃，水旱灾害频繁，农业便趋衰落了。[①] 这边说的是福建地区的整体情况。从漳州九龙江下游两岸区域的发展历史来看，除了原来生活在本流域的土著居民之外，较早进入该区域的应该是唐代初年跟随陈政、陈元光父子入闽的开漳将士，他们离开中原故土，来到闽海之滨，不仅担负着唐王朝戍守边疆、维持社会秩序的重任，同时还要在异乡开始崭新的生活，而近在咫尺的九龙江乃至浩瀚的大海是其从事农业生产活动必须面对的难题之一。后来，随着时间的推移，越来越多的家族选择定居九龙江之畔，九龙

---

① 林汀水：《唐以来福建水利建设概况》，《中国社会经济史研究》1989 年第 2 期。

江下游两岸区域的开发史可算是老百姓逐渐适应海洋、开发海洋的历史过程。下边,笔者将对唐宋以来九龙江下游两岸区域的经济发展状况做一个简单的梳理。

一、九龙江北港沿岸区域

九龙江在汇入大海之前,分为北溪、西溪两大支流和南溪,其中北溪和西溪在三叉河的地方汇合,而南溪自上游而来,在浮宫处才与主干汇成一处。丁氏族人的聚居地——白石(今漳州台商投资区杨厝村丁厝社),宋代之后属龙溪县永宁乡海洋下里二十九都白石保,清代属二十九都白石保文峰社。白石丁氏始祖丁儒,是唐代初年跟随陈政、陈元光父子入闽的重要人物之一。后来其裔孙几度迁移,最终选择定居于白石。直到今天,丁氏族人已经在此繁衍了千余年。从地形上看,白石丁氏家族的先人们选择在九龙江下游北岸的滨海地带定居。这样的选择,一方面是这一地带较为平坦,利于耕作;另一方面则是本地濒临九龙江,便于取水。但是,明清时期包括更早之前的九龙江流域与今天相比,还是存在着诸多不同之处。根据林汀水的研究,漳州平原广大地区的成陆应是较迟的,唐代以前的潮汐应比今天深入内地,到了唐代,漳州已经成陆,大海离开漳州五十多里,漳州的外海已经被推移到今海澄一带。[①] 对于白石丁氏家族而言,他们尽管选择了自然条件相对较佳的居住地,但是,与此同时,他们却要为随着海洋潮汐而来的咸卤之水而烦恼。因此,从迁居白石之日起,丁氏族人便开始了改造自然环境以适应族人生存和发展的征程,他们与海洋的互动也伴随始终。

白石丁氏九世祖丁知几,南宋时期进士,曾经主持修筑官港,以利乡人,《白石丁氏古谱》中关于这一事件有这样的记载:

> 吾乡地当山海之交,高者苦旱,低者病卤,民不聊生久矣。吾席累世勤俭遗业又力能为之者,而坐视一方之困,其奚忍也,乃告伯兄知征谋规地舍田为港,通柳营江淡水以灌注之。孝宗淳熙二年乙未,率乡人陈太柔等诣福建提举司,陈兴水利之状,韪之。下郡邑董其事。上自海洋上里文甲保,东至海洋下里石美保,同伯兄捐资开港一道萦纡三十余

---

① 林汀水:《九龙江下游的围垦与影响》,《中国社会经济史研究》1984 年第 4 期。

里,广为尺一十有八,深为尺一有十六,左右各凿沟渠数十道,北通村落,南注海埭,首尾堰石为陡门三,首出咸入淡以防旱潦,置戍水者两家,令候潮汐,开闭陡门闸,仍舍田三十亩为岁力资。其在石美陡门一以泄洪潦,在文甲陡门二以多纳淡水,裕末流之汲取,复砌石桥十数道横跨港上以通往来,众便之。港成,虑岁久之或湮也,修治之弗力也,请于官,著为令甲,每于农隙之暇,官为督修,故号曰官港。①

由此可见,九龙江沿岸的白石处于山海之交,"高者苦旱、低者病卤"是现实情况,丁知几和其兄长丁知征商量之后,决定把属于自己家的田地拿出来作为兴修水利工程之用,将柳营江的淡水导入灌注以利百姓。于是,南宋淳熙二年(1175年),丁氏兄弟和乡人陈太柔等将兴修水利的情况向福建提举司作了报告,得到提举司的支持,相关批文下达府县政府,水利建设得以进行,其中丁氏兄弟还捐资助修。就这样,上自海洋里文甲保,东至海洋下里石美保之间的地方开凿了一道长三十余里、宽十八尺、深十六尺的人工港道,同时左右各自开凿沟渠数十道,南北沟通村落和海埭,然后还让两个家庭根据潮汐的变化来专门管理陡门的开闭,其中在石美的陡门是专门排泄洪潦的,而在文甲的陡门则是用来容纳淡水的。最后,在这条人工开凿出来的港道上面铺砌十数道石桥以让两边的百姓方便往来。港道竣工之后,鉴于水利工程的维护,丁氏兄弟还定下了今后维修的模式,请当地的官府主持督修,要求百姓在农忙之后空闲时间加以修缮,于是这条港道因此得名"官港"。官港水利工程的修建,给白石附近的乡人带来了极大的方便,此后的两百余年,官港一直发挥着作用。

历史的车轮缓缓地进入了明代,官港由于年代久远出现了一些问题。明代洪武二十八年(1395年),在当时漳州知府王仲谦的主持下,官港进行了较大规模的重修活动。② 由于官港对于白石附近乡民日常生计的重要性,在此后的岁月里,官港每隔一段时间就要被重修一番。根据《白石丁氏族谱》上的记载,有明一代,在地方官员的主持下,官港有过几次重修活动

---

① 《白石丁氏古谱》,陈支平主编《闽台族谱汇刊》第41册,桂林:广西师范大学出版社,2009年,第517～518页。

② (明)王仲谦:《重修官港记》,光绪《漳州府志》卷四十四,《艺文四》。《漳太守王公讳仲谦重修官港记》,《白石丁氏古谱》,陈支平主编《闽台族谱汇刊》第41册,桂林:广西师范大学出版社,2009年,第519～520页。

（见表 2-1）。其中,洪武二十八年(1395 年),漳州知府王仲谦主持重修官港的行为基本上奠定了以后重修的基调。另外,王仲谦不但主持重修官港,而且还把丁知几迎入乡贤祠,还让人在附近修建了专门祭祀丁知几的祠庙,以纪念丁氏对官港的开创之功,与此同时,为了保障祭祀的顺利进行,王仲谦还专门把白石渡的收入归丁氏支配。[①]

表 2-1　官港历次重修表

官港历次重修时间	主持重修的地方官员
洪武二十八年乙亥(1395 年)	太守王公仲谦
成化十八年壬寅(1482 年)	分守参议程公廷拱、太守姜公谅重修
弘治四年辛亥(1491 年)	太守汪公凤重修
嘉靖五年丙戌(1526 年)	太守詹公莹重修、县父母黎公董役
万历十五年丁亥(1587 年)	太守李公载阳、县父母沈公昌期重修
万历四十三年乙卯(1615 年)	分守漳南道刘公洪谟重修、本县主簿胡公元澄董役

资料来源:《白石丁氏古谱》。

白石丁氏家族除了九世祖丁知征、丁知几兄弟二人之外,还有十二世祖丁英也曾经为地方上的农业水利建设贡献了一份力量:

> 上舍港,北通官港,南通大溪,灌注蔡镇、丁埭等洋田,宋咸淳间太学生丁英开筑,故称上舍,斗门石勒其名焉。[②]

由上可知,白石丁氏十二世祖丁英是南宋咸淳年间(1174—1189)的太学生,他主持开筑了上舍港。上舍港可以说是对官港的有益补充,它北通官港,南通大溪,沟通了官港和大溪之间的水系,进一步完善了白石当地的水利系统。官港和上舍港的修建,体现了白石丁氏族人逐渐与海洋相互适应的历史过程。

龙溪县三都地,濒临大海,从事渔业捕捞是当地百姓重要的生计模式。根据文献记载:

---

①　《白石丁氏古谱》,陈支平主编《闽台族谱汇刊》第 41 册,桂林:广西师范大学出版社,2009 年,第 522 页。

②　《白石丁氏古谱·第十二世》,陈支平主编《闽台族谱汇刊》第 41 册,桂林:广西师范大学出版社,2009 年,第 525 页。

> 三都地逶迤，独卢渐美倚山萦一带水潮汐泥沙交而为泊，蛏蚬螺蛎
> 诸鲜繁衍其中，居民朝夕采焉，足以自给，号为海田，泊之界东抵钟林
> 港，西至屿兜，南与长江毗限，北则渐之民有也，薪谷往来，鱼艘阗骈，时
> 取渐之错贩易交贸，上输课米一石二斗，下赡乡民数百家，历掌多年，共
> 恬无患。①

由此可见，从事蛏蚬螺蛎等海鲜的采捕是龙溪县三都地当地百姓日常生活
的重要内容。依靠这些，他们不仅能自给自足，而且还能从事海鲜贸易活
动，从而给地方政府带来一定的财政收入。正因为这样经济收入的存在，引
得邻乡巨族想从中分得一杯羹，而这当然会影响到百姓的日常生计，于是，

> 乡民苦之，相率走控郡使君杜公，下邑父母刘公鞠之，公细询与舆
> 论具得其状，遂以法，法其尤者榜而立之界，俾黠者知慑，于是，渐得长
> 有其泊如故。②

就这样，因采捕蛏蚬螺蛎等海鲜而引发的族姓纷争，最终以维持原来的局面
而结束。

二、九龙江南港沿岸区域

笔者这边所讲的九龙江南港沿岸区域，不仅包括了九龙江南港沿岸，还
包括了南溪流域的一些地方。这些地方在明中叶之前基本属于漳州府龙溪
县地，隆庆初年海澄设县后才划归其进行管理。由于地多斥卤等因素的存
在，这段区域的大部分地方都不是那么适合进行农业耕作的：

> 闽土素称下下，而澄又实福海口，地多斥卤，平野可耕者十之二三
> 而已。③

因此，从很早的时候开始，本地的老百姓们就开始为如何生存而不断努力
着，修建水利工程就是其中的一项重要内容。

对于九龙江南港沿岸的广大区域而言，老百姓最先选择定居的大多是
靠近水源的地方，而处于江海之交的自然地理条件使得取水方便的土地"多
斥卤"，因此，百姓们就专门针对这一问题，兴修了一些水利工程以保障日常

---

① （明）谢宗泽：《邑令刘公惠民泥泊碑》，乾隆《海澄县志》卷二十三，《艺文志·记》。
② （明）谢宗泽：《邑令刘公惠民泥泊碑》，乾隆《海澄县志》卷二十三，《艺文志·记》。
③ 乾隆《海澄县志》卷四，《赋役志》上。

生产的顺利进行。例如,明代初年,龙溪县属虎渡至清平之间河段的疏通,百姓引水灌溉,公私两便:

> 六、七、八都筑海盐田六千四百石。先时,河渠未通,旱潦胥病,民失西成之望,兵部主政陈公轸念民瘼,经画地图,奏请捐俸募工开疏河渠,上通虎渡,下达清平,引淡灌溉,都民赖之,国赋以供,公私称便。①

太江,地处九龙江南溪边上,很早以前就有人开始修陂以利乡人。成化十七年(1481年),漳州知府姜谅主持重修之,邑人两淮盐运使苏殷专门撰文记载了这一事件:

> 姜公陂者,郡太守姜公之所建也。公名谅,字用贞,浙之嘉禾人,由进士历官刑部郎中,出治漳,下车讲求民瘼,百废俱举。郡南川之太江南岐,古有陂,久废。成化十七年,殷由两淮盐运归老于田,爰率乡耆曾庸等上状于公曰:本陂自先府君……诸用事制文卜吉告于城隍及都之山川社稷神,开山伐石,日运百船,填而筑之,起工辛丑秋七月望,讫工壬寅夏五月朔,横亘千三百尺,基广三十丈,上广五丈,高六丈,陂成限川廻流溉田五万亩,都人刻石名:姜公陂,俾知利泽所自也。先是,庚子辛丑二秋,海溢崩围捍没人口坏田宅,公委官龙溪丞吴鹏及典史应华大发民固筑高厚加旧三倍障捍海田,民刻石曰:姜公堤,俾知海溢不能为害始自公也。夫堤捍海御卤于外,陂关溪养淡于内,桑麻来年,皆得百泉之益,一举再举,泽及千万家,诚天赐公来生此民也……②

由此可见,在濒临江海的海洋社会中,"海溢"对于老百姓而言是比较严重的自然灾害,对水利工程而言也是极大的挑战,甚至有可能对原有的设施产生破坏性的损毁,如明代成化庚子辛丑年间(1480—1481)的海溢对太江古陂造成很大的打击,因此也才有了邑人苏殷出面上报漳州知府姜谅,由其主持重修的事件。姜公陂的修建,将海潮抵挡在外,而蓄淡水于内,从而保障了一方百姓的生存与发展。

后来,为了进一步改善姜公陂的作用,使得其在积蓄淡水的同时也要让淡水源流有地方可以吞纳,乡绅曾槐江捐资在南陂之地开设斗门,使得东南方向的海潮不至于侵入,而西北方向的淡水又可以注入,继而灌溉两都之田。后来,随着时间的推移,斗门的调节作用相对下降。曾槐江在其子科举

---

① (明)杨守仁:《重兴陈公开疏河记》,乾隆《海澄县志》卷二十三,《艺文志·记》。
② (明)苏殷:《姜公陂碑记》,乾隆《海澄县志》卷二十二,《艺文志·记》。

成功之后,受封有感,遂再次倡议兴修水利,以飨乡里:

> 封君之议且尽行,适若槐观归日襄诸役,原设斗门二,增而三之,深广如制,其时二溪之淡流迤逦遍濡。虑有旁泄者,时友人程台仞君甫登第归,亦相与协力,咨便利就内溪砌筑石陂六口,御东南太江之咸。邑父母毛公成庵躬为勘督,继而陶平城公得请于中丞陈公侍御陆公合助镪八百,前后拮据,更四载而工乃告竣。①

后来,万历四十二年(1614年),本区域遭遇台风侵袭,调节水源的斗门受到一定程度的损坏,在曾槐江之子曾若槐的积极奔走之下,水利工程再一次得到增葺完固。

龙溪县六八都地,面临江海,背靠大山,抵挡海潮、防御盐卤也是百姓日常生活的重要内容。自明代立国以来,六八都地修建了一系列的水利工程,如汪公陂、新亭水利、曾公陂等。

汪公陂,由汪凤修建于成化年间,灌溉了龙溪县六八二都中的鹿石、中和、邹岱、郑埭、东头诸洋泄卤之地大约一十万亩的田地。②

地处九龙江之滨的龙溪县六八都地,距离龙溪县治所大约五十余里,西起月港,东抵浮宫,连绵一片。本地区地近滨海,老百姓为海潮所苦,早在明代中叶之前,地方上的老百姓就沿岸修筑了堤防,外障海潮,内蓄淡水,称之为"官岸"。到了明代中叶,围绕这一水利设施发生了下面一些事情:

> 迩年淡源泄卤,潮复浸,小有旱荒辄为民患,则贪顽嗜利于官岸新埭而木石涵也,合涵大小三十余口而尽塞之。去今之弊,存古之利,请于官司杜绝害本,则养斋先生悉心于乡,乘仁德于无穷也。始先生之议曰:夫所为此者知一人之利而不虑万人之害也,今以万人之公攻一人之私,于义其可夫。卤潮之来防如盗贼而敢纵之,淡源之积藏若珠玉而忍弃之,麟介之利,孰与穀粟之珍,隙蠹之漏甚于江河之决失,今不救是弃膏腴为咸卤也,救之则变咸卤为膏腴也。于是倡率举事,彼不敢怨而此蒙其利,故天下事患不肯为,未有为之而无成者,先生以辽王傅退休居其道德仁义,能率一乡之人,而乡人疑有不能断力有不能任者,皆请于先生而后得也。古有乡先生者,以尊于乡没以祭于社,其是之谓乎斯举

---

① (明)周起元:《封君曾槐江公兴建水利祠碑》,乾隆《海澄县志》卷二十二,《艺文志·记》。

② (明)林俊:《汪公陂记》,乾隆《海澄县志》卷二十二,《艺文志·记》。

也。请而报可者,分守万公分巡梁公提督水利黄公,若通判徐公则来莅兹乡而首役也,向义者着老刘公晦陈日甫等而请余文云。①

由上可知,明代中期,沿九龙江蜿蜒而下的龙溪县六八都地,有贪顽嗜利之人为了自身的利益,而不顾乡人的共同需求,将三十余口的木石涵全部塞上,普通百姓的日常生产和生活均受到了极大的威胁。在这种情况下,地方上的士绅养斋先生站了出来,率领乡人同其对抗,在地方官员的支持下,最终赢得了胜利。

另外,圭海许氏家族美江派聚居于九龙江南港沿岸,老百姓的日常生计与江海也结下了不解之缘,其族谱中《规约》部分的记载为我们留下了历史上许氏族人关于家族生计的一些史料,如:

一、延世业

本处泥泊即上祖遗泽也,岁有船只修造顿柴木等税,若背地而私肥之,实酝酿争端矣。自今起,凡泥泊等税不论多寡,当年者眼同公取充为祠中什费,须逐一报明,毋踵前弊,察出倍罚,有慢不催取者,责在当年,公估倍偿,各须任劳增光世泽。

……

崇祯十四年辛巳仲冬之六日阖族谨识②

从这则史料可知,明代中后期,圭海许氏族人把泥泊等作为全族的公产,每年可以收取"船只修造顿柴木等税",禁止个人滥用公权,而是把这些税充当祠堂中的公共开支,同时要求每年的执事者列出详细的说明以达到全族人共同监督的目的。这一规定在崇祯十四年(1641年)以族谱的规约形式确立下来,并加以推行。

原本属于龙溪县八、九都地的月港于隆庆初年设立了海澄新县,伴随着行政区划的重新调整,地方经济迎来了新一轮的发展契机,大量水利工程设施的修建可以说是其重要表现,明人柯挺③、杨守仁④、高克正⑤、王志道⑥等

---

① (明)蔡文:《新亭水利碑记》,乾隆《海澄县志》卷二十二,《艺文志·记》。
② 《规约》,《高阳圭海许氏世谱》卷一,清雍正七年(1729年)编修。
③ (明)柯挺:《周侯新开水门碑记》,乾隆《海澄县志》卷二十二,《艺文志·记》。
④ (明)杨守仁:《重兴陈公开疏河记》,乾隆《海澄县志》卷二十三,《艺文志·记》。
⑤ (明)高克正:《新开九都水利碑》,乾隆《海澄县志》卷二十三,《艺文志·记》。
⑥ (明)王志道:《曾公陂水利遗爱记》,乾隆《海澄县志》卷二十二,《艺文志·记》。

关于水利兴修的记载内容是我们了解当时情况的资料来源。当然,海澄设县之后地方上水利设施的修建,一方面反映了老百姓继续与海洋相互适应和不断调整的关系,另一方面其实也是隆庆开海之后地方海洋经济繁荣兴盛的反哺,当然这是后话,这边就先不涉及了。

从前面的叙述中,我们看到了明代中期以前生活于九龙江下游两岸区域海洋社会中老百姓日常生活的场景,他们有的从事农业生产,有的从事渔业采捕活动,共同构成了地方经济的重要组成部分。

众所周知,对于农业生产而言,水源问题无疑是最重要的。因此,早期进入九龙江流域的居民基本上是选择沿河或者沿江的平坦地带居住,然而,由于九龙江下游区域大多处于江海之交,海潮会随着潮汐的起落而进入江河与之交汇,这样现实的自然条件在给沿岸居民带来丰富海产品以利采捕的同时,也给沿岸百姓的农业生产和生活带来了极大的不便。对于生活于江海之滨的老百姓而言,海洋同陆地一样也是他们日常生计的重要活动空间。通过文献资料的记载和对唐宋以来本区域内农业水利工程的详细分析可以发现,本区域内的农业生产绝非是对中原地区传统农业耕作模式的简单复制,而是本区域内居民因地制宜的实践,"障海为田"则是他们的重要表现之一。通过修建水利设施,外障海潮,内蓄淡源,老百姓们的日常生产和生活得以顺利进行。值得注意的是,明代中叶以前,这些水利设施的兴修,基本上是在地方官府的主持下进行的。

通过这些水利建设,沿海百姓不仅改善了日常的生存状况,同时,通过围海造田等活动,扩大了原有的土地面积,尽管这种行为在较长的历史时期内对九龙江流域整体的生态平衡构成一定的影响。正如,林汀水认为,漳州平原的迅速形成,主要是靠人们进行多次的围垦。宋代以来的筑海造田,使宽广的海湾逐渐变得狭窄,形成了南、中、北三港。此后,随着泥沙自然淤积长期不断地进行和受洪潮流路的割切,特别是在人们极力进占旧河道的情况下,河床的变迁就更加迅速了。[①] 但是,这种破坏程度在近代以前的作用

---

① 林汀水:《九龙江下游的围垦与影响》,《中国社会经济史研究》1984 年第 4 期。

力还是比较微小的。[①]

　　尽管,明清时期以来,众多的闽籍士绅为了论证开海贸易的合理性,把福建沿海社会老百姓依赖海洋从事贸易活动的生计方式提高到比较重要的地位,这些言论的出现固然有其独特的历史背景,从而把人们关注的焦点汇集到海洋贸易上面,一定程度上掩盖了海洋区域中老百姓充分利用海洋资源发展农业生产和渔业捕捞的历史场景。殊不知,这样的场景早在海洋贸易还未充分发展的时代就已经进行得热火朝天,取得的成效也是有目共睹的。海洋贸易活动,可以看成是海洋区域老百姓们在发展海洋农业和渔业之外对海洋资源利用的拓展。我们知道,除了土著居民拥有善于舟楫的历史传统之外,自魏晋南北朝以来,中原汉人几次南下到达福建,他们本身虽然在农业生产方面有着娴熟的技术和丰富经验,但是,他们面对的土地与水源等自然条件与他们之前的祖籍地相比,显得那么的陌生。因此,从选择在海洋区域定居之日开始,他们便开始了与自然环境相互适应的历史过程。总而言之,漳州九龙江下游两岸广大区域的老百姓们早在开发和利用海洋以从事贸易活动之前,就已经积极地投入到充分利用海洋资源为人类服务的队伍当中了。

第二节　私人海上贸易方兴未艾

一、明朝初年的海禁政策

　　明朝自朱元璋立国之后,洪武四年(1371 年),出于对抗其政敌方国珍、张士诚的考虑,曾经下令将方、张二人所属的兵民内迁,并且同时将兰秀山没有田粮的老百姓都充当船户,编入卫所,以加强对他们的管理。除此之

---

　　① 　施建华认为:现在而言,九龙江南港南岸为龙海市主城区所在地,南港河道是城区出九龙江河口入海的港道。为满足航运需要,有关部门及群众自发疏浚、深挖港道,造成南港水深加大,流速加快,过流量加大,导致南、中、北三港流态改变,分流比失去平衡,北、中港过流量减小,逐年淤积。参见:《九龙江下游河口治理措施探讨》,《水利科技》2007 年第 4 期。

外，朱元璋还下令禁止濒海百姓私自出海的日常活动：

> 诏吴王左相靖海侯吴祯，籍方国珍所部温台庆元三府军士及兰秀山无田粮之民尝充船户者，凡十一万一千七百三十人隶各卫为军，仍禁濒海民不得私出海。①

紧接着，洪武十四年（1381 年）九月己巳，明太祖再次下令"禁濒海民私通海外诸国"。② 洪武二十三年（1390 年）十月乙酉，太祖再次诏令户部重申严禁百姓交通外番的命令：

> 诏户部申严交通外番之禁。上以中国金银铜钱段疋兵器等物，自前代以来不许出番，今两广、浙江、福建愚民无知，往往交通外番，私易货物，故严禁之。沿海军民官司纵令私相交易者悉治以罪。③

由此可见，早在明朝刚建立后不久的一段时间内，朱元璋就专门几次颁布禁止百姓私出海外、交通外国的法令。因此，可以说，朱元璋时期的明朝政府早就已经定下了"寸板不许下海"的基本国策，在此后近两百年的时间中，海禁一直是明朝政府海洋政策的基调。当然，每个时代海禁政策的执行效果是不一样的，有时极为严厉，有的相对宽松。

明成祖朱棣登基之后，于永乐二年（1404 年）正月辛酉再次针对福建沿海地方百姓私载海船交通外国的现象重申了海禁的原则：

> 禁民下海，时福建濒海居民私载海船交通外国因而为寇，郡县以闻，遂下令禁民间海船。原有海船者，悉改为平头船，所在有司防其出入。④

甚至，明成祖为了杜绝这一现象的继续发生，下令禁止民间修造可以出洋行驶的海船，而原来已经存在的海船则要全部改为平头船，使之无法出海进行远洋活动。尽管，当时郑和在明成祖的支持下带着当时中国最先进的舰队完成了下西洋的壮举，书写了中国人在世界航海史上的辉煌，但是，这一举动并没有给沿海各省普通百姓的生活带来多大的改变。

---

① 《明太祖实录》卷七十。
② 《明太祖实录》卷一百三十九。
③ 《明太祖实录》卷二百五。
④ 《明太宗实录》卷二十七。

二、九龙江下游两岸区域的通番行为

虽然明朝政府针对百姓出洋的社会现象，多次重申海禁命令，但是，不管是地方官员还是普通百姓都屡犯禁令。例如，宣德八年（1433年）八月丁未，福建就发生了漳州卫指挥同知石宣等人通番的事件。① 再如，宣德九年（1434年）三月辛卯，巡按福建监察御史黄振奏漳州卫指挥覃庸等私通番国。② 本来，明朝政府在沿海各省比较重要的地方实行卫所制度，以加强对地方的控制，而自明初以来就屡次重申的海禁政策很大程度上需要这些卫所官兵的具体实践。然而，从上面这两起漳州卫官兵私通番国的事件来看，卫所不仅没能起到阻止百姓出海通番的脚步，反而自己也投身其中，无视海禁政策的存在。

正统十四年（1449年），明朝政府再次重申濒海居民私通外国之禁，福建巡海佥事董应轸言：

> 旧例濒海居民贸易番货，泄漏事情，及引海贼劫掠边地者，正犯极刑，家人戍边，知情故纵者，罪同。比年民往往嗜利忘禁，复命申明禁之。③

然而，这些海禁令和严厉的惩罚都不能阻挡东南沿海各省居民向海洋进军的步伐，私人海上贸易已经初显端倪，地处福建漳州九龙江下游出海口沿岸区域的老百姓们也是其中的积极活动者。根据光绪年间《漳州府志》的记载，景泰四年（1453年），谢骞由御史出任漳州知府，到任之后发现地方上"民多货番为盗"：

> 近海如月港、海沧诸处民多货番为盗，骞下令随地编甲，随甲置总；每总置各牌，以联属其人户，约五日赍牌赴府一点校，其近海违式船只，皆令拆卸，以五六尺为度，官为印照。每船朝出暮归，或暮不归，即令甲总赴府呈告，有不告者，事发连坐。④

---

① 《明宣宗实录》卷一百四。

② 《明宣宗实录》卷一百九。

③ （清）陈寿祺等撰：《福建通志》卷二百七十，《洋市》，清同治十年（1871年）重刊本之影印本，台北：华文书局股份有限公司，1968年。

④ 光绪《漳州府志》卷二五，《谢骞传》。

可见，早在景泰年间，漳州府龙溪县的月港、海沧等地方的老百姓就已经在从事通番贸易活动了。谢骞上任之后，针对这一现象，下令在地方上编甲、置总等方式以加强管理。另外，谢骞还命令沿海违反制式规定的船只都要拆除，而往后造船均必须以五六尺为限，由地方官府发给印照，才能出海行驶。与此同时，所有船只均必须早上出港，日暮前回港，不回者则要求甲总到知府衙门呈明报告。若有知道而不报告者，将受到连坐的惩罚。然而从这一事件可知，永乐年间实行的沿海船只必须改为平头船的政策，早已是一纸空文，海禁政策的执行程度也已经大打折扣了。

在这种情况下，龙溪县八、九都地的月港，距离漳州府治所在地大约五十余里，尽管唐宋以来仅仅是九龙江海滨的一个不起眼的聚落，但是，在私人海上贸易不断兴起的年代里，月港居民纷纷下海贸易，交通外域，甚至出现了一些老百姓冒充明朝政府的使臣，前往海外各国进行贸易活动的事件，如成化七年(1471年)，"福建龙溪民丘弘敏与其党，泛海通番，至满剌加及各国贸易，复至暹罗国，诈称朝使，谒见番王，并令其妻冯氏谒见番王夫人，受珍宝等物"。[①] 龙溪县民邱弘敏等人，私自出海到达满剌加(今马六甲)等国从事贸易活动，后来到了暹罗国(今泰国)，冒充明朝政府的使臣拜谒其国王，受到暹罗国王和夫人的接见并得到他们的赏赐。后来，邱弘敏一行回到福建，被守口官兵拿获，当时的巡按御史洪性以此上奏中央，邱弘敏等二十九人被判以死刑，而其中年龄比较小的三人发配广西边卫，邱弘敏的妻子冯氏罚为功臣之家当奴婢，而从海外买回来的四个番人命令押解到京城论罪处置。与此同时，巡按御史洪性还向成化帝上奏，说另有与邱弘敏同为龙溪县人的康启道等二十六人也参与了通番，并且还曾经行劫海上。

成化八年(1472年)，福建再次传来龙溪县民泛海通番的消息，"福建龙溪县民二十九人泛海通番，官军追之，拒捕，为风破其舟，浮水登陆被获，下狱多庾死，伏诛者十四十"。[②] 在当时漳州九龙江下游两岸区域的海洋社会，泛海通商非常兴盛，这反映了当地居民生计模式正逐渐地发生着改变。

在通番贸易的队伍当中，我们还看到了豪门巨室的身影，他们也因为看到海外贸易的巨大利益而参与其中，明代龙溪县人张燮(1574—1640)在其著作《东西洋考》中记载了这一历史场景：

---

① 《明宪宗实录》卷九十七。
② 《明宪宗实录》卷一百三。

成、弘之际，豪门巨室间有乘巨舰贸易海外者。奸人阴开其利宝，而官人不得显收其利权。初亦渐享奇赢，久乃勾引为乱，至嘉靖而弊极矣。①

以至于后来崇祯年间编撰《海澄县志》的人发出了"成弘之际，称小苏杭者，非月港乎"的感叹，在隆庆开海之前，月港及其周边地方私人海上贸易的盛况由此可见一斑。

到了正德年间（1506—1521），这样的情形愈演愈烈。当时，龙溪张氏家族有族人私造巨舶将通番，恰逢其族人张绰奉调两广顺道过家时发现，对其进行了规劝和阻止，焚舟而告终：

张绰，字本宽，弘治癸丑进士，张廷栋、张廷榜之曾祖父。时海禁严，闻宗人私造巨舶将越贩，亟命焚之。②

张绰，正德元年，奉敕两广审录，顺道过家。宗党有造大舟欲货蕃者，绰入骂曰："吾当白诸官。"事乃寝。③

倘若张绰没有及时发现并加以制止的话，其宗党私造的巨舶也就下水出洋了。不仅如此，月港地方上经济的繁荣甚至引来了盗贼的窥视，一时之间，地方政府无力禁止，明朝军队也曾经一度应接不暇：

澄在郡东南五十里，本龙溪八、九都地，旧名月港。唐宋以来为海滨一大聚落。明正德间，豪民私造巨舶，扬帆外国，交易射利，因而诱寇内讧，法绳不能止。④

另外，海澄《儒山李氏世谱》中《漳州圭海澄江志》有云：

海澄，本龙溪八、九都，旧志月港。正德间，土民私出海货番诱寇，禁之不止。⑤

又有，嘉靖《东南平倭通录》中说道：

浙人通番皆自宁波定海出洋，闽人通番皆自漳州月港出洋。⑥

地处九龙江入海口之滨的月港，在经过了景泰以来私人海上贸易的不

① （明）张燮：《东西洋考》卷七，《饷税考》，北京：中华书局，2000年，第131页。

② 康熙《龙溪县志》卷八，《人物中·笃行》。

③ 正德《漳州府志》卷十五，《科目志书》，第335页。

④ 乾隆《海澄县志》卷一，《舆地志·建置》。

⑤ 《漳州圭海澄江志》，《儒山李氏世谱》，清乾隆三十八年（1773年）编修。

⑥ 嘉靖《东南平倭通录》，转引自傅衣凌的《明清时代商人及商业资本》，《傅衣凌著作集》，北京：中华书局，2007年，第107页。

断发展和壮大,通番贸易在当时的海洋社会早已是司空见惯了的现象。当然,这一现象的出现,与月港地方的自然条件有着密不可分的关系:

> (月港)田多斥卤,筑堤障潮,寻源导润。有千门共举之绪,无百年不坏之程。岁虽有熟,获少满箐,霜洼夏畦,个中良苦。于是饶心计者,视波涛为阡陌,视帆樯为耒耜,盖富家以财,贫人以驱,输中华之产,驰异域之邦,易其方物,利可十倍。故民乐轻生,鼓枻相续,亦既习惯,谓生涯无逾此耳。①

由此可见,明代月港私人海上贸易的兴起与其自然地理环境有着密切的关系。在"田多斥卤"自然环境不利的情况下,从事海外贸易活动可以带来更大的回报,于是,月港附近的居民,不论是富裕的,还是贫穷的,他们是有钱出资金,没钱出劳力,将中国境内的土特产装运上船,出海贸易,交通异域,将货物卖到境外,其利润往往是国内的十倍。因此,老百姓们大多习惯于在海上搏风浪以求生存和发展。有关明代月港在今天具体位置的情况,学术界各执己见。有的学者认为月港指为今海澄港口沿着南港向东直到海门岛的九龙江河段,也有的学者认为明代之月港指的应是今天月溪下游的一段港道和过去的护城河。② 然而,不管明代月港具体位置是上述二者中的哪一个,可以肯定的是,明代经由月港出海贸易的商人都必须在月港岸上采购货物,然后装载,航行于月溪港道和过去的护城河,沿着南港向东,经九龙江入海口进入台湾海峡,然后驶向贸易目的地。

从月港码头出发,到九龙江入海口的海中,还有海门、圭屿、浯屿、钱屿、木屿等小岛。③ 这些岛屿星罗棋布,为明代中叶以来月港地区的走私活动提供了良好的先天条件。每当走私船开到金门、大小担,都先在此停靠,以观动静,然后移驻圭屿,再由月港的商人"诡秘"地"接济勾引"入内。进港后,若遇官兵的追捕,又可潜避九龙江中,或是迅速逃入南溪。

那时,九龙江中的南、中、北港已经形成,港汊很多,且有嵩屿、长屿、渐尾、海沧、石马、许林、白石等澳,这些港澳"在在皆贼之渊",他们遭围追时,随处都可得到走私商人的保护。正因为月港地近岛夷诸国,出洋通番最易,

---

① 乾隆《海澄县志》卷十五,《风土志》。
② 林汀水:《海澄之月港港考》,《中国社会经济史研究》1995 年第 1 期。
③ 这些岛屿的具体情况详见《海澄县志》、《天下郡国利病书》、《读史方舆纪要》等地方志书。

图 2-1　月溪注入九龙江一隅

图 2-2　今日浯屿岛上鸟瞰渔船、鱼排之景象

又具有以上这些地理特点，便于走私活动，故继双屿之后，遂成为另一个最大的走私港口。[①] 到嘉靖二十六年（1547年），朱纨（1494—1550）治理浙闽沿海地方的时候，月港已经是繁华一时，号称"闽南一大都会"了：

> 漳州府龙溪县月港地方，距府城四十里。负山枕海，民居数万家。方物之珍，家贮户峙。而东连日本，西接暹球，南通佛郎、彭亨诸国。其民无不曳绣蹑珠者。盖闽南一大都会也。[②]

尽管明朝政府制定了极为严厉的海禁政策，然而，漳州府龙溪县月港、海沧等地自明代宣德年间开始，包括卫所官兵、普通百姓和豪门巨族在内的各个社会人群都逐渐参与到通番贸易的大潮当中，不断地挑战着明朝政府的权威。这一历史场景的出现，不仅是当地不佳的自然环境在海洋社会发展中的投射，同时也与地方官府的作为有很大的关系。明人张燮在《东西洋考》中所说的一段话值得我们深思："成、弘之际，豪门巨室间有乘巨舰贸易海外者。奸人阴开其利宝，而官人不得显收其利权。初亦渐享奇赢，久乃勾引为乱，至嘉靖而弊极矣。"另外，光绪年间编修的《漳州府志》还展现了这样的历史场景——地方官员为走私通番之人发放关文，出官票，甚至还调遣夫役以护送走私货品，而嘉靖十九年（1540年）出任漳州知府的顾四科则因为"不出官票以通番货"，而获得"七不肯"的名号。[③]

今天，我们试图从所能看到的民间文献中寻找一些月港兴起时代普通百姓泛海经商的蛛丝马迹，然而，这样的记载是那么的稀少，族谱上的寥寥数语就是当年月港人留给我们宝贵的历史记忆，例如渐山李氏：

> 第十世祖，肃斋祖，讳临亨，字刚咸，汪斋祖次子，生时无载，卒于嘉靖年五月十六日，娶海沧周氏进士巡抚周起元之曾姑也，谥贞爱，生于成化十七年九月十四日，卒于嘉靖三十八年十一月十四日……

> 十一世祖，南峰祖，肃斋公长子，生于正德庚午年四月十一日，慷慨仗节，扶弱抑强，赈恤贫穷，内外关切之务，卒以身当之，后挟资游外国，中流遭溺，嘉靖丙午年七月初八日未时，享年三十七……[④]

---

① 林汀水：《海澄之月港港考》，《中国社会经济史研究》1995年第1期。

② （明）朱纨：《嘉靖二十七年六月增设县治以安地方疏》，转引自傅衣凌的《明清时代商人及商业资本》，《傅衣凌著作集》，北京：中华书局，2007年，第107页。

③ 光绪《漳州府志》卷二十六，《宦绩·顾四科传》。

④ 《渐山李氏族谱》，明正统始修、续修至光绪。

渐山李氏族谱始修于明代正统年间(1436—1449),十世祖肃斋公迎娶海沧进士后任巡抚的周起元(1571—1626)之曾姑为妻,南峰公是其长子。南峰生于正德庚午年(五年,1510年),为人慷慨仗义,扶弱济贫,为善一方,嘉靖丙午年(二十五年,1546年)挟资游外国,却不幸在海上遇难,年仅三十七岁。

又如福河李氏:

> 十四世(大潭墘),天赐,字道惠,末年发吕宋洋船,身葬异域,生嘉靖十四年,卒万历间。[①]

再如儒山李氏:

> 四十世祖考,讳茂,字世秀,行三,辍业归商,经营于三山六海之间,后从□□□港地面旋,至□子处,其舟遭风浪所击,遂逝于水。生大明嘉靖五年丙戌九月三十日亥时,终大明万历八年庚辰六月十三日未时。[②]

上面几个族谱中关于族人生卒年月、卒因等信息的记载为我们再现了明中叶之前海禁时期月港人泛海通商的场景,通过这些珍贵的民间史料,我们仿佛看到了明代生活于九龙江下游沿岸居民生动的历史场景。

三、佛郎机人东来

正德年间,正当沿海各省居民日益突破明朝政府的海禁防线之时,西方人也开始来到了中国沿海,并在海洋上与中国商人们相遇,葡萄牙人就是其中比较早来的西方人。1511年,葡萄牙人占领了马六甲,之后开始进入南中国海,并且派人到广东沿海一带活动:

> (麻六甲)本夷市道稍平,既为佛郎机所据,残破之,后售货渐少。而佛郎机与华人酬酢,屡肆辀张,故贾船希往者。直诣苏门答腊必道经彼国。佛郎机见华人不肯驻,辄迎击于海门,掠其货以归。数年以来,波路断绝。然彼与澳夷同种,片帆指香山,便与粤人为市,亦不甚藉商

---

① 《福河李氏宗谱》,清康熙三十五年(1696年)续编,1995年复印。

② 《儒山李氏世谱》,清乾隆三十八年(1773年)编修。

舶彼间也。①

佛郎机，近满剌加。正德中，据满剌加地，逐其王。十三年遣使臣加必丹末等贡方物，请封，始知其名。诏给方物之直，遣还。其人久留不去，剽劫行旅，至掠小儿为食。②

可见，来到东南亚的佛郎机人首先占据了马六甲，并与中国商人在南中国海相遇，甚至曾经在海上掠夺华人的货物。一段时间之后，他们来到了中国的广东沿海，与香山（今珠海、中山、澳门一带）附近的广东人进行了贸易活动。另外，《明史》中关于佛郎机的相关记载，是明朝政府对葡萄牙人最初的直接印象——知道佛郎机人占据了满剌加地方，并且驱逐了当地原来的统治者。因而，当他们向明朝政府提出贸易通商的要求之时，明朝政府并没有同意，而是给他们赏赐了一些东西，想把他们打发走就算了。然而，葡萄牙人却在中国沿海逗留不去，暗中与沿海居民展开贸易活动。

根据中外文献的记载，葡萄牙人最早抵达漳州海面的年代是正德十三年（1518 年），此后，葡萄牙人在漳州海面持续进行隐藏式贸易长达三十年之久，并且曾经在浯屿岛建立了贸易居留地。③ 其实，刚开始的时候，葡萄牙人是先到广东海面的，但是却遭到广东官员的阻止：

自是安南、满剌加诸番市，有司尽行阻绝，皆往福建漳州府海面地方私自行商，于是利归于闽，而广之市萧然矣。④

于是，佛郎机人开始来到福建漳州府月港、梅岭（今诏安县梅岭镇）等海面上，与当地百姓暗中展开贸易活动。

---

① （明）张燮：《东西洋考》卷四，《西洋列国考·麻六甲》，北京：中华书局，2000 年，第 70 页。

② 《明史》卷三二五，《列传》第二一三。

③ 杨国桢：《葡萄牙人 Chincheo 贸易居留地探寻》，《中国社会经济史研究》2004 年第 1 期。

④ （明）严从简：《殊域周咨录》，引林富疏。转引自傅衣凌的《明清时代商人及商业资本》，《傅衣凌著作集》，北京：中华书局，2007 年，第 106 页。

第三节　海乱频繁,匆于应对

一、朱纨治理浙闽沿海

嘉靖二年(1523年),正当中国东南沿海老百姓的通番贸易活动进行得如火如荼的时候,浙江宁波发生了因日本贡使争先入贡而引发的"争贡之役",明朝政府上下大为震惊。事后,明朝政府将设置于宁波的市舶司撤除,日本与明王朝之间的朝贡贸易关系不再。然而,日本与中国东南沿海地区老百姓之间的贸易联系却没有因此而受到影响,相反的是,通番贸易愈演愈烈。在这种情况下,以嘉靖皇帝为代表的明朝政府一次又一次地重申海禁令,打击走私贸易,而沿海居民仍然以航海通番为生,例如,嘉靖十五年(1536年)七月壬午,有奏闻:

一、龙溪、嵩屿等处地险民犷,素以航海通番为生,其间豪之家往往藏匿无赖,私造巨舟,接济器食,相倚为利,请下所司严行禁止。

一、居民泛海者,皆由海门、嵩屿登岸,故专设捕盗馆,宜令本馆置籍刻符,民有出海货卖在百里外者,皆诣捕盗官处自实年貌……[1]

大约与此同时,日本进入了战国时代,政局混乱,群雄割据,许多浪人剽掠海上,加上因明朝政府实行严厉的海禁政策而游离出来的走私群体,这些走私群体甚至拥有了武装力量。他们不仅称霸海上,而且还经常上岸行劫繁华的市镇。此时的东南海面上,除了日本的倭寇,还包括了中国沿海的走私商人以及东来的佛郎机人。一时之间,中国的东南海面上到处充满着不安定的因子。

这样的情形日益引起了明朝政府的高度重视。于是,嘉靖二十六年(1547年)七月,嘉靖皇帝将担任巡抚南赣汀漳都御史的朱纨(1494—1550)改调为巡抚浙江兼管福建福兴建宁漳泉等处海道,开府杭州,以加强对闽浙

---

[1] 《明世宗实录》卷一百八十九。

沿海的控制。① 朱纨,字子纯,长洲人,正德十六年(1521年)进士,初任景州知府,后一路升迁,嘉靖二十五年(1546年)擢为右副都御史,巡抚南赣。二十六年(1547年),在东南沿海倭患日益严重的情况下,嘉靖皇帝改朱纨提督浙闽海防军务,巡抚浙江。

朱纨上任之后,在嘉靖皇帝的支持下,针对性地实行了一系列政策和措施,其中革渡船、严保甲等手段确实取得了一定的成效。前文已有谈及,豪门巨室参与了通番贸易的活动,朱纨也注意到了这一现象,例如,他说到当时在乡居家林希元(1482—1567)的情况:

> 又如,考察闲住佥事林希元负才放诞,见事风生;每遇上官行部,则将平素所撰诋毁前官传记等文一、二册寄览,自谓独持清论,实则明示挟制。守土之官畏而恶之,无如之何。以此树威,门揭"林府"二字;或擅受民词私行榜讯、或擅出告示侵夺有司。专造违式大船,假以"渡船"为名,专运贼赃并违禁货物(林次崖有高才而不偶于时,便以自放,不为检束)。夫所谓乡官者,一乡之望也;乃今肆志狼籍如此,目中亦岂知有官府耶! 盖漳、泉地方,本盗贼之渊薮;而乡官渡船,又盗贼之羽翼。臣反覆思惟,不禁乡官之渡船,则海道不可清也;故不恤怨谤,行令禁革以清弊源。②

由上面的史料可知林希元在同安老家的种种作为:一方面,林希元作为地方士绅,其所作所为负才放诞;另一方面,林希元作为乡官,私自建造违规大船,借口"渡船"为名,不仅帮忙运载盗贼的赃物,而且还装载违禁的货物,出海贸易,所到之处,均以"林府"为名,地方官府不敢过问。朱纨认为,林希元的这些行为明显违背了明朝政府海禁政策的原则,而只有将"乡官之渡船"革除了,福建的海道才会清净下来。于是,革除渡船、严行保甲等措施开始在闽浙沿海地区得以推行:

> 于是革渡船,严保甲,搜捕奸民。闽人资衣食于海,骤失重利,虽士大夫家亦不便也。③

然而,以海洋为第二生活空间的沿海百姓顿时失去了依托,即使是士大

---

① 《明世宗实录》卷三百二十五。

② (明)朱纨:《阅视海防事》,陈子龙:《明经世文编》卷二百五,北京:中华书局,1967年。

③ 《明史》卷二百五,《列传》第九十三。

夫家族也大感不便。其实,诸如林希元这样的例子在闽浙沿海地方不是少数,正当朱纨在为自己治理浙闽沿海地方稍显成效而暂时松口气的时候,不仅浙江、福建两省普通百姓的日常生计受到了影响,一些世家大族也开始因为利益受损而对朱纨产生了怨恨的心理。

在明朝政府派遣朱纨治理东南海疆的同一年,佛郎机人也在东南沿海展开了贸易活动,根据史料记载:

> (嘉靖)二十六年,有佛郎机船载货泊浯屿,漳、泉贾人往贸易焉。巡海使者柯乔发兵攻夷船,而贩者不止。都御史朱纨获通贩九十余人,斩之通都,海禁渐肃。[1]

由此可见,地处漳州府与泉州府之交的浯屿岛是当时佛郎机人来华贸易的一个中转站,当时,漳州和泉州的老百姓们都私自驾船运载货物,前往浯屿与之交易。这样的贸易方式很快就被地方官府所察觉,于是,巡海道柯乔带领军队前往浯屿,但是却阻止不了走私贸易的继续进行。直到后来,明朝政府与佛郎机人在诏安的走马溪(今东山县陈城镇岐下村)发生了激烈的战斗。这边所讲的"都御史朱纨获通贩九十余人,斩之通都"的事件就是明代中葡关系史上有名的"走马溪之战"。这次的军事活动,以明朝政府军队的胜利而告终,包括李光头在内的九十六人被判以死刑。走马溪之战结束后,葡萄牙人重新退回广东沿海,结束了在福建的活动。然而,对于九龙江下游两岸的百姓来说,却是哀鸿一片:

> 顾海滨一带田尽斥卤,耕者无所望岁,只有视渊若陵,久成习惯,富家征货,固得稇载归来;贫者为佣,亦博升米自给。一旦戒严,不得下水,断其生活,若辈悉健有力,势不肯搏手困穷,于是所在连结为乱,溃裂以出。其久潜踪于外者,既触网不敢归,又连结远夷,乡导以入。漳之民始岁岁苦兵革矣。[2]

关于明朝政府与佛郎机人之间的这场战争,朱纨向嘉靖皇帝作了报告,说是佛郎机人来到漳州海面上行劫而遭到地方官军的痛击,因而将贼首李光头等九十六人处以死刑。尽管,朱纨在处理李光头等人的问题上存在一些问题,如明末晋江人何乔远(1558—1631)在其著作《名山藏》中这样说道:

> 此时,有佛郎机夷者来商漳州之月港,漳民畏纨厉禁,不敢与通,捕

---

[1] (明)张燮:《东西洋考》卷七,《饷税考》,北京:中华书局,2000年,第131页。

[2] (明)张燮:《东西洋考》卷七,《饷税考》,北京:中华书局,2000年,第131页。

逐之，夷人愤起格斗，漳人擒焉。纨语镗及海道副使柯乔，无论夷首从，若我民悉杀之，歼其九十六人，谬言夷行劫至漳界，官军追击于走马溪上擒得者。[①]

由此可见，在对抗佛郎机人的过程中，漳州地方上的老百姓也发挥了一定的作用，但是，走马溪之战结束后，朱纨、卢镗、柯乔等人却不管是夷首还是当地的百姓，对拿获的九十六人通通处以死刑，并且向明朝中央报告说是夷人到漳州海面行劫而引起的战争。

走马溪之战的发生及其处理，固然有朱纨不可推卸的责任，然而，这也成为浙江、福建籍官员弹劾朱纨的强有力证据之一。嘉靖二十七年（1548年）七月甲戌，御史周亮上了一个奏折，其中谈到添设巡抚带来了许多不便的问题。嘉靖皇帝就此说到，去年添设浙江巡抚，属于一时之策，对于现行的官僚政体有不一致的地方，因此将朱纨改为巡视，等到地方平静之后再诏其回京城，此后一切政务仍然归巡按御史按原来的规矩行事。[②]

此外，御史陈九德还向嘉靖皇帝上奏，弹劾朱纨专杀滥及无辜，请求派遣官员进行调查。于是，嘉靖皇帝先将朱纨革职，同时命令兵科给事中杜汝祯等人前往地方勘察，得到的答案是，满剌加国的番人每年都会招徕沿海各省的无赖之徒往来海上进行走私贸易，但是并没有抢劫行为；嘉靖二十七年，佛郎机人再次来到漳州月港、浯屿等处，被漳州地方官员发现，前往驱逐，而佛郎机人拒捕，双方展开激斗，最终以明朝军队的胜利而结束，遂有李光头等九十六人被捕的事件。闽籍官员认为朱纨在走马溪之役后斩杀李光头等九十六人的事件带有滥及无辜的嫌疑，请求给予处罚。于是，嘉靖二十九年（1550年）七月壬子，嘉靖皇帝下诏命令将巡视浙福都御史朱纨调回京城准备审讯，同时将福建都司都指挥佥事卢镗、海道副使柯乔（1497—1554）等二人下狱论罪。[③]

在这种情形下，朱纨除了发出"去外国盗易，去中国盗难。去中国濒海之盗犹易，去中国衣冠之盗尤难"的感慨之外，[④]还这样说道：

吾贫且病，又负气，不任对簿。纵天子不欲死我，闽、浙人必杀我。

---

① （明）何乔远：《名山藏》卷一百四。
② 《明神宗实录》卷三百三十八。
③ 《明世宗实录》卷三百六十三。
④ 《明史》卷二百五，《列传》第九十三。

吾死，自决之，不须人也。①

由此可见，朱纨对于当时自己所处的境况是十分明白的，知道自己的所作所为已经严重威胁到闽浙百姓、特别是势家巨室的利益，并且为这些势家所不容。于是，朱纨在嘉靖皇帝圣旨未到之前，就自己写了墓志铭，饮药而亡。朱纨死后，明朝政府撤除巡视大臣的设置，此后一段相当长的时间内，"中外摇手不敢言海禁事"。

二、嘉靖倭乱

被嘉靖皇帝授予便宜之权治理浙闽沿海的朱纨却因厉行海禁而死，这一事件对中国东南海疆最直接的影响就是嘉靖倭患的发生和葡萄牙人占据澳门。② 在"中外摇手不敢言海禁事"的背景下，各种力量纵横东南海面之上，终酿嘉靖倭乱之大祸。关于嘉靖倭乱的发生，明人董应举有这样的一番论述：

> 推其祸始，乃由闽、浙沿海奸民与倭为市；而闽、浙大姓没其利，阴为主持，牵连以成俗。当时抚臣朱纨欲绝祸本，严海禁；大家不利，连为蜚语中之，而纨惊死矣。纨死而海禁益弛，于是宋素卿、王直、陈东、徐海、曾一本、许恩之流争挟倭为难。自淮扬以南至于广海万余里，无地不被其残灭；而闽祸始惨矣。③

从上面的史料可知，董应举认为，嘉靖倭乱的起因与浙江、福建两省沿海居民私通日本有着密切的联系，同时，浙闽的势家大姓也参与其中，暗中通番；而朱纨"严海禁"等措施威胁到了他们的利益，于是，任职中央的沿海人士联合起来对抗朱纨，致使其自尽而亡。朱纨死后，海禁政策更加松弛。于是，宋素卿、王直、陈东、徐海、曾一本、许恩等海寇商人集团愈发无所顾忌，④纵横海上，祸害东南数省。

从嘉靖二十八年（1549 年）起，贻害中国东南沿海的倭乱开始影响到繁华一时的月港及其周边的地方，从此老百姓们陷入了灾难之中，以下内容是

---

① 《明史》卷二百五，《列传》第九十三。

② 张健：《论朱纨事件》，厦门大学硕士学位论文，2007 年。

③ （明）董应举：《崇相集选录》，《台湾文献史料丛刊》第八辑第二三七种，台北：台湾大通书局，1987 年，第 2 页。

④ 关于海寇商人，聂德宁著有《明末清初的海寇商人》，专门探讨之。

《海澄县志》中关于月港以及附近地方嘉靖倭乱的记载情况：

> 二十八年，倭寇犯月港，檄壮士陈孔志往援，当贼冲死之，倭亦随遁。倭患自此始。

> 三十六年夏六月廿五日，海寇许老、谢老犯月港，义士张季夏奋拒死之，贼焚千余家，掳千余人而去。冬十二月，倭寇泊浯屿，寻出潮州。

> 三十七年夏五月，倭寇由沧泉庵至月港，焚九都庐落殆尽，夺舟出海。冬十月，海寇谢老、洪老诱寇二千余人再泊浯屿。

> 三十八年春正月，倭寇由岛尾渡浮宫抵月港，夺民舟，散劫八都、九都、珠浦、冠山等处，复还浯屿。自是连年焚劫府属各县。三月，倭寇数千由东屠岭劫月港八、九都，转寇石码、福河、丹洲、水头。

> 三十九年春正月，倭寇由同安屯三都。二月，倭寇流劫丰田至佛潭桥。三月，倭寇焚劫长泰、高安，还屯月港两月，散掠。①

由此可见，漳州与泉州之交的浯屿岛是当时海寇商人的一个重要贸易据点，而许老、谢老、洪老等人则分别是当时赫赫有名的海寇商人许朝光、谢策和洪迪珍，他们均是漳泉一带人氏。前文曾经谈及，嘉靖二十六年（1547年），佛郎机人载货私泊浯屿，引来漳泉商人汇集贸易。而后，朱纨、柯乔、卢镗等人领导的明朝军队与之展开了走马溪之战，战后，佛郎机人离开了漳州海面。然而，浯屿岛并没有随着佛郎机人的离开而安静下来，漳泉一带的海寇商人以此为据点，转而骚扰九龙江沿线的一些繁华市镇。

到了嘉靖四十年（1561年），月港当地发生了张维等二十四人通番并公开对抗明朝政府的重大事件，史载：

> 四十年春正月，月港二十四将张维等反，巡海道邵楩遣同知邓士元、县丞金璧等往抚之。先是丁巳年间，九都张维等二十四人共造一大船，接济番船，官府莫能禁。戊午冬，巡海道邵楩差捕道林春领兵三百捕之，二十四将率众拒敌，杀死官兵三名，由是益横，遂各据堡为巢，旬月之间，附近地方效尤，各立营垒，各有头目名号，曰二十八宿，曰三十六猛。是年春，攻破虎渡城，又攻田尾城、合浦、渐山、南溪诸处，滨海之民，害甚于倭。

> 是年，龙溪县二十三、四等都并海沧、石美、乌礁等处土民俱反。

---

① 乾隆《海澄县志》卷十八，《寇乱》。

闰五月十二夜,饶贼袭陷镇海卫。①

早在嘉靖三十六年(1557年)之时,龙溪县九都县民张维等二十四人私造大船,接济番船,当地官府无可奈何。三十七年(1558年),巡海道邵楩派遣军队前往拘捕,张维等人与之周旋,期间杀死官兵三人,公开抗衡明朝官府,于是,他们在地方上攻占土堡为据点,引得附近地方纷纷效尤,一时之间,地方上各立山头,各有名目,普通百姓陷于危难之中。关于张维等二十四将在当地活动的情况,龙溪《高氏族谱(卿山)》中有这样的描述:

> 昔嘉靖之季,土寇有巨魁二十四勾连倭贼遍肆剽残,一二遗老为予言:尔时庐宇荡拆,徒有四壁,绝无人声。②

另外,从其活动的范围可知,他们基本上都是生活于九龙江下游及其支流边上的居民,如月港、海沧、石美、乌礁等地,而且他们的相关活动亦是沿着江河支流的路线而前进或者撤退。在长达二三十年的倭乱中,月港及其周边地方的老百姓深受其害。例如,圭海港滨派许氏家族的聚居地也不能幸免于难。根据其族谱的记载,嘉靖倭乱之际,海寇进入港滨,许世谟倡议招募丁壮修筑峨山废寨以供族人居住,同时组织人们昼夜进行巡视,以确保族人的安全。③

嘉靖末年,包括张维等在内的寇贼继续为害地方,例如:

> 四十一年春正月,饶贼寇郡城,巡海道邵楩调月港兵与战,败贼屯东山,流劫至北溪,檄漳州卫镇抚林以静御于沙州,力战死之。

> 四十二年春三月,倭贼猝犯长屿堡,不能害。

> 四十三年,张维等复叛,巡海道周贤宣檄同知邓士元擒解斩之。是年,倭寇自莆田取道三都。④

虽然说从景泰年间开始,月港及其附近地方百姓的私人海上贸易活动就一直在暗中进行着,但是,除了偶尔一两起因通番失败而被拿获乃至上报的案件之外,明朝政府对其一直未有太大的关注。等到了嘉靖年间,因海上贸易繁荣而获得"南方小苏杭"之称的月港成了倭乱的重灾区后,月港地方海洋社会才慢慢地进入到明王朝的统治视野之中,日益受到重视。

---

① 乾隆《海澄县志》卷十八,《寇乱》。

② 《修谱纪略》,《高氏族谱(卿山)》,明永历九年(1655年)修,续至嘉庆。

③ 《封君行实·世谟公》,《高阳圭海许氏世谱》卷二,清雍正七年(1729年)编修。

④ 乾隆《海澄县志》卷十八,《寇乱》;(清)顾炎武:《天下郡国利病书·福建篇》,《四部丛刊三编》25 史部,上海:上海书店,1985年,第8页。

总而言之，九龙江下游两岸区域自明代宣德年间便开始有漳州卫官兵私通番国的记录，景泰年间，月港、海沧等处居民亦多通番为生，私人海上贸易自此启端。在经过了成化、弘治、正德年间的发展和积累，月港渐有"南方小苏杭"之称，嘉靖年间参与治理闽浙地方的朱纨也称之为"闽南一大都会"。然而，尽管月港因私人海上贸易而繁华一时，但是，本时期的繁华景象是建立在扭曲了的海禁政策之上的，这样的繁华背后容易造成政府对地方社会的失控，也隐藏着另一种危机，具体表现为嘉靖倭乱的出现及其严重后果。

第四节　中原王朝体制下的行政调整与海澄设县

对于漳州九龙江下游两岸区域的乱象，明朝政府首先做出的反应是加强对该地方的军事控制。在倭乱日益严重的嘉靖年间，中央政府针对福建特别是漳州月港的情况，出台了以下措施：

> 嘉靖九年，都御史胡琏议以漳州海寇纵横，巡海使者远在数百里外，缓急非宜，疏请开镇于漳，是巡海虽全制闽中海上事，而漳若其专制者，盖四十有余年。万历间，承平既久，巡海道复归会城，而漳州奏请特设分守漳南道。[①]

> 嘉靖九年，当路议设安边馆于海沧，择诸郡倅之贤者镇之，一岁两易。

> 嘉靖三十年，设靖海馆，以安边馆卒往来巡缉。

> 嘉靖四十二年，中丞谭公纶疏请，增设海防同知一员，镇抚兹土。[②]

此前谈到，月港自正德年间起，就有豪民私造商船，冲破明王朝的海禁防线，走向海洋，有的为了利益甚至不惜充当倭寇的向导，危害地方社会，而国家的法律却奈何不了他们。月港及其附近地方大规模的倭乱开始于嘉靖二十八年（1549 年），然而，早在嘉靖九年（1530 年）的时候，都御史胡琏就曾

---

① （清）顾炎武：《天下郡国利病书·福建篇》，《四部丛刊三编》25 史部，上海：上海书店，1985 年，第 112 页。
② 乾隆《海澄县志》卷六，《秩官》。

经针对当时漳州海面盗贼猖獗的情况,上疏建议将远在省城福州的巡海道移镇漳州。同一年,明朝政府还于龙溪县属的海沧设置了安边馆,并且派遣漳州府的官吏进行管辖,一年更换两次。三十年(1551年),设置靖海馆;四十二年(1563年),中丞谭纶(1520—1577)上疏请求增设海防同知一人,以加强管理。从刚开始巡海道移驻漳州,到不断设置军事机构——不管是海沧的安边馆,还是月港的靖海馆、海防馆,都是以加强对地方的军事管理为目的。

与此同时,从嘉靖三十六年(1557年)起,福建开始有了专任巡抚的设置,不久继而"兼提督军门"。

> 闽,经略之大者,系于督镇。盖闽之巡抚,自正统前侍郎杨勉始也,至成化末,王继而后或罢或遣矣,嘉靖间,胡琏、朱纨、王忬兼闽浙巡视,事平而不常设,专设自阮鹗始,未几而兼提督军门矣。①

军事建制的一步步提高,显示了明朝政府治理倭乱的努力,同时也是漳州月港地方海洋社会日益受到中央重视的表现。

紧接着,明朝政府还采取了中原王朝的传统做法——增加行政治所,以加强对地方社会的控制。有明一代,福建地区新增的几个县都是在地方多盗、社会秩序混乱的背景下设置的,不论是内陆山区的寿宁、永安、漳平、宁洋等县,还是沿海地区的诏安、海澄二县,都是如此。

> 历考闽属,自国朝来,每因倭乱,设县即定。建宁之设寿宁,延平之设永安、大田,漳州之设漳平、及近日宁洋、海澄,而无不定者,独汀州当三省之交,成化六年设归化,而其地盗少。②

这样的措施是中原体制的体现,官修志书《明实录》的记载更是言简意赅地说明了这一观念的根深蒂固:

> 初设福建海澄、宁阳二县,以其地多盗故也。③

本来,早在嘉靖二十七年(1548年)的时候,巡海道柯乔、都御史朱纨、

---

① (明)郭造卿:《闽中经略议》,《天下郡国利病书·福建篇》,《四部丛刊三编》25 史部,上海:上海书店,1985年,第10页。

② 《闽中分处郡县议》,《天下郡国利病书·福建篇》,《四部丛刊三编》25 史部,上海:上海书店,1985,第24页。

③ 《明实录·世宗实录》卷五六六,"中央研究院"历史语言研究所影印本,上海:上海书店,1983年,第9062页。

巡按御史金城等官员就曾经建议在月港地方增设县治以安地方，后来由于当时地方安定下来而没有付诸具体实践：

> （嘉靖）二十七年，巡海道柯乔议设县治于月港，都御史朱纨、巡按御史金城咸具疏闻，会地方宁息，事寝不行。①

前文已有提及，面对海乱之后的月港地方，嘉靖四十二年（1563年），中丞谭纶上疏明朝中央，奏请增设海防同知一员，坐镇月港，成为"建县置长之先声"。② 后来，张维事件结束之后，沿海社会重新恢复到相对平静的局面。混乱过后，民心思定。地方士绅李英、陈銮等人在京城叩请明朝中央同意在月港增设新县，以利地方。其中，李英还从官员设置、设县的利益冲突、设县以弭寇乱以及新县城建设之费用来源等几个方面加以展开论述。③

设置海澄新县是明朝政府的又一项新措施。可以说，这也反映了当时月港地方老百姓的心声。月港兴起于私人海外贸易的背景下，成弘以来"南方小苏杭"的称号固然是当地人的骄傲，可同时也引来了海盗的窥视，老百姓的正常生活秩序被打乱。因此，代表地方利益的社会精英提出了在月港设立县治的要求。而明朝政府之所以选择在月港设立海澄县，是因为这个地方民间走私贸易猖獗，倭乱严重，对东南沿海的海防安全已然构成威胁。为此，明朝政府考虑在月港增加行政治所，来加强对海洋社会的管理。这也反映了海防政策是明清海疆政策的基础和前提。④ 只有国家的海防安全得到了保障，才有讨论其他政策的可能。这一原则在后来的"隆庆开海"也有体现——即"隆庆开海"就是在东南海疆较为平静的历史背景下才得以实现的。

于是，嘉靖四十四年（1565年），奏设海澄县治，其具体过程如下：

> 知府唐九德议割龙溪一都至九都及二十八都之五图并漳浦二十三都之九图，凑立一县，时嘉靖四十四年也。巡抚汪道昆、巡按王宗载咸具疏闻，报可，锡名海澄。又逾年，隆庆改元，唐守躬覆，海上定基，鸠工不移。时县治告成，辖三坊五里，东抵镇海卫、西界龙溪、南界漳浦、北

---

① 乾隆《海澄县志》卷一，《舆地》。
② 乾隆《海澄县志》卷六，《秩官》。
③ （明）李英：《请设县治疏》，乾隆《海澄县志》卷二十一，《艺文·疏》。
④ 王日根：《明清海疆政策与中国社会发展》，福州：福建人民出版社，2006年，第33页。

界同安,境内凡广八十里、袤五十里。夫海澄向故多事之秋也,置邑未久而衣冠文物殷赈外区,可谓盛矣。①

海澄设县的具体时间在各种文献中的记载基本一致——均为隆庆元年(1567 年)。如《海澄县志》有云:

隆庆元年设县,将二都分为二堡,八都……②

明人柯挺也说:

澄以寇盗充斥,龙邑鞭长不相及也,于是割龙邑为澄,其邑创自隆庆之元年……③

县治是王朝体制下的最基层设置,寇盗充斥既是县治设置太稀疏的现实状况的反映,亦成为最能打动朝廷敏感神经的理由。县治设置需要行政运行成本,明朝廷往往是不到万不得已时,并不主动增设县治,在当地方官员反复上奏晓之以理之后,明朝廷依然抱着被动和尝试的态度。

图 2-3　始建于明代隆庆年间的海澄城隍庙

图 2-4 始建于明代的海澄文庙

第五节 小   结

自唐宋以来，伴随着漳州九龙江下游两岸区域的日渐开发，沿海居民开始了以海为伴的生活历练，其活动范围日益扩大到海滨之地，明代以来，他们把目光投向了更为广阔的海洋。因此，以通番和走私为主要形式的私人海上贸易可以视为沿海社会开发史的延续。

明代中叶之前，以月港、海沧、嵩屿等为代表的九龙江下游两岸海洋社会，它们的兴起和繁荣都离不开当时大的历史背景。这与明清以来九龙江流域经济的发展状况密切相关，特别是沿海平原地区，开发日臻成熟，商品化程度不断提高，海外贸易活动十分活跃，月港与厦门这两大海外贸易中心先后兴起。继宋元时期的晋江下游地区，九龙江下游地区在明清时期成为东南沿海经济区经济发展和对外贸易的核心地区。[①] 与此同时,九龙江下游两岸区域的兴盛还离不开 15 世纪开始的,世界范围内因大航海时代的到来而日益形成的中西贸易网络的建构。这一时期,以葡萄牙人、西班牙人为先锋的西方人相继来到了南中国海,打破了原先海洋环境的平衡,也给传统中国的海洋秩序带来了新的挑战。在这样的社会历史背景之下,明朝政府的海禁政策已经阻挡不住东南沿海居民向海洋进军的步伐,甚至有时候连负有守土之责的官兵们也参与其中。此时的月港等地已经成为了当时中西方贸易网络中的重要一环。

另外,我们看到,海乱是月港登上历史舞台、进入中央王朝统治视野的一个重要契机。[②] 这也正是边陲地带海洋社会特殊性的表现。尽管,龙溪自南朝梁武帝大同六年(540 年)就设置了县级行政单位,唐代前期,九龙江畔的龙溪因陈政、陈元光父子开漳而被日渐开发。经过唐宋以来的积累,本区域的社会经济获得了初步的发展。就月港而言,明中叶以来,私人海上贸易在本区域内一直有所发展,而到了嘉靖年间,严重的"倭乱"才引起了明朝中央政府对月港的重视,从此,月港开始触动明王朝的统治神经。另一方面,海乱作为闽台海港日后发展的一个契机,吸引了明清两朝统治者的视线,但与此同时也带来了一系列的问题,如海港的初期治理都带有鲜明的军事管制色彩等。最终,明朝政府在月港设置了海澄新县,这是明朝政府对九龙江下游区域行政区划的一次重新调整,一方面,尽管带上了中原王朝体制的印记,但另一方面,却也是本区域社会经济获得新一轮发展的重要契机。

① 刘永华:《九龙江流域的山区经济与沿海经济》,《中国社会经济史研究》1995 年第 2 期。

② 关于海乱,杨国桢、郑甫弘、孙谦等认为,海乱与中国海洋社会经济凸兴的关联表现在中国对海乱的政治——社会因应上。海乱在空前程度上吸引了中央政府体系和地方政府体系对于沿海地区的关注,并成为朝野争议的重大问题,使东南沿海地区与中央政治权力核心更密切地绾结在一起,促使深受儒家思想和传统地缘政治因素局限的上层集团逐步走出大陆主流思想而直接面对中国的海洋边缘。海洋政治地位的觉醒与提升是海洋社会经济发展不可忽缺的因素。明中后期海乱是日后海岛与海洋文化起升的一个机缘。详见杨国桢、郑甫弘、孙谦:《明清中国沿海社会与海外移民》,北京:高等教育出版社,1997 年,第 21 页。

第三章

天子南库：隆万年间月港开海与海洋社会的蓬勃兴盛

　　九龙江下游两岸区域自唐宋时期陈政、陈元光父子入闽开漳以来,地方不断地被开发和经营,社会经济逐步发展。明代立国之后,尽管实行海禁政策,然而,本区域却与通番和走私结下了不解之缘,上至守土官兵,下至黎民百姓,他们不断地参与到海洋贸易活动中,时刻挑战着明朝政府的权威。在通番和走私大军中,他们与明朝政府一来一往,终酿"嘉靖倭乱"之祸。为了加强对本区域的治理,明朝政府在此设置了许多军事设施,甚至为了达到更好的管理目的,还对本区域的行政区划作了调整,设立海澄县,寓意"海疆澄静"。与此同时,明朝政府也开始对原先的海禁政策进行了反思,并作了适时调整。此后,以漳州月港为代表的海商驰骋万里,本区域的海洋社会亦因合法的海洋贸易平稳地实现蓬勃兴盛的发展,并逐渐享有"天子南库"的美称。

第一节　隆庆开海的实现与舶税征收的制度化

一、隆庆开海的实现

　　经过了十几年的嘉靖倭乱,东南沿海地方好不容易有了喘息的时间,明朝政府内部也开始对以往的国家政策进行反思和调整。早在嘉靖末年,福建巡抚谭纶(1520—1577)就在他离任之前,向朝廷中央上了《善后六事疏》,

其中把"宽海禁"列为善后未尽事宜之一。[①] 尽管当时的明朝政府没有立即做出反应,但其主张对后来隆庆开海的实现起了一定的作用。

学术界关于隆庆开海的描述,一般认为是在隆庆元年(1567年),当时的福建巡抚都御史涂泽民提请开海禁,得到朝廷的批准,同意在福建漳州月港部分开放海禁。然而,笔者通过对原始资料的阅读,发现其真实情况并非如此。

(一)关于隆庆开海的时间

首先,笔者查阅了《明穆宗实录》官方文献,找到隆庆元年关于福建巡抚涂泽民的几条记载,但是并没有其请求明朝政府开放海禁、贸易东西二洋的相关记录。

其次,明代龙溪县人张燮应漳州地方官员之请而写成的《东西洋考》一书是专门描述隆庆开海之后漳州地区海外贸易情况的著述,是明代末期海外贸易的"通商指南"。[②]《东西洋考》写成于万历四十四年(1617年),次年即由漳州地方官主持刻印出版。后来,张燮又参与了崇祯年间海澄历史上第一部县志的编修,故崇祯《海澄县志》的主要内容及观点大多承继自《东西洋考》一书。因此可以说,张燮的《东西洋考》是今人了解当时情况的第一手资料。关于隆庆开海,张燮是这样说的:

> (嘉靖)四十四年,奏设海澄县治。其明年,隆庆改元,福建巡抚涂泽民请开海禁,准贩东西二洋。[③]

由此可见,嘉靖四十四年(1565年),奏设海澄县治,其明年应该是指嘉靖四十五年(1566年),这一年,明世宗朱厚熜去世,其子裕王朱载坖继位,改元隆庆。所以,张燮说"其明年,隆庆改元",但是他并没有明确指出开海禁的时间就是隆庆元年。

再来看看同时代其他人的有关记载,如万历二十年至二十二年(1592—1594)在任的福建巡抚许孚远(1535—1604)曾上《疏通海禁疏》,疏中有云:

> 迨隆庆年间,奉军门涂右佥都御史议开禁例,题准通行,许贩东西

---

① (明)谭纶:《善后六事疏》,陈子龙:《明经世文编》卷三二二,北京:中华书局,1962年,第3432页。

② (明)谢方:《东西洋考·前言》,北京:中华书局,2000年,第5~12页。

③ (明)张燮:《东西洋考》卷七,《饷税考》,北京:中华书局,2000年,第131页。

诸番,惟日本倭奴,素为中国患者,仍旧禁绝。二十余载,民生安乐,岁征税饷二万有奇,漳南兵食,藉以克裕。……于是隆庆初年,前任抚臣涂泽民,用鉴前辙,为因势利导之举,请开市舶,易私贩而为公贩,议止通东西洋,不得往日本倭国,亦禁不得以硝黄铜铁违禁之物,夹带出海,奉旨允行,几三十载,幸大盗不作而海宇宴如。①

又,顾炎武(1613—1682)在《天下郡国利病书》中说道:

> 隆庆初年,巡抚福建涂泽民题请开海禁,准贩东西二洋。②

因此,从上面几则史料的对比可以了解到:开海禁的时间大致为隆庆初年,但是具体为哪一年,由于材料的限制,并不能很确切地知道。

(二)关于隆庆开海的地点

隆庆初年,福建巡抚涂泽民请开海禁,其最开始选择的地点并不是在海澄县的月港,而是在诏安县。关于这一点,《东西洋考》一书中有这样的记载:

> 先是发舶在南诏之梅岭,后以盗贼梗阻,改道海澄。③

可见,起初开放海禁的地点是在诏安县的梅岭,后来是因为盗贼猖狂的原因才改道海澄。关于这方面的内容,我们可以从清人顾祖禹(1631—1692)的《读史方舆纪要》一书中的记载得到印证:

> (诏安)玄钟山:在县东南三十里,距玄钟所十里,滨海。漳舶出洋,旧皆发于此,原设公馆,主簿镇焉,后设县,镇废,以其地屡为倭寇所凭,发船移于海澄。④

那么,诏安的梅岭与玄钟山之间又存在着什么样的关系呢?《读史方舆纪要》一书中紧接着有这样的叙述:

---

① (明)许孚远:《疏通海禁疏》,陈子龙:《明经世文编》卷四百,北京:中华书局,1962年,第4332~4334页。

② (清)顾炎武:《天下郡国利病书·福建篇》,《四部丛刊三编》25史部,上海:上海书店,1985年,第98页。

③ (明)张燮:《东西洋考》卷七,《饷税考》,北京:中华书局,2000年,第132页。

④ (清)顾祖禹:《读史方舆纪要》卷九九,福建五,《续修四库全书》610史部地理类,上海:上海古籍出版社,1995年,第271页。

玄钟之北,又有梅岭,为戍守处。嘉靖四十四年,戚继光败贼吴平于此。[1]

顾炎武在其《天下郡国利病书·福建篇》中也有这样的记载:

梅岭安边馆:在海滨。嘉靖甲子,剧寇吴平巢于此,都督戚继光追逐遁去,收其余党尽歼之,筑京观于此。[2]

此外,还有:

安边馆:在四都之梅岭,濒海有公馆,后废。漳之洋舶,其先实发于此。后以其地屡为倭寇所凭,发船移于海澄。旧设机兵二十四名、小甲一名,置捕盗主簿屯驻。明嘉靖甲子间,吴平结巢于此,都督戚继光追逐远遁,歼其余党,筑为京观,亦一方要害也,后因南澳设镇,分游乃撤。[3]

所以,诏安的梅岭作为隆庆开海讨论中最早议定的港口应属无疑。同时,其它文献资料的相关记载也提供了一些背景信息。如《天下郡国利病书·福建篇》中有这样的记载:

隆庆二年,吴平伙党贼首曾一本犯诏安。九月,复寇饶平、诏安,副总兵张元勋领兵由陆路截杀于盐埕,又大败之于大牙澳。

三年五月,曾一本贼船数百屯于云盖寺、柘林等澳,闽广军门会兵,于六月内进兵剿灭之,边境始安。[4]

这些关于隆庆年间兵事情况的记载,为前文提到的"先是发舶在南诏之梅岭,后以盗贼梗阻,改道海澄"的政策调整提供了佐证。

其实,海澄设县是明朝政府基于倭乱平定后加强对地方社会实施控制的考虑。开海禁则成为明朝廷大致理顺地方海上贸易秩序的又一措施,当时具备条件的港口也不仅仅是海澄的月港,还有泉州的安平港、诏安的梅岭港等,事实也正是如此——"先是发舶在南诏之梅岭,后以盗贼梗阻,改道海澄"。梅岭是沿海人民更习用的外贸港口,只是当时官方势力还不足对抗盗

---

① (清)顾祖禹:《读史方舆纪要》卷九九,福建五,《续修四库全书》610 史部地理类,上海:上海古籍出版社,1995 年,第 271 页。

② (清)顾炎武:《天下郡国利病书·福建篇》,《四部丛刊三编》25 史部,上海:上海书店,1985 年,第 117 页。

③ 民国《诏安县志》卷八,《武备志·关隘》。

④ (清)顾炎武:《天下郡国利病书·福建篇》,《四部丛刊三编》25 史部,上海:上海书店,1985 年,第 8 页。

贼势力，才退而选择了反抗势力相对较少的海澄月港。

就今天所能见到的材料而言，张燮完成于万历四十四年（1616 年）的《东西洋考》一书是关于隆庆开海情况的第一手材料，后来《海澄县志》和《漳州府志》等各种地方志书显然参考了该书中的观点，就连顾炎武的《天下郡国利病书》中的记载也可见其影子。而我们在官修《明实录》中没有找到隆庆开海的记载，更无从了解到具体的开海地点，这或许是当时人认为开海违背了皇朝祖制，故意对这段实录作了删改。张燮体会到明王朝的这种主流意识，并在具有官方色彩的《海澄县志》中淡化了这一内容。

《福建通史·明清卷（第四卷）》中写道，在当时人们并未真正认识到这一政策内涵的实质。在许多人看来，这只是一个新设县的"土政策"，没有多大意义。以故，不要说明代的史著，就连当地的《海澄县志》对此事发生的具体过程，亦是记载不详。[①] 其实，就张燮的《东西洋考》一书而言，前面已经提到，本书是记载明末海澄舶商海外贸易情况的专著，应海澄和漳州的地方官之请而作，这是其重要的成书背景之一。可以说，至少在当时的漳州地方，官府和普通百姓均已认识到隆庆开海的重要意义。作者张燮出生于万历二年（1574 年），当时海澄舶税的征收已经制度化，对于半个世纪之前隆庆开海的情况他虽没有亲身经历，但就当时条件而言，是可以调查清楚的。因此，笔者认为，张燮《东西洋考》一书的记载是比较可靠的，福建巡抚涂泽民请开海禁的时间应为隆庆初年。

海澄设县于隆庆元年，其治所选择在月港。但隆庆开海并非一开始即确定为月港，而是因为当时首选的诏安县梅岭存在"盗贼充斥"的特殊形势，才退而选择了月港。因此，部分后人以为隆庆元年既设立了海澄县治，同时又开海禁于月港，这样的认识存在简单化的偏颇。

二、海澄舶税征收的制度化

前面已经提到，明朝政府于隆庆初年同意在漳州府诏安县的梅岭部分开放海禁，准贩东西二洋。但是刚开始的时候，明朝政府并没有马上制定出一整套相应的管理措施，只是在实践中才逐渐形成了一些规章，任职于当地

---

① 徐晓望：《福建通史·明清（第四卷）》，福州：福建人民出版社，2006 年，第 164 页。

的官员在海洋管理政策的制度化方面功不可没。譬如直到隆庆六年（1572年），才开始对出海商民征收商税。

> 隆庆六年，郡守罗青霄以所部雕耗，一切官府所需倚办，里三老艮苦，于是议征商税，以及贾舶。贾舶以防海大夫为政。[①]

由此可见，隆庆初年开放海禁之后，明朝政府一开始并没有对商民们征税，一直到隆庆六年，漳州知府罗青霄考虑到地方财政的收支情况，才开始提出对出海商民征税的讨论，因此还安排驻守在月港附近的海防同知进行征税，付诸实践。紧接着，万历初年，经福建巡抚刘尧诲（1522—1585）奏请，将督饷馆所征收的岁额六千的舶税用于漳州地方的兵饷上：

> 万历二年，巡抚刘尧诲题请舶税充饷，岁以六千两为额，委海防同知专督理之，刊海税禁约一十七事。[②]

> 万历三年，中丞刘尧诲请税舶以充兵饷，岁额六千。[③]

这一过程也表明，通洋收利并非明朝统治者的初衷。明朝政府在海澄设县，开放海禁，一开始并不是为了征收商税，而是想让当地混乱的社会秩序尽快地稳定下来，从此在中央政府的统一管治之下，不要再有其他的风波威胁到王朝的统治，也保东南沿海的一方平静。此时朝廷考虑的政治利益要大于经济利益。因此可以说，海澄设县、隆庆开海使月港海商私人贸易的合法地位得到了确认，但更重要的是明朝政府对沿海地方社会的控制得到了进一步的加强，与此同时，海澄舶税的收入对于福建军事方面的财政支出起了很大的支持作用。

又：

> ……东西洋每引纳税银三两，鸡笼、淡水及广东引纳税银一两，其后加增东西洋税银六两，鸡笼淡水税银二两。万历十八年，革商渔文引归沿海州县给发，惟番引仍旧。每请引，百张为率，随告随给，尽即请继，原未定其地，而亦未限其船。十七年，巡抚周寀议将东西二洋番舶题定只数，岁限船八十八只，给引如之。后以引数有限，而私贩者多，增

① （明）张燮：《东西洋考》卷七，《饷税考》，北京：中华书局，2000年，第132页。

② （清）顾炎武：《天下郡国利病书·福建篇》，《四部丛刊三编》25 史部，上海：上海书店，1985年，第99页。

③ （明）张燮：《东西洋考》卷七，《饷税考》，北京：中华书局，2000年，第132页。

至百一十引矣。……①

由上可知，明朝政府对出海商船首先征收的是引税，每艘商船必须向海防官员申请商引以获得出海的许可。刚开始时，往东西洋的船只需缴纳税银三两，往鸡笼（今台湾基隆）、淡水及广东的船只需缴纳税银一两，后来各增加一倍，这时候的督饷馆不仅仅是专门管理海外贸易的机构，还对沿海地区商船、渔船往来进行管理。直到万历十八年（1590 年），朝廷才最终确定其对海外贸易进行管理的独特地位，所征收的商税也因此专称为洋税。还有，起初对于普通商民出海申请文引的数量、贸易的目的地和船只都没有明文规定，只以百张为率向上级申请，用完之后再补上即可。而到了万历十七年（1589 年），巡抚周寀才提出把东西二洋的番舶数以政策的形式规定下来，明确每年给引八十八，后来又因为走私船只的增多，增加到一百一十引。

除了引税之外，出海商民还须向政府交纳其他的税种，如水饷、陆饷以及加增饷等：

> 水饷者，以船广狭为准，其饷出于船商。
>
> 万历三年，提督军门刘详允东西洋船水饷等第规则，时海防同知沈植议详。（沈植，湖广临湘人，万历元年任海防同知。三年，当路请舶税以充兵饷，公条海税禁约十七事，当路才之。后擢广东金宪。）②

以船只宽度为标准征收的水饷，是向船商征收的一种税，是万历三年（1575 年）刘尧诲担任福建巡抚的时候，在当时漳州的海防同知沈植提出的草案基础上加以修订的，还包括了其他一些关于征税的细节。

> 陆饷者，以货多寡计值征输，其饷出于铺商。又虑间有藏匿，禁船商无先起货，以铺商接买货物，应税之数给号票，令就船完饷而后听其转运焉。
>
> 万历十七年，提督军门周详允陆饷货物抽税则例（万历三年，陆饷先有则例，因货物高下，时价不等，海防同知叶世德呈详改正。）③

可见，陆饷是以货物的多少为标准来征收的一种商税，由铺商方面来交纳。而从史料上的记载可以得知，早在万历三年，相关征税措施出台的时

---

① （清）顾炎武：《天下郡国利病书·福建篇》，《四部丛刊三编》25 史部，上海：上海书店，1985 年，第 100 页。

② （明）张燮：《东西洋考》卷七，《饷税考》，北京：中华书局，2000 年，第 132、140、147 页。

③ （明）张燮：《东西洋考》卷七，《饷税考》，北京：中华书局，2000 年，第 132、141 页。

候,政府就已经制定了陆饷的征税规则,然而由于陆饷的征收是依货物的价格而规定的,但是货物的价格却会随着市场的变化而变化。因此,到万历十七年(1589年)的时候,海防同知叶世德向上级官员作了汇报,要求就陆饷征收的标准作相应的调整,得到当时福建巡抚周寀的支持,出台了新的陆饷货物抽税则例。货物陆饷的征收标准依市场价格而变动,体现了地方政府的灵活性和能动性。万历四十三年(1615年),督饷馆再次调整货物的陆饷抽税则例。

> 加增饷者,东洋吕宋,地无他产,夷人悉用银钱易货,故归船自银钱外,无他携来,即有货亦无几。故商人回澳,征水陆二饷外,属吕宋船者,每船更追银百五十两,谓之加征。后诸商苦难,万历十八年,量减至百二十两。[①]

我们知道,自隆庆开海之后,吕宋(今菲律宾)成为了众商云集的一个贸易中心,通过西班牙人和中国的海商,漳州月港—马尼拉—阿卡普尔科之间形成了贸易链,持续百年之久,而美洲的白银源源不断地通过福建而进入中国。在这种情况下,中国的海商们络绎不绝地把本土的货物运送到马尼拉贩卖,通过贸易把西班牙人从美洲运载回来的白银输送回月港,福建地方政府也注意到了这一现象,专门针对从吕宋运载白银回国的商船出台了政策,规定除了征收引税、水饷和陆饷之外,每艘船只还必须追加征收白银一百五十两,故称之为"加增饷"。后来,一些商人认为负担太重,于是,万历十八年(1590年),加增饷调整为每船一百二十两。

众所周知,粮食对于国计民生有着重要的意义,古往今来,由粮食引发的一系列连锁问题成为中外政府不可忽视的重要课题。自明代中叶以后,福建地方就有了缺粮问题,[②]特别是沿海地区的福州、兴化(今莆田)、泉州、漳州四府。值得注意的是,沿海四郡几个地近滨海的县地,"田尽斥卤"的现实情况让当地的老百姓饱受耕种之苦。

于是,自明中叶以后,特别是隆庆开海之后,福建地方依靠浙江、广东两省的米石海运至闽,以缓解民食之忧。在海氛较为平静的社会环境下,这样的情形是比较容易实现的,老百姓的日常生计也能较好地维持下来。反之,如果碰到旱荒以及海氛混乱的年份,福建地方的粮食供给就会受到很大的

---

① (明)张燮:《东西洋考》卷七,《饷税考》,北京:中华书局,2000年,第132页。

② 朱维幹:《福建史稿(下册)》,福州:福建教育出版社,1986年,第474页。

影响，普通百姓泛海经商的活动也会受到制约，这样，社会不稳定因素也就会加大。于是，福建沿海社会的官府和民间各方也致力于开展各种保障工作，如漳州九龙江下游两岸各种农田水利工程的兴修，以及明末海澄知县梁兆阳在三都海沧地方设置义仓等行为。[①] 到了万历年间，开始有较多的出海商民从海外运载大米回国。起先，明朝政府对于这类米粮的进口采取不征陆饷的政策，后来，随着海外大米进口的不断增加，福建地方政府才逐渐出台相应的则例以规范其操作。因此，万历四十五年（1617年），漳州府督饷通判王起宗请求对载米回月港的商船进行征税，详文略曰：

> 海澄洋税，上关国计盈虚，下切商民休戚，职日夜兢兢，惟缺额病商是惧。然变态多端，有未入港而私接济者，有接济后而匿报者，甚欲并其税而减之者。即今盘验数船，除物货外，每船载米或二三百石，或五六百石。又有麻里吕船商陈华，满船载米，不由盘验，竟自发买。问其税，则曰："规则所不载也。"访其价，则又夷地之至贱也。夫陆饷照货科算，船盈则货多，货多则饷足，今不载货而载米，米不征饷，不费而获厚利，孰肯载货而输饷乎？诚恐贪夫徇利后，不载货而载米，国课日以亏也。查规则内番米每石税银一分二厘，今此米独非番地来者乎？今后各商船内有载米五十石者，准作食米免科。凡五十石外，或照番米规则，或量减科征，庶输纳惟均，而国饷亦少补也。[②]

由此可见，在福建缺乏粮食而海外地方又有便宜大米的情况下，福建海商中有人开始调整其贸易策略，从海外载回大米，如上文中提到的麻里吕（今菲律宾马尼北部的马里劳 Marilao）船商陈华等。根据原先的政策，并无有关这类的大米必须征税的规定，只是当督饷官员看到这样的事例慢慢多起来的时候，才意识到必须对他们进行征税，由此规定出海商船载回的海外食粮如超过五十石，则超出的部分都要依照番米规则纳税。从这一事件，我们看到了从月港出发贩洋的商人在万历年间贸易情况的细微变化，以及当时海外大米缓解福建粮食问题的一段历史往事。在督饷官王起宗看来，缺额和病商是他所不愿看到的两大问题，而缺额更是其中的关键点，尽管他认为"海澄洋税，上关国计盈虚，下切商民休戚"，但是，我们从上面的详文中，看到了以王起宗为代表的福建地方官员对海澄饷税的重视。因此，从另一

---

① （明）梁兆阳：《三都建义仓记》，乾隆《海澄县志》卷二十一，《记》。
② （明）张燮：《东西洋考》卷七，《饷税考》，北京：中华书局，2000年，第146～147页。

侧面上,我们也看到海澄舶税对于地方财政收入的重要性。

除此之外,万历四十四年(1616 年),推官萧基眼看商困,条上恤商厘弊凡十三事,得到当时分守参知洪世俊的支持,并将此事上达中丞。[①]

就这样,海澄舶税(洋税)的征收一步步走向制度化,每年二万多两的税银数额成为政府比较稳定的收入。现根据《东西洋考》卷七,《饷税考》的记载,将各年征收的税银额整理开列如表 3-1。

表 3-1　海澄舶税征收表

时　　　间	征收税银
隆庆六年(1572 年)	3000 两
万历三年(1575 年)	6000 两
万历四年(1576 年)	10000 多两
万历十一年(1583 年)	20000 多两
万历二十二年(1594 年)	29000 多两
万历四十三年(1615 年)	23400 两*

注:*(明)张燮:《东西洋考》卷七,《饷税考》有云:"(万历)四十一年,上采诸臣议,撤案珰还,诏减关税三分之一,漳税应减万一千七百。当事悉罢五关杂税,独以洋商罗大海之重利。即不减犹可支持,仅三千六百八十八两,然不可谓非圣世洪洞之恩也。"又,"万历四十三年,恩诏量减各处税银。漳州府议东西二洋税额二万七千八十七两六钱三分三厘,今应减银三千六百八十七两六钱三分三厘,尚应征银二万三千四百两。"可见,万历四十一年,应减万一千七百的漳税,并不单指罗大海之重利的洋税,三千六百八十八两才是当年应减的海澄饷税的数额,这与四十三年应减银三千六百八十七两六钱三分三厘的情况比较吻合。万历四十三年,东西二洋的税额应征二万三千四百两,而万历四十一年的情况也应该相去不远。后来崇祯十三年,给事中傅元初上《请开洋禁疏》,其中谈到:"万历年间,开洋市于漳州府海澄县之月港,一年得税二万有余两,以充闽中兵饷",即是明证。因此,《明代漳州月港的兴衰与西方殖民者的东来》一文中,作者认为万历四十一年海澄饷税为 35100 两的观点有误。(详见《月港研究论文集》,中共龙溪地委宣传部、福建省历史学会厦门分会编,1983 年,第 168 页。)

资料来源:(明)张燮:《东西洋考》卷七,《饷税考》,北京:中华书局,2000 年。

---

① (明)萧基:《恤商厘弊十三事》,《东西洋考》卷七,《饷税考》,北京:中华书局,2000 年,第 135~140 页。

由表 3-1 的数据可以看到，海澄饷税刚开始征收时，隆庆六年仅有三千两，到万历三年饷税就已经翻了一番为六千两，从万历四年开始，海澄的饷税就突破万两，二十一年增加到两万多两，二十二年在相关政策的影响下更是一度达到两万九千多两，此后的数额一直保有两万多两。可以说，洋税不断攀升的大好形势出乎明朝政府原先的意料。以海澄这一区区弹丸之地，而岁有两万多两的饷银收入，固然会日益引起明朝政府从中央到地方的各方关注。随着时间的推移，朝堂上甚至出现了"当事疑税饷赢缩，防海大夫在事久，操纵自如，所申报不尽实录"的言论，怀疑防海大夫是否利用手中的职权欺上瞒下，进而采取"岁择全闽府佐官一人主之"的办法，以流动性的官员来督海澄的饷税，使其"及瓜往返，示清核，毋专利"。①

从海澄舶税征收的制度化过程来看，我们发现，刚开海禁的时候，朝廷并没有出台相应的措施对海外贸易进行有效的管理。尽管经朝廷允许开了海禁，但是嘉靖年间倭乱的往事还历历在目，是故福建各级官员，上至巡抚，下至督饷官，都小心谨慎地揣度着中央朝廷的圣意——这个政策究竟是长期的呢？或仅仅是朝廷的权宜之计而已？因此刚开始的时候，福建地方官员谁也不敢把事情往自己身上揽。而有着海外贸易传统的广东、浙江两省，其地方政府对于开放海禁并不热衷的情况也正好说明了官员的普遍态度——多一事不如少一事。其实，不只是福建地方官员，当时的中央朝廷起初也不想实施什么带有指向性的举措，而是在庙堂之上时刻关注着地方的一举一动，琢磨着开海的程度、力度，会对其统治秩序产生什么样的影响。

随着时间的推移，慢慢地，福建地方官员发现开海贸易不会出什么乱子，相反地，还给地方带来了稳定的税收来源，对漳州的兵饷起了很大的支持作用，以至于崇祯十二年（1639 年），给事中傅元初上《请开洋禁疏》，其中谈到："万历年间，开洋市于漳州府海澄县之月港，一年得税二万有余两，以充闽中兵饷。"②万历二十年代（1592—1601）关于"泉漳分贩东西洋"的讨论就是海澄洋利日益重要的反映。而明朝廷方面也觉得有限制的开海并不会对其全国的统治构成威胁，相反地，还减轻了漳南的兵饷负担。因此，允许普通百姓出洋贸易的相应措施得以提出，并得到中央朝廷的允许，继而颁布

---

① （明）张燮：《东西洋考》卷七，《饷税考》，北京：中华书局，2000 年，第 133 页。

② （明）傅元初：《崇祯十二年三月给事中傅元初请开洋禁疏》，《天下郡国利病书·福建篇》，《四部丛刊三编》25 史部，上海：上海书店，1985 年，第 33 页。

和施行。

综上所述,海澄舶税征收制度化的过程是中央与地方慢慢磨合的过程,是中央与地方双方努力的共同结果。

第二节　隆万年间海澄舶税征收制度化过程中福建地方的官民互动

我们在上一章节中谈到,海澄舶税制度化的过程是中央与地方慢慢磨合的过程。同时,这一过程也是官方与民间长期以来所形成的自然默契状态的反映。下面,笔者将考察隆万年间涉及海澄舶税征收制度化的福建地方官员,梳理其有关的政绩情况,以期说明官方与民间之间的互动。

一、福建省级官员

历任福建巡抚除了隆庆初年请求开放海禁的涂泽民之外,还有万历年间确定东西洋船引数的周寀(详见本章第一节的相关内容),以及反对海禁并为此作出努力的许孚远。

万历二十年(1592 年),日本侵犯朝鲜,当时有传言说日本也将入侵鸡笼、淡水,①进而对中国东南沿海构成威胁,于是明朝政府再次实行海禁,不允许商民出海贸易。在这样的背景下,沿海百姓的生计又一次陷入困境,特别是"地临滨海、多赖海市为业"的海澄人民强烈要求海外贸易能够正常进行。当时的福建巡抚许孚远从实际出发,在经过调查了解民情之后,向朝廷作了报告,希望中央政府能考虑到普通百姓的切身利益和海禁政策将带来的后果。于是,这次海禁在维持了短短的一段时间之后,海澄商民又可以申

---

① (清)顾祖禹:《读史方舆纪要》卷九九福建五,《续修四库全书》610 史部地理类,上海:上海古籍出版社,1995 年,第 174 页。

请文引，出海贸易了。①

《明神宗实录》中"万历二十一年（1593 年）七月乙亥"条亦记载了巡按福建陈子贞在海禁问题上的相关看法，这些观点的上达对当时明朝中央政府的政策走向给予了一定的影响：

> 巡按福建陈子贞题闽省土窄人稠，五谷稀少，故边海之民皆以船为家，以海为田，以贩番为命。向年未通番而地方多事，迩来既通番而内外义安明效彰彰耳目，一旦禁之，则利源阻塞，生计萧条，情困计穷，势必啸聚。况压冬者不得回，日切故乡之想，佣贩者不得去，徒兴望洋之悲，万一乘风揭竿扬帆海外，无从追补，死党一成勾连入寇，孔子所谓谋动干戈不在颛臾也。今据布按二司左布政使管大勋等及总兵官朱先等勘议，前来相应于东西二洋照旧通市，而日本仍禁如初，严其限引，验其货物，一有夹带硝黄等项，必加显戮。彼商民固有父母妻子坟墓之思者，方以生理为快，又何敢接济勾引自蹈不赦哉！且洋船往来，习闻动静，可为吾侦探之助，舳舻柁梢，风涛惯熟，可供吾调遣之役，额饷二万计岁取盈，又可充吾军实之需，是其利不独在民而且在官也。下所司议。②

在陈子贞看来，福建地方"土窄人稠，五谷稀少"的实际情况，使得沿海居民"以船为家，以海为田"，特别是隆庆开海之后，"贩番"更成为了百姓们重要的生计方式之一。而万历二十年代日本入侵朝鲜带来了东南海洋环境的一度紧张，沿海居民的贩洋活动受到影响，明朝政府也因此下了海禁的命令，于是，沿海百姓不得出洋，贩洋之人不得归乡。所以，当时福建地方官员在深入调查民情之后，得出结论，建议东西二洋的贸易应该照常进行，而日本仍旧在禁通之列，并且对出海商船的货物严加检查，违禁物品如硝磺等不得出口。另一方面，陈子贞还认为，在开海贸易的情况下，洋船往来于海上，可以为政府带来关于海上情形的现场报告。因此，开放海禁，不仅可以解决沿海居民的生计问题，而且对于明朝政府的军事也是一个很大的支持，如每年二万有余的饷税收入以及出海商船带回来的情报等。可以说，沿海百姓和官府都是这一政策的受益者。这样的观点，无疑给明朝政府的政策走向

---

① （明）张燮：《东西洋考》卷七，《饷税考》，北京：中华书局，2000 年，第 131 页；（明）许孚远：《疏通海禁疏》，《明经世文编》卷四百，北京：中华书局，1962 年，第 4332～4334 页。

② 《明神宗实录》卷二百六十二。

打了一剂强有力的定心针。

二、督饷官员

鉴于督饷官员在海澄舶税征收具体操作上的重要性,特将其单列出来进行讨论。

首先是沈植。从隆庆六年(1572年)起,官府开始征收商税。万历元年(1573年)以海防同知出任督饷官的沈植,于万历三年(1575年)条陈海税禁约十七事,得到当时福建巡抚刘尧诲的支持,并在其基础上加以修订,出台了包括水饷等在内的相关征税规则。由于材料的限制,虽然今天我们没有看到海税禁约十七事的具体内容,但是至少可以知道其提出并付诸实施的大致时间为万历三年(1575年)。也就是说,从隆庆六年开始收税,一直到万历三年才出现具体的法律条文对海税作出相应的规定。

后来由于海澄舶税的不断增加,督饷官受到质疑,此后朝廷便不再让海防同知专署税饷,而采取由各府佐贰官轮流督饷的做法,但是这种督饷方式实行的时间很短,仅有一年,即万历二十六年(1598年)邵武府推官赵贤意以能声来督漳饷。不久之后,明朝政府派遣税监高寀入闽,海澄舶税的征收遂为之所把持,直到万历三十四年(1606年),明朝中央政府下令关闭矿洞,税收之权等才重新回到地方官府的手中。也就是从这一年开始,海澄舶税的征收进入了由漳州府的佐贰官轮流督饷的时期。这一时期的督饷官员任期都不是很长,一般以一年为限。短短的一年时间,督饷官比较难有大的举措。虽然是这样,但是从罢税珰之后的万历三十四年(1606年)开始,海澄还是出现了不少的督饷官不断地为地方百姓谋福利,为商民提供方便,赢得了地方上士绅和商民的盛赞。下面,笔者根据张燮《东西洋考》中提及的督饷官员的情况做一个详细的梳理,列表如表3-2。

表 3-2　海澄督饷职官表

督饷官员	科举出身	籍贯	督饷年份	相关政绩
杜献璠	举人	南直上海	万历三十四年（1606 年）	以华胄起家，上任之后，不仅对出海商民没有妄取之行为，还为他们提供了各种便利之措施。于是，当地商民为杜献璠立碑，郡人副使郑怀魁为之撰文，谓之：……其最著者，督饷吾澄，率多惠政。彼逃命于龙堆鳞谷之险，争息于蜗角蝇头之间者，得侯如得艾也。单车诣船，城社塞渔猎之宝；诸饷投柜，豪猾绝乾没之阶。马如羊，金如粟，箕敛幸见息肩；门如市，心如水，貂铛为之夺气。货无逗留，商称便利。……
沈有严	举人	南直宣城	万历三十五年（1607 年）	公强直自遂，风骨稜稜，而舶政乃更平易，贾人安之。
陈钦福	举人	江西南丰	万历三十七年（1609 年）	公门市心水，在脂不润，擢广东提举，商人至今思之。
吕继梗	举人	浙江新昌	万历三十八年（1610 年）	其为政详练周至，尝陈饷事十议，两台命悬象魏，以示来兹。商人立石颂德，郡人宫保尚书戴燿为之撰文。针对出海船只风涛叵测等实情，吕公建议饷税征收不要如额而行。于是，"诸不便国、不便商者，一切报罢。于是船得从实报，报得从实验，验得从实纳"，谓之"吕侯十法"。
邵圭	举人	浙江余姚	万历四十一年（1613 年）	公长才亮识，倾心儁流。其督饷自足额而外，多从宽政，商人德之，立碑颂美。郡人御史林秉为之撰文。邵圭在任期间，深入调查民情，得商民之疾苦，而条陈两台以修正相关措施，为商民提供便利。

督饷官员	科举出身	籍贯	督饷年份	相关政绩
卢崇勋	举人	广东增城	万历四十二年(1614年)	公莅事清谨,既满,人为立碑,邑人周起元为之撰文。当年海澄遭受风灾,商民损失严重,卢崇勋行变通之策。
王起宗	官生	应天上元	万历四十五年(1617年)	隆庆开海之后,海外贸易日益蓬勃发展,但与此同时,贸易所带来的巨额利润使得各种力量都想从中分得一杯羹,于是就出现了官害、吏害和奸商之害等为主的三大商困。万历四十五年(1617年),以督粮通判出任督饷官的王起宗一上任就兴利除弊,并取得了很好的效果。其具体措施如下:在洋船进港之时亲自往验,不仅节省了洋船等待的时间,还杜绝了饷馆吏书作弊的危害;针对红毛番威胁沿海的情况,从实际出发,对个别船只的税收进行减免;对于一些走私的洋船,既往不咎,仅要求他们补足饷额即可;严格禁止一切以上进方物为借口的额外征税;如果遇到洋船发生意外的情况,官府可以给予适当的宽恤。
林栋隆	进士	浙江鄞县	万历四十八年(1620年)	轸念商虞,随至随验,风清弊绝,贾舶遭风漂没及敛于寇者,饷尽蠲之。自莞榷以至报成,未尝笞一人,民深德焉,为生立祠,后征入为御史。

资料来源:(明)张燮:《东西洋考》卷七,《饷税考·督饷职官》,北京:中华书局,2000年,第148～152页;乾隆《海澄县志》卷六,《秩官志》。

由上表的内容可知,督饷官员在海澄舶税征收具体过程中所作的一些努力。自万历三十四年开始,到《东西洋考》成书之前,明朝政府总共向海澄派遣了十二名漳州府佐贰官以督饷税,这十二人当中除了钟显(署三十六年饷)、龚朝典(署三十九年饷)二人因故被罢免之外,大多数的督饷官都能忠于职守,为出海商民提供各种便利的条件,造福一方百姓,特别是我们上面表格中详细谈到的八人更是其中的杰出代表。

就海澄饷税而言,相对于海商的巨大贸易额、高额利润率,整个月港税制的税率极低,巨额财富滞留海商手中,海商并未被"横征暴敛"。[①] 一方面,这一良好局面的出现,与历任督饷官员大多能尽心职守是分不开的。他们认识到:从实际出发,能够致力于地方社会的长治久安,既符合朝廷利益,也符合人民利益。另一方面,当地知识分子撰文、普通商民立碑颂德的举动,既是对在任督饷官员的肯定,同时也是对继任者的一个期望。这样的官民互动情况是官方与民间长期以来所形成的自然默契的一个反映。

三、漳州府、县地方官员

从海澄设县、隆庆开海乃至后来一整套商税制度建设的历史过程中,我们可以看到中央与地方之间在慢慢地磨合,而官方与民间长期以来所形成的自然默契也是昭然可见的。另外,虽然海澄舶税的征收权不在督饷官之外的漳州其他地方官员身上,但是他们对地方的有效治理以及地方社会秩序的维护却是舶税征收的有力保障。

> 隆庆六年,郡守罗青霄以所部雕耗,一切官府所需倚办,里三老良苦。于是议征商税,以及贾舶。贾舶以防海大夫为政。[②]

虽说在当时,漳州郡守罗青霄建议征收商税主要为了解决当地的财政问题,但是,客观上却推动了海澄舶税制度化的进程。

我们知道,虽然海澄饷税的征收权不在海澄知县身上,但是凡是出海商民均必须在海澄办理一定的手续之后才可以出发,因此,地方官员对海澄的有效治理以及地方社会秩序的稳定却是饷税征收的有力保障。下面,笔者将对海澄知县的有关情况作一个分析,列表如表3-3。

---

① 林枫:《明代中后期的市舶税》,《中国社会经济史研究》2001 年第 2 期。

② (明)张燮:《东西洋考》卷七,《饷税考》,北京:中华书局,2000 年,第 132 页。

表 3-3　海澄知县情况表

知县	科举出身	籍贯	到任日期	备　　注
邓复阳	举人	广东番禺	隆庆元年十月	由崇安县有声调任,加五品服
李霁	举人	江南合肥	隆庆三年十月	
王毂	举人	浙江临海	隆庆五年八月	祀特祀,有传
周祚	举人	湖广蕲州	万历二年八月	有传
瞿寅	举人	江南上海	万历八年八月	十二年正月丁忧去
杜如桂	举人	湖广德安卫籍钱塘	万历十二年十月	十四年五月调去
周炳	举人	浙江上虞	万历十四年八月	十七年十月丁忧去
杨继时	恩贡生	浙江钱塘	万历十八年九月	宁洋服阕除补,有政声,二十年三月升任
毛凤鸣	举人	浙江余姚	万历二十年八月	二十五年八月升镇江府通判
龙国禄	乙未进士	广西桂平	万历二十六年三月	祀名宦,有传
姚之兰	辛丑进士	直隶桐城	万历三十一年二月	祀名宦,有传
余思冲	壬辰进士	浙江仁和	万历三十四年	德化县调任,三十六年三月升刑部主事
毛尚忠	甲辰进士	浙江嘉善	万历三十七年二月	
陶镕	庚戌进士	浙江嘉兴	万历三十八年十二月	莅事醇谨,有麦穗两岐之异,后历广西太平府同知
傅魁	癸丑进士	江西临川	万历四十四年六月	宅心仁恕,莅政宽平,所部德之,后调繁龙溪,行取擢刑科给事中太常少卿
谭世讲	丁未进士	湖广沔阳	万历四十七年九月	天启元年八月,升都察院经历
刘斯来	丙辰进士	江西南昌	天启二年三月	由零陵除补,在任七年,行取刑科给事,有传
余应桂	巳未进士	江西都昌	崇祯元年	由龙岩调任,四年,行取擢陕西监察御史,有传

续表

知县	科举出身	籍贯	到任日期	备　注
梁兆阳	戊辰进士	广东顺德	崇祯四年十月	初授福安县，七年，选授翰林院检讨
金汝礪	甲戌进士	浙江仁和	崇祯八年	十四年行取擢给事中
毛毓祥	丁丑进士	江南武进	崇祯十五年	
季秋实	庚辰进士	江南新城	崇祯十七年	

资料来源：乾隆《海澄县志》卷六，《秩官志》。

地处漳州之滨的月港自明代中叶以来，号称难治，就连身为海澄人的周起元都说"澄，故难薮也"，[①]另外，龙溪人蒋梦育也说："以海为市，得则潮涌，失则沤散，不利则轻弃其父母妻子安为夷鬼，利则倚钱作势以讼为威，至罔常难治也。"[②]由上面的表格可知，从隆庆元年（1567 年）至崇祯十七年（1644 年）明朝灭亡，明朝政府总共向海澄派遣了二十二个知县，其中首任知县邓复阳系由崇安县有声调任，在到海澄上任之前是有从政经验的。与此同时，大部分的海澄知县为沿海人氏，显示了明朝政府有效治理沿海县份的考虑。此外，我们还注意到了这样一个现象：从万历二十六年（1598 年）开始，海澄知县的科举出身从以举人为主上升至进士。前面已经提到，"当事疑税饷赢缩，防海大夫在事久，操纵自如，所申报不尽实录，议仿所在榷关例，岁择全闽府佐官一人主之"，故于万历二十六年派遣邵武府推官赵贤意来督漳饷，而海澄知县的科举出身也刚好从这一年起上升为进士。这不能否认两者之间存在某种联系，我们可以做这样的解读：与其说是明朝政府对海澄县地方治理的日益重视，还不如说是中央政权基于海澄地方社会秩序稳定的考虑，通过派遣优秀的人才对其进行有效的治理，保证饷税的顺利征收。这些均为治理好沿海地方提供了有力的保障。

---

① （明）张燮：《东西洋考》卷七，《饷税考》，北京：中华书局，2000 年，第 151 页。

② （明）蒋孟育：《赠姚海澄奏续序》，崇祯《海澄县志》卷十九，《艺文志》之四。

四、福建地方士绅的相关言论分析

前文已有提及,从明代嘉靖二十年代开始,中国东南沿海的海洋社会遭遇了二三十年的混乱局面,称为嘉靖倭乱。嘉靖末年,因应形势发展的需要,明朝政府内部开始对原先的政策进行了反思,并逐步加以调整。隆庆初年,最终确定了月港开海的决策。隆庆年间,福清人郭造卿(1532—1593)对隆庆开海后"市舶通民安生不为盗"的情况有一段这样的论述:

> 闽语有云:三山六海一田,承平还行,一旦有事即危。……民之常赋不加,鱼盐处之得宜,而市舶又善通之,何不安生而为盗乎?①

另外,万历年间任福建巡抚的许孚远对明朝政府的海禁政策发表了自己的看法,认为在明朝政府的海禁政策之下,百姓私自下海贸易,吴越地区的世家大族也参与其中;在厉行海禁的历史背景下,东南沿海出现了"急之而盗兴,盗兴而倭入"的情况,即:

> 先是海禁未通,民业私贩,吴越之豪,渊薮卵翼,横行诸夷,积有岁月,海波渐动,当事者尝为厉禁,然急之而盗兴,盗兴而倭入。②

从许孚远给万历皇帝所上的奏疏中,我们看到了海禁政策下"盗"与"民"相互转化的内在关系,可以说,这样的观点代表了当时明朝中央政府和福建地方的主流思想,故而因势利导,开东西洋之贸易,自隆庆以来"几三十载,幸大盗不作而海宇宴如"。

万历二十年(1592年),日本侵犯朝鲜,当时亦有传言说日本也将入侵鸡笼、淡水等地,进而对中国东南沿海构成威胁,于是明朝政府再次实行海禁,不允许商民出海贸易。这次的海禁持续时间不是很长,经福建巡抚许孚远的疏请,商民又可以继续申请文引,出海贸易。万历三十年(1602年),倭寇船只骚扰中国东南沿海,并流窜到东番(今台湾)。万历三十七年(1609年),红夷(荷兰人)入侵澎湖。这两次的军事行动,均以都司沈有容(1557—1627)为指挥的明朝军队的胜利而告终。从这边的叙述,我们可以看出,自

---

① (明)郭造卿:《闽中兵食议》,《天下郡国利病书·福建》,《四部丛刊三编》25 史部,上海:上海书店,1985 年,第 14~19 页。

② (明)许孚远:《疏通海禁疏》,陈子龙:《明经世文编》卷四百,北京:中华书局,1967年,第 4332~4334 页。

嘉靖倭乱之后，明朝政府进一步加强了对东南海洋区域的控制，尽管其间偶有波折，但是，东南海洋基本上还是在明朝政府的可控制之下。

虽然，隆庆开海的实现动摇了明朝政府的海禁政策，但是，从一开始，这种开放政策就是有限制的，即"于通之之中，寓禁之之法"，开海贸易仅限于海澄一地，日本亦在禁通之列。① 尽管如此，福建沿海其他地方的百姓仍然不断地突破明朝政府的海防线，从事违禁贸易，大闽江口区域即是利用其地处通倭航线的优势发展起来的。② 根据《明神宗实录》的记载：万历四十年（1612 年）八月丁卯，兵部奏称：通倭之人皆闽人也，合福、兴、泉、漳共数万计。③

在这样的历史背景下，身为闽人的叶向高、董应举站在了明朝政府的立场上，坚决反对通倭贸易，特别是以福州为中心的省城地区。例如万历四十年（1612 年）十月，时任吏部文选司员外的董应举给万历皇帝上了《严海禁疏》。奏疏中提及，嘉靖倭乱，推其祸始，即是闽、浙沿海百姓私自与日本进行通商贸易所致，而闽浙地方大家族亦在其背后支持着走私贸易。同时，董应举对于福州地区百姓的通倭情况有这样的一番描述：

> 今之与倭为市者，是祸闽之本也；而省城通倭，其祸将益烈于前。臣闻诸乡人：向时福郡无敢通倭者；即有之，即阴从漳、泉附船，不敢使人知。今乃从福海中开洋，不十日直抵倭之支岛，如履平地；一人得利，踵者相属。岁以夏出，以冬归；倭浮其直以售吾货，且留吾船倍售之，其意不可测也。昔齐桓欲取衡山，而贵买其械；欲收军实，而贵籴其粟。即倭未必然；然他日驾吾船以入吾地，海之防汛者民之渔者，将何识别；不为所并乎？万一有如许恩、曾一本者乘之，不买白衣摇橹之祸乎？又况琉球已为倭属，熟我内地，不难反戈；又有内地通倭者为之勾引。此非独闽忧，天下国家之忧也。④

我们知道，董应举（1557—1639）于嘉靖末年出生在福建闽县，十岁之前

---

① （明）张燮：《东西洋考》卷七，《饷税考》，北京：中华书局，2000 年，第 131～132 页。

② 崔来廷：《明代大闽江口区域海洋发展探析》，《中国社会经济史研究》2005 年第 1 期。

③ 《明神宗实录》卷四百九十八。

④ （明）董应举：《严海禁疏》，《崇相集选录》，《台湾文献史料丛刊》第八辑第二三七种，台北：台湾大通书局，1987 年，第 2 页。

即是在嘉靖倭乱中度过，可以说，嘉靖倭乱在其脑海中留下了不可磨灭的烙印——“闽在嘉靖之季，受倭毒至惨矣：大城破、小城陷，覆军杀将，膏万姓于锋刃者十年而未厌”。另外，从董应举的奏疏中还可以了解到，福州地区的通倭贸易一直以来就有存在，并不是万历四十年才出现的新情况，只不过之前的情况是福州人偷偷地搭附漳州人和泉州人的商船出洋，而今则是从福州沿海直接开船赴日。在董应举看来，福州作为福建的首郡，关系重大，一旦有事，将会影响到整个福建地区，故而提出了针对日本的“严海禁”的主张。而自隆庆初年开海贸易以来，日本一直是明朝政府的禁通之国，董应举的主张本身亦无可厚非。因此，我们与其说是董应举主张海禁，倒不如说是他对万历末年明朝政府内外交困情况的忧心：

嘉靖末年东南多故，当时国家财力尚饶、材武尚众、法令尚严，而荡平祸乱犹尚如是之难。今财力匮乏、法令废弛，天下仓库如洗、国储不能支二年，加以建酋佯顺卑翼以俟，粤东夷市变煽难知，沿海倭患旦夕不测，而虏封未就、羌变时作，水旱妖怪无处不有。[①]

另外，成书于万历四十五年（1617年）的《东西洋考》，是明代福建龙溪县人张燮关于漳州地区海外贸易状况的一部力作，它描写了隆庆开海之后的盛况，带有鲜明的时代特色。著者张燮认为，嘉靖年间都御史朱纨严海禁的措施并不能解决福建沿海地区“岁岁苦兵革”的问题，而明朝政府部分开放海禁，制定相关政策征收舶税，带来了每年二万有余两的财政收入，以充闽中兵饷。是故，与张燮同时代的海澄人周起元对此亦充满自豪之情，喻之曰“天子之南库”：

我穆庙时除贩夷之律，于是五方之贾，熙熙水国，刳艅艎，分市东西路。其捆载珍奇，故异物不足述，而所贸金钱，岁无虑数十万，公私并赖，其殆天子之南库也。[②]

综上所述，从明朝政府在月港设置海澄县治、开放海禁、设馆征税等一系列的措施中，我们看到了大陆思维的中央王朝如何对月港进行治理和当地社会的实际反应，以及明朝政府如何因应海洋社会局势发展的需要逐步调整自己的统治政策。海外贸易的经济利益在明王朝一步步地走向海洋的

---

① （明）董应举：《严海禁疏》，《崇相集选录》，《台湾文献史料丛刊》第八辑第二三七种，台北：台湾大通书局，1987年，第3～4页。

② （明）周起元：《东西洋考·序》，北京：中华书局，2000年，第17页。

过程中与维护王朝统治秩序的政治利益相融合,这方面的研究,张彬村的《十六—十八世纪中国海贸思想的演进》一文有详细的讨论。作者认为,中国官僚对于海贸与政治利益的关系曾发生观念上的改变,其转折点在 16 世纪中叶,此前中国官僚们绝大多数相信海贸与政治利益互相矛盾;1567 年后,尽管海禁派的言论还是时有所闻,但肯定海贸的意见一直是官僚阶级的主要思潮。[①] 因此,隆庆开海的实现,是明朝政府对原有海禁政策的修正,而福建地方各级官员在舶税征收的具体过程中充分发挥了主观能动性,使得海澄舶税的征收日益走上规范化之路。值得注意的是,地方士绅和商民们也充分扮演了各自的角色,发挥着不可忽视的作用,关于这方面的内容我们将在下一章节中进一步阐述。

第三节　高寀入闽横征暴敛与地方官绅联合反抗

一、高寀入闽

万历二十七年(1599 年),“上大搉天下关税,中贵人高寀衔命入闽,山海之输,半蒐罗以进内府,而舶税归内监委员征收矣。”关于万历年间税监高寀入闽之后的所作所为,明代龙溪县名士张燮在其著作《东西洋考》中用了专门的篇幅记录了当时的情况,这些宝贵的第一手资料为今天的我们了解那段尘封往事提供了重要的历史依据。

根据张燮的记载,高寀的生平简历被初步勾画了出来——高寀,顺天府文安县人,幼时进宫成为宦官,后来得到明神宗皇帝的宠信,累升迁至御马监监丞。万历二十七年(1599 年),中贵人高寀奉万历皇帝之命来到福建,开始了其在福建地方的税监时代,一直到万历四十二年(1614 年)结束,前后长达十六年之久。高寀入闽,给福建地方社会带来了极大的危害,张燮在

---

① 张彬村:《十六—十八世纪中国海贸思想的演进》,《中国海洋发展史论文集》第二辑,台北:“中央研究院”三民主义研究所,1986 年,第 46 页。

其著述《东西洋考》一书中详细描述了高寀入闽的一些情形:

> 比寀衔命南下,金钲动地,戈旗绛天,在在重足,莫比其生命。而黠吏、逋囚、恶少年、无生计者,率望羶而喜,营充税役,便觉刀刃在手,乡里如几上肉焉。寀在处设关,分遣原奏官及所亲信为政,每于人货凑集,置牌书圣旨其上,舟车无遗,鸡豚悉算。①

由此可见,衔命入闽的高寀在到达福建地方的一路上就开始大张声势,旗帜飘扬,途中更是收罗了黠吏、逋囚、恶少年、无生计等一些社会之流氓以充当税役,作威作福,鱼肉沿途乡里百姓。此外,高寀还命令其亲信等在一些贸易集散之地设置了重重关卡,以奉皇帝圣旨为名,向过往商民征收税款,就连鸡和猪等家禽都在收税之列。

不仅如此,作为当时福建沿海地区极为发达的海澄地方更是引起了高寀的莫大关注,特别是区区一个弹丸之地每年却有两万余两饷税收入的督饷馆更是高寀当时关注的重中之重。因此,高寀经常自己前往实地巡历,而不将地方官府放在眼里。

二、漳州地方官民配合以抗高寀

税珰高寀在海澄地方上的所作所为已经对地方社会产生了极大的危害,日益引起漳州府、县官员的不满,他们并不屈服于高寀的淫威,同其展开了一场智勇的争斗。

龙国禄,广西桂平人,进士出身,万历二十六年至三十一年(1598—1603)出任海澄知县,后祀名宦,县志上有传:

> 澄令龙国禄,强项吏也。分庭入见寀,不为屈。严约所部不得为寀驱使,每事掣肘,不令飞而食人。寀遣人诣令白事,其人辄张自豪,国禄庭笞之。②

由此可见,作为海澄县令的龙国禄,不仅严格约束自己的下属不得为高寀所驱使,而且还在公堂上责打高寀派来的态度傲慢之人。于是,高寀透露了想上疏弹劾龙国禄的意图。在这种请况之下,当时的漳州知府韩擢却对高寀说:“澄故习乱,所不即反者,以有龙令在也。倘令危,民何能即安,激而

---

① (明)张燮:《东西洋考》卷八,《税珰考》,北京:中华书局,2000年,第155页。

② (明)张燮:《东西洋考》卷八,《税珰考》,北京:中华书局,2000年,第155页。

生变,若亦岂有赖焉",①高寀因此才作罢。通过这一事件,我们看到了一个漳州府、县地方官员联合起来,成功抵制明朝中央政府所派恶劣官员的案例。经过进一步的分析,我们知道,"澄故习乱"固然是海澄强悍民风的写照,但在这边却成为了一个借口,地方官员成功地借用了百姓的舆论力量,有效地阻止了高寀对龙国禄的报复。可以说,这是地方官员应对不熟悉地方实情的上级官员的一种办事策略。正是这一种策略,有时候也可以成为地方官员向中央提政策要求、为地方谋利益的一种手段。福建地区由于特殊的地理环境,其地形相对封闭,历代中央政府所制定的各项政策,在福建范围内的执行程度历来是令人怀疑的。号称"南方小苏杭"的月港,其兴起的主要原因之一即是"官司隔远,威命不到"。因此我们说,隆庆开海后海澄舶税能够一步步地走向制度化,不能排除地方官员能动地执行中央政策、一定程度地代表人民利益的因素所起的作用。

龙国禄事件之后,税珰高寀并没有因此而收敛自己的行为,而是变本加厉地盘剥海澄地方社会:

> 自后每岁辄至,既建委官署于港口,又更设于圭屿;既开税府于邑中,又更建于三都。要以阃出入,广搜捕。稍不如意,并船货没之。得一异宝,辄携去曰:"吾以上供。"②

自此,海澄地方遍布了高寀及其爪牙,海澄县城、圭屿和三都地(今厦门海沧)纷纷修建了官署等设施,往来的出海船只均必须接受其检查,受其盘剥。稍有不如意的地方,高寀便下令将船只及货物全部没收,甚至当他看到比较贵重稀少宝贝的时候,往往借口说要将其上供中央而无偿地抢夺之。万历三十年(1602年),有出海商船返回海澄,高寀下令船上人员一个都不许上岸,必须等到交纳饷税完毕才能回家,其中有一些人因私自回家而被高寀方面所逮捕,一时之间,系者相望于道。于是,很多商民为此感到极其不满和愤怒,放出风声说要杀了高寀。最终,高寀手下的参随被当地愤怒的百姓捆绑,扔至海中沉之,高寀惊吓之余,连夜离开海澄,自此不敢再来。

高寀入闽,鱼肉百姓,给福建地方正常的社会秩序带来了极大的破坏,特别是给正在发展中的漳州海洋社会带来了威胁。在这种情况下,漳州地方府、县官员与其展开了一场智勇之斗。漳州府、县官员相互配合,不仅智

---

① （明）张燮:《东西洋考》卷八,《税珰考》,北京:中华书局,2000年,第156页。
② （明）张燮:《东西洋考》卷八,《税珰考》,北京:中华书局,2000年,第156页。

斗高寀,而且还一直把地方海洋社会维持在一个可以控制的范围之内——"漳民汹汹,赖有司调停安辑之,不大沸"。[①] 与此同时,身处地方海洋社会的普通商民们亦是当时反抗高寀斗争的主力之一。关于这方面的内容,林仁川、邓华祥等人曾经专门撰文给予了探讨。[②]

三、荷兰人东来及其与高寀之间密谋的失败

万历二十九年(1601 年)冬天,荷兰人驾着船只来到广东濠镜,欲寻求与明朝政府建立通商往来关系,当地人根据其"深目长鼻、毛发皆赤"等相貌和服饰上的特征,称之为"红毛番"。然而,广东方面的官员并没有允许他们上岸,至此,荷兰人第一次与明朝政府的接触宣告失败。

之后,有海澄人名李锦者,久住大泥(今泰国南部马来半岛中部之北大年一带),另有商人潘秀、郭震也在大泥,他们与荷兰人均有贸易往来的联系。有一天,他们与荷兰人首领麻韦郎谈论起中国的事情。李锦对麻韦郎说,若要赚钱乃至大富的话,无过于前往漳州地方进行贸易了,而且漳州地界有澎湖屿远在海中,可以派兵扎营加以守卫。麻韦郎考虑之后,提到如果明朝政府方面的守土之官不同意的话那要怎么办呢?李锦进一步说明,认为福建方面有税珰高寀,而高寀其人热衷于钱财,如果能买通他的话,可以通过他将荷兰人欲与明朝通商往来的意愿上达中央政府,得到中央的支持而下达政令,这样福建的守土官员就不敢违抗圣意了。于是,他们在一番商量之后,就以大泥国国王的名义给福建方面写了三封文书,分别要送递中贵人高寀、观察使和海防同知,这三封文书都是李锦所起草的。[③]

万历三十二年(1604 年),海澄商人潘秀、郭震等人携带大泥国王的文书,为荷兰人请求与中国进行通商往来,并声称漳州海面不远处的浯屿岛乃是元代中外的通商处所,乞求明朝政府同意他们在浯屿继续贸易。海防同

---

① (明)张燮:《东西洋考》卷七,《饷税考》,北京:中华书局,2000 年,第 134 页。

② 林仁川:《明代漳州海上贸易的发展与海商反对税监高寀的斗争》,《厦门大学学报》(哲学社会科学版)1982 年第 3 期。邓华祥:《略论我省反高寀斗争及其历史意义》,《月港研究论文集》,中共龙溪地委宣传部、福建省历史学会厦门分会编,1983 年,第 188～194 页。

③ (明)张燮:《东西洋考》卷六,《外纪考·红毛番》,北京:中华书局,2000 年,第 127～128 页。

知陶拱圣得到消息之后，将这一事件向上级作了汇报，并将潘秀捉拿入狱，而郭震为此将相关文书藏匿起来，不敢再有行动。等待中的荷兰人不顾福建方面的消息，独自驾驶四艘船只尾随而来，于这一年的七月抵达福建外海的澎湖。海商李锦驾渔船进入漳州打探消息，对外声称是被夷人抓走而逃跑回来的，但是，也逃脱不了被捕入狱的下场。后来，福建方面决定让李锦和潘秀前往告知荷兰人，使之离开福建海面。然而，李锦等人却单方面地认为这是明朝政府推诿的借口罢了，因此，荷兰方面继续逗留澎湖，而与此同时，漳州海滨的老百姓们也载货前往澎湖与荷兰人展开贸易活动，这样一来，荷兰人更加不想就此离开而在澎湖继续观望。福建方面几次派出官员前往劝导都没能发生作用。[1]

当时的福建巡抚徐学聚专门给万历皇帝上了《初报红毛番疏》一折，其中谈到：

> 海澄弹丸而能设关以税者，以商航必发轫於斯，可按而稽也。若番船泊彭湖，距东番、小琉球不远；二千里之海滨、二千里之轻艘，无一人一处不可自赍货以往，何河能勾摄之。渔船小艇，亡命之徒，刀铁硝黄，违禁之物，何所不售。洋船可不遣，海防可不设，而海澄无事关矣。[2]

紧接着，徐学聚分别从利国和利民的角度，分析了荷兰人不得在福建澎湖一地滞留的利弊。

于是，当荷兰人的船只继续在澎湖活动的时候，明朝方面军队前往驱赶，不允许他们滞留其间。正当荷兰人遇到瓶颈之时，他们在一些漳州海商的建议下，拿出重金前往福建贿赂高寀，希望能通过高寀打通与明朝政府的通商之路。于是，高寀伙同其干儿子——时任大将军的朱文达，与荷兰人进行了暗中接触，并且还派人向荷兰人索要财物。至于荷兰方面，首领麻韦郎向高寀输送了大量的奢侈物品，如以三万金为高寀做寿等等，同时派遣通事等九人前往福州等待消息。正当高寀等人自以为万事顺利的时候，参将施德政已经接到上级官府关于处理与荷兰人关系的命令，派出沈有容告诫荷兰人等不要被高寀所误。与此同时，施德政带领一批军队，到达料罗湾，从

---

① (明)张燮：《东西洋考》卷六，《外纪考·红毛番》，北京：中华书局，2000 年，第 128 页。

② (明)徐学聚：《初报红毛番疏》，《明清台湾档案汇编》第一册，台北：远流出版事业股份有限公司，2004 年。

军事上对荷兰人给予了威慑。事毕,当时率兵驱逐荷兰人的施德政满怀壮志豪情,在从澎湖凯旋铜山之后写下了《横海歌》,诗曰:

> 大国拓疆今最遐,九夷八蛮都来朝,沿海迤开几万里,东南地缺天吴骄。圣君御宇不忘危,欲我提师制岛夷。水犀列营若棋布,楼船百丈拥熊罴。春风淡荡海水平,高牙大纛海上行,惊动冯夷与罔象,雪山涌起号长城。主人素抱横海志,酾酒临流盟将吏,扬帆直欲捣扶桑,万古一朝悉奇事。汪洋一派天水连,指南手握为真诠,浪开坑堑深百仞,须臾耸拔山之颠。左麾右指石可鞭,叱咤风霆动九天,五龙伏蛰空中泣,六鳌垂首水底眠。舟师自古无此盛,军锋所向真无前。君不见汉时将军号杨仆,君王所畀皆楼船,又不见安南老将称伏波,勋标铜柱喜凯旋。丈夫既幸遭明主,不惜一身为砥柱。试将蚁穴丸泥封,莫使游鱼出其釜,鲸鲵筑京观,军容真壮哉! 椎牛餐壮士,铙吹喧天来。座中珠履歌横海,酒酣争比相如才;漫把升平报天子,从今四海无氛埃。[1]

直到这个时候,荷兰方面的首领麻韦郎才知道福建地方为代表的明朝政府方面无意与其建立通商互市往来,在明朝政府军队的压力下离开福建海面。可是,高寀却上疏万历皇帝,希望能同意与荷兰人互市的要求,但明朝中央政府没有通过。[2] 最终,李锦、潘秀、郭震等人都受到了明朝政府方面的惩处。尽管明人张燮仅仅用了"麻韦郎知当事无互市意,乃乘风归"等简单的字眼来描述发生于万历三十二年明朝政府与荷兰人之间在福建海面军事冲突的结果,但是,通过这一事件,我们看到了荷兰人欲与明朝政府建立通商往来的意图再次受挫。当然,荷兰人的脚步并没有因此而停滞,在不远的时间里面,荷兰人再次来到中国东南沿海,继续挑战着明朝的海防安全。包乐史在《中国梦魇——一次撤退,两次战败》一文中,充分利用了荷兰东印度公司的档案,详细分析了 17 世纪中国与荷兰人在澎湖、金门料罗湾以及大员发生的三次军事冲突,认为:相对于中国的海上武力,荷兰东印度公司船队的武力优势十分有限,而荷兰人在天时、地利、人和各方面的劣势,

---

① 此诗刻在东山水寨大山石壁上。题注"时万历壬寅年四月既望",即万历三十年(1602 年)四月十五日。《东山县志》(1994 年)《大事记》载:四月十六日水师提督施德政率兵至澎湖征剿倭寇,奏凯还师铜山,在水寨大山宴请将士,题《横海歌》一首。(详见《东山县志》)

② (明)张燮:《东西洋考》卷八,《税珰考》,北京:中华书局,2000 年,第 156~157 页。

更限制了他们在武力优势上的发挥。因此,这三场军事冲突绝不是红夷侵扰中国沿海的突发事件,而是一个传统海上秩序开始发生巨变的信号。①

四、高寀横行福州与福建官绅的联合反抗

前文谈到,高寀在漳州地方的横征暴敛引起了当地官民的公愤,害怕被报复,因此,在万历三十年的时候离开了海澄,不敢再来。之后,高寀为了个人的利益,暗中私通荷兰人,受贿严重,但是最后也是以失败而告终。除此之外,高寀在福建省城福州也是到处横行,日益引发福建官员以及闽籍士绅的联合抵制：

> 其在会城,筑亭台于乌石山平远台之巅,损伤地脉,又于署后建望京楼,规制宏壮,几埒王家。诸棍受寀意指,讽人为立碑平远台,颂寀功德,恬不为怪。②

不仅如此,高寀在福州城还生取童男童女脑髓和药食之,致使"税署池中,白骨累累",其恶行令人发指。与此同时,不管是官绅贵户,还是市井贫民,高寀及其属下均不放过,对其进行横征暴敛：

> 簪绅奉使过里,与寀微芥蒂者,关前行旅并遭搜掠。里市贫民挟货无几,寀朝夕所需,无巨细悉行票取,久乃给价,价仅半额,而左右司出入者又几更横索,钱始得到手,如是者岁岁为常。③

尽管按照当时的政策,自万历三十四年(1606年)之后,海澄的舶税征收之权已经收归地方官府,但是,高寀虽然不敢亲身前往当地,却还是派出了自己的心腹之人,来到海澄,诡名督催,实为勒索,看到比较珍奇的方物,便强迫商人减价卖之,商民们对此亦无可奈何。

高寀在福建地方的恶行,不仅在福建省内掀起了轩然大波,就连广东省内也有所风闻,以至于万历四十二年(1614年)广东税珰李凤病死而明朝中央有意让高寀兼督粤饷的时候,粤人极力阻止：

> 闽父老私计,粤税视闽税为巨,寀必舍闽适粤,所在欣欣祈解倒悬。

---

① 包乐史:《中国梦魇——一次撤退,两次战败》,《中国海洋发展史论文集》第九辑,2005年,第139~167页。
② (明)张燮:《东西洋考》卷八,《税珰考》,北京:中华书局,2000年,第157页。
③ (明)张燮:《东西洋考》卷八,《税珰考》,北京:中华书局,2000年,第157页。

然粤人已歃血订盟,伺宷舟至,必揭杆击之,宁死不听宷入也。①

从当时闽粤两省老百姓的反映,我们可以更加身临其境地感受到高宷在福建地区的所作所为。除此之外,高宷还无视明朝政府关于禁止百姓通倭的明令:

　　　　遂造双桅二巨舰,诳称航粤,其意实在通倭。上竖黄旗,兵士不得诘问。时施德政为闽都督,尼之海门,无从速发。中丞袁一骥檄所部缉治之。而浦城人有为珰役所苦者,匍控两台。袁逮其役,使材官马仕骐下之理。②

　　从上面的这则史料可以看到高宷的霸行,为了达到其通倭的目的,甚至在出海商船上竖黄旗,以防止驻守港口兵士的盘问。但是,当时负责海防的都督施德政却将其拦截,使之不能快速离开,而同时,中丞袁一骥发出檄文,让部下将相关人等缉捕。正当这个时候,浦城遭受苦难的百姓们前往福建省一级官府状告高宷,于是,袁一骥将高宷手下的一些人逮捕归案。

　　万历四十二年(1614年)四月,福州城内发生了一起因高宷拖欠数百余商人钱财的冲突,这一冲突引发了福建全省大小官员以及闽籍士绅对高宷的集体抗议,最终迫使高宷在同年的九月九日离开福州,返回京城。

　　这一年的四月十一日,福州数百余商人因为高宷拖欠自金缯到米盐等数万余金钱,一起前往其署衙要求领回自己的份额。期间,双方言辞稍微过激,高宷命令其手下的一些亡命之徒动手殴打商人们,当场造成了数人伤亡,剩下的商人们东躲西跑,高宷手下更是从署中高楼放箭射击,甚至还放火烧了民屋数十余家。于是,第二天早晨,心中愤愤不平的远近百姓集合了数千人前往高宷的官署欲讨回公道。这时,高宷却跃马携带武器,率领两百多名甲士,突犯中丞台,而当时正是皇太后新丧,衙门解严,高宷却破门而入,遭到中丞袁一骥的怒斥。但是,高宷并没有将其放在眼中,反而将袁一骥劫出。当副使李思诚、佥事吕纯如、都司赵程等人为此事先后赶到的时候,高宷才将袁一骥释放让其归署,而这些官员却要随高宷一并带走。从这一事件的整个过程来看,高宷专横跋扈的一面展露无遗。在这样的情形下,福州城的百姓们极为愤怒,奔走相告,欲置高宷于死地,后来相关官员考虑到有伤国体的问题,极力劝解百姓,希望能将高宷绳之以法,聚集的百姓才

---

①　(明)张燮:《东西洋考》卷八,《税珰考》,北京:中华书局,2000年,第157~158页。

②　(明)张燮:《东西洋考》卷七,《饷税考》,北京:中华书局,2000年,第158页。

逐渐散去。

福建巡抚都御史袁一骥一连向万历皇帝上了五个奏折，详细地汇报了高寀入闽之后的恶劣行径，特别是万历四十二年四月发生在福州城与普通商民和官员之间冲突的暴行，一时之间，"大小臣工叩阍之牍为满"。这五个奏折的详细内容，张燮的《东西洋考》一书中有完整的收录。袁一骥在其奏折中不厌其烦地反复说到，高寀不只拖欠商民钱款，还为此造成数名商民的生命死亡，甚至劫走中丞袁一骥以逼退百姓以及要挟官员，另外，同知陈豸因为盘诘高寀洋船出海之故也被其拘禁。①

在福建官绅联合对抗高寀的事件中，值得一提的还有当时出任湖广道御史的海澄人周起元。从小生长于海洋之滨的周起元，念切桑梓，以其耳闻目见的亲身经历，也向明朝中央递交了奏折，其中谈到：

> 臣生长之地，耳而目之久矣。谿壑既盈，虐声久播。……臣闻省会人情汹汹，防川不决，决必滔天。宿火不发，发必燎原。万一戈矛起于肘腋，海滨因而摇动，倭夷乘以生心，寀粉骨不足惜，皇上岂善为社稷计乎！②

这样，就连久不视事的万历皇帝也终于隐忍不住，下旨命令将高寀调离福建，返回京城。万历四十二年（1614年）四月福州城的高寀事件的发生和解决，可以说是福建省内官民对高寀入闽以来暴行抗议的总爆发。高寀入闽以后的种种恶行已经严重扰乱了正常地方海洋社会秩序，普通百姓特别是商民们的日常生计已经受到极大的打击和破坏，无怪乎他们义愤填膺，而欲置高寀于死地，也无怪乎福建范围内的地方各级官员联合起来，共同抵制乃至对抗高寀。这是一场由福建各级官员、地方士绅和普通商民一道参与的反对税监的联合斗争，并取得最后的胜利。终于，"上采诸臣议，撤寀趄还"，福建地方海洋社会才恢复了平静，百姓们的日常生计得以恢复。

---

① 有关袁一骥奏折的详细内容，可参见《东西洋考》卷八，《税珰考》，第159～164页。

② （明）周起元：《为税监戕杀生命，要挟重臣，乞速行正法，以存国纪，以安地方事》，《东西洋考》卷八，《税珰考》，北京：中华书局，2000年，第164～165页。

第四节　贩海经商,往来东西二洋

一、贩海经商带来社会经济的诸多变迁

隆庆初年,明朝政府开始实行部分开放海禁的政策,漳州九龙江下游两岸区域的老百姓们开始可以申请船引,以合法的形式出海贸易,其数量之多甚至大大超越之前的走私贸易时代。在当时的海洋社会当中,伴随着商民们贩洋成风的势头,当地的经济模式、经济结构、社会结构以及社会生活的方方面面均发生着巨大的变迁。

(一)贩海经商,日益融入中西方贸易网络

早在隆庆开海之前,关于月港附近居民贩海经商的场景,地方志书中就有这样的记载:

> (月港)田多斥卤,筑堤障潮,寻源导润,有千门共举之绪,无百年不坏之程;岁虽再熟,获少满籝,霜洼夏畦,个中良苦。于是,饶心计者,视波涛为阡陌,倚帆樯为耒耜。盖富家以财,贫人以躯,输中华之产,驰异域之邦,易其方物,利可十倍。故民乐轻生,鼓枻相续,亦既习惯,谓生涯无逾此耳。方其风回帆转,宝贿填舟,家家赛神,钟鼓响答。东北巨贾,竞鹜争驰。以舶主上中之产,转盼逢辰,容致巨万。若微遭倾覆,破产随之,亦循环之数也,成弘之际,称"小苏杭"者,非月港乎?[①]

隆庆初年,月港开海之后,海澄地方的老百姓们获得了合法从事海外贸易活动的权利,走洋之人日益增多:

> 澄,水国也。农贾杂半,走洋如适市。朝夕之皆海供,酬酢之皆夷产。同左儿艰声切而惯译通,罢被畚而善风占,殊足异也。[②]

由此可见,在九龙江下游地带,"田多斥卤"的现实情况使得本区域的农业生产难以保障,百姓们饱受潮患之苦。而与从事农业生产相比,贩海经商

① 乾隆《海澄县志》卷十五,《风土志》。
② (明)萧基:《东西洋考·小引》,北京:中华书局,2000年,第14页。

可以带来丰厚的利润收入。因此，不论是富裕之家，还是贫寒之户，他们都积极地投入到海洋贸易的大潮中，富者出资，贫者出力，将中国的土特产转运至海外贩卖，往往可以获得十倍的利润。不仅月港附近地方如此，在当时漳州沿海的许多地方，贩洋已经成为了老百姓日常生计的重要模式：

> 盖漳，海国也。其民毕力汗邪，不足供数口。岁张舻艎，赴远夷为外市，而诸夷遂如漳窔奥间物云。①

在这股海洋贸易的浪潮中，漳州九龙江下游两岸区域迎来了社会经济发展的高峰时期，到处呈现出欣欣向荣的景象，正所谓"风回帆转，宝贿填舟，家家赛神，钟鼓响答。东北巨贾，竞鹜争驰"，地方海洋社会蓬勃发展的盛况由此可见一斑。自从隆庆初年月港开海之后，九龙江下游两岸区域的居民便可以通过申请船引的方式，以合法的手段走出国门，贩海经商，往来东西二洋。一时之间，月港周边地方到处充满着海洋贸易的冒险因子。根据《流传郭氏族谱》的记载，龙溪二十八都流传社郭氏：

> 十一世孙启祠公，应柏公次子也，卒于吧国，姚姓氏未详，生于万历二十六年戊戌二月廿五日戌时，卒于顺治四年戊子九月十二日卯时，寿五十一，坟墓无考，生男三：长曰仕英、次曰仕雄、三曰仕杰。②

又有龙溪翠林郑氏：

> 十一世忠房，銎，号苍水，住番；五姐，住番。
>
> 十三世睦房民护、元炤，名瑞，往番，卒于番。
>
> 十三世睦房，宋朝，往吕宋。
>
> 十二世尔练，名一郎，往番，卒于番。莹，往番。继康，万历二十八年往暹罗。③

再有龙溪卿山高氏：

> 十七世仲镆，号次仰，振寰次子，生于万历丁酉年，卒于崇祯己卯年十二月十一日。次仰亡在番邦。
>
> 十七世褒，字孺衷，生于万历癸巳，卒在番邦。
>
> 十七世殿，字萃区，娶王氏，生子曰寅，萃区生于万历乙未年，往番

---

① （明）王起宗：《东西洋考·序》，北京：中华书局，2000 年，第 13 页。

② 《流传郭氏族谱》，清嘉庆年间。

③ 《荥阳郑氏漳州谱·翠林郑氏》，2004 年重编。

邦吕宋国，王氏别配。①

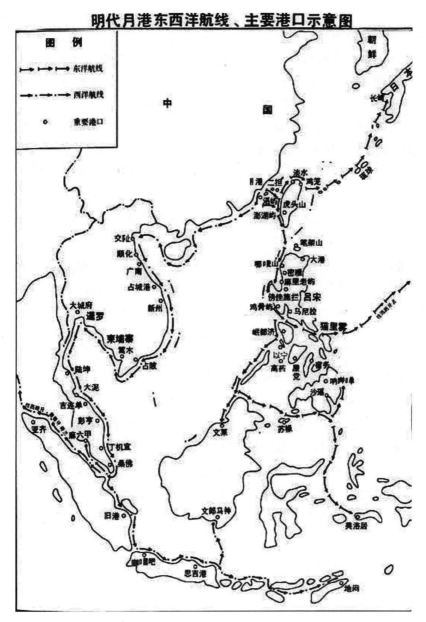

图 3-1　明代月港东西洋航线、主要港口示意图

---

①　《高氏族谱（卿山）》，明永历九年（1655 年）修，续至嘉庆。

漳州九龙江下游两岸区域的百姓们出洋贩海经商,饶有成绩,有的人甚至在海外担任了负责中国商人与当地政府沟通往来的华人首领,如龙溪文苑郑氏十一世祖逸坡公:

> 长房·逸坡公:十世孙思显之子启基,生于明隆庆元年,卒于万历四十五年,又名郑芳扬,是马六甲第一任甲必丹,爱国侨领。卒葬彼处三宝山南坡,祀位中国式青云寺,给后人凭吊。①

由上面相关族谱的记载内容可知,当时国人海洋活动的范围遍及吧城(今印尼雅加达)、吕宋、暹罗、马六甲等地以及一些笼统成为"番"、"番邦"的国家和地方。值得注意的是,这些族谱涉及的地方大多数属于龙溪县管辖之地。

另外,我们从张燮《东西洋考》中关于陆饷征收则例的记载,可以看到月港开海之后,中外进出口贸易的商品多达上百种,②其中有月港附近的土特产,也有江南地区的丝绸物品等。以月港为主要代表的福建海商日渐活跃在南中国海,通过与西班牙人、葡萄牙人以及荷兰人等西方人的贸易往来,将中国的国内市场与世界市场联系了起来,而月港也成为了当时中外贸易网络中的重要一环。

(二)白银大量进入福建,改变着社会生活

九龙江下游两岸广大区域的老百姓们贩海经商,将国内的商品运至海外,返程之时又将海外的商品运回本国贩卖,长途转运之后,往往可以获得丰厚的利润。1571 年,西班牙人征服菲律宾,开始了其在菲岛的统治,而从中国到东洋吕宋的商人们也与西班牙人展开了贸易往来,换回西班牙人从美洲运来的白银。从吕宋不断进口的白银,使得明朝政府在万历年间专门出台政策,对其征收加增饷。有明一代,流入中国的白银主要来自西属美洲和日本,这两个地方是当时世界主要白银产地。流入中国的白银主要用来购买中国丝绸和瓷器,当时中国丝绸的海外市场以日本为第一,其次是欧洲和美洲。根据全汉升的研究,从 1586—1643 年期间,西班牙人每年在菲律宾输入中国货物约在 133 万元,明季从菲律宾输入中国的白银当在 7500 万

---

① 《文苑郑氏(长房四世东坡公世系)族谱》,2002 年续编。
② (明)张燮:《东西洋考》卷七,《饷税考》,北京:中华书局,2000 年,第 141~146 页。

元以上。① 而就海澄饷税来说,相对于海商的巨大贸易额、高额利润率,整个月港税制的税率极低,巨额财富滞留海商手中,海商并未被"横征暴敛"。② 因此,通过月港进口的白银绝大部分留在了海商手中,一方面,他们将一部分财富用于再次出海行动,另一方面,他们开始丰富各自的生活内容,奢华气息一时充斥着海洋社会。这样的繁荣景象,引发了不少文人墨客的不绝赞叹,他们用诗赋的形式给予了记录,如当时闽县名士徐㷆(1563—1639),在来到海澄之后,作诗描写了隆庆开海之后地方社会的盛况,其《海澄书事寄曹能始》诗有云:

> 海邑望茫茫,三隅筑女墙。旧曾名月港,今已隶清漳。
>
> 东接诸倭国,南连百粤疆。秋深全不雨,冬尽绝无霜。
>
> 货物通行旅,赀财聚富商。雕镂犀角巧,磨洗象牙光。
>
> 棕卖夷邦竹,檀烧异域香。燕窝如雪白,蜂蜡胜花黄。
>
> 处处园栽橘,家家蔗煮糖。利源归巨室,税务属权珰。
>
> 里语题联满,乡音度曲长。衣冠循礼让,巫盅重祈禳。
>
> 田妇登机急,渔翁撒网忙。溺人洪水涨,摧屋飓风狂。
>
> 永日愁难遣,清宵病莫当。羁怀写不尽,期尔早还乡。③

上面的诗句内容,写尽了隆庆开海之后月港的繁华景象。月港从之前士人不关注的海滨之地,变成了连接海外市场的重要地点,大量的货物在这里被装载运走,而换回的钱财也汇聚到富商的手中。因此,富商们开始享受起锦衣玉食的奢华生活,夷地所产的商品处处可见,而犀角和象牙在月港司空见惯,家家户户不管是农人还是渔翁都在为自己的生计而积极忙碌着。

与此同时,白银大量流入福建沿海地区并留存于商民手中,对地方海洋社会新一轮的建设给予了财力上的支持。在本时期内,商民们踊跃捐资,兴修了很多公共设施等,例如万历八年(1580 年),海澄知县周祚在其任上,主持新开县城西北隅水门:

> 令甫下,民争捐资,伐石鸠工,帑不及官,浃旬告成,言言将将,汲者欢呼于道,贾肆星列,商舟云达,手额交口称,而城址靡所委渍,俨然金

---

① 庄国土:《16—18 世纪白银流入中国数量估算》,《中国钱币》1995 年第 3 期。

② 林枫:《明代中后期的市舶税》,《中国社会经济史研究》2001 年第 2 期。

③ 乾隆《海澄县志》卷二十,《艺文志·诗》。

汤,称雄镇焉。①

(三)商人地位大幅度提升,成为一股不可忽视的社会力量

自汉唐以来,重农轻商日益成为中国传统社会的一个特色,历代统治者为了更好地管理帝国,相继出台了一系列的政策和措施,以鼓励百姓从事农业生产,甚至为了实践安土重迁的理念,统治者还制定了一些不利于商人的政策。此外,士农工商的排列顺序,也使我们对传统时代商人地位有一个比较直观的把握。可以说,在传统中国的社会中,商人的地位低下已经成为了一种事实。然而,笔者在对月港时代的商人们进行考察时,却发现了以下几个比较有意思的事例,从中或可窥探当时商人的地位以及他们的社会影响力。

事例一:

万历年间,有一部分从月港出发的海商前往东洋吕宋从事贸易活动,而与之交易的西班牙人将他们从美洲带来的白银用于支付,于是,商人返程之船除了装载少量的货物之外,还带回了大量白银。明朝政府针对这一类的商船征收加增饷,每船一百五十两。但是,过了一段时间,有一些商人开始提出负担过重,经过他们的努力,万历十八年(1590年),明朝政府同意将原来的标准下调至每艘船一百二十两。②

事例二:

自万历二十七年(1599年),税珰高寀南下,主管福建税收,看到海澄区区弹丸之地而每年有两万多两的舶税收入,于是,他亲自来到实地,对商人们开始了横征暴敛:

> (万历)三十年,贾舶还港,寀下令一人不许上岸,必完饷毕,始听抵家。有私归者逮治之,系者相望于道。诸商嗷嗷,因鼓噪为变,声言欲杀寀,缚其参随,至海中沉之。寀为宵遁,盖自是不敢至澄。③

通过对上述史料的分析可以看到,高寀为了达到其收敛钱财的贪婪目的,竟然不许回港商船上的人上岸回家,并将私自偷跑回家的人逮捕。在这样的情况下,当地商人愤愤不满,声言欲杀高寀而完事。同时,愤怒的商人

---

① (明)柯挺:《周侯新开水门碑记》,乾隆《海澄县志》卷二十二,《艺文志·记》。
② (明)张燮:《东西洋考》卷七,《饷税考》,北京:中华书局,2000年,第132页。
③ (明)张燮:《东西洋考》卷八,《税珰考》,北京:中华书局,2000年,第156页。

们更是将高寀手下用绳子捆绑，扔至海中。听闻消息的高寀吓得连夜离开，从此不敢再来海澄。通过张燮的描写，我们看到的不是唯唯诺诺、任人宰割的商人形象，相反，他们敢于向高寀发起冲击，尽管高寀欺压商人，但是他毕竟是明朝中央派遣下来的税珰专员。海澄当地商人对于高寀的挑战，从另一个侧面来说，实际上也反映出他们地位的提升。

图 3-2　海商蔡志发修建的容川码头碑刻

事例三：

万历四十二年（1614 年），在省城福州，发生了一起因高寀拖欠钱款而引发的商人集体赶赴官署催讨事件：

> 四月十一日，寀所未偿直商人数百辈，自金缯以迨米盐，所负金钱巨万，群赴阍署求领，辞气稍激动。①

尽管后来这一事件的形势因高寀的无赖行为而急转直下，商人们处于劣势之中，但是，从一开始，商人聚集前往官署的行为表明商人们的社会地

---

① （明）张燮：《东西洋考》卷八，《税珰考》，北京：中华书局，2000 年，第 158 页。

位并不低,他们俨然已经成为影响社会的一股重要力量了。

当然,隆万年间商人们社会地位的提升,与月港开海之后海洋贸易的繁荣有着密切的关系。一方面,我们在上一章节中提到,在厉行海禁的时期中,就有势家大族积极参与通番活动,如同安人林希元等,势家大族一直是明代中叶以来海洋贸易大军中的重要一员,他们原本就具备士绅的身份,而通过海外贸易又积累了大量的财富,这些因素加到一起,使得他们在当地社会中拥有重要的发言权,特别是隆庆开海之后,海外贸易成为合法化的经济行为,因此,他们在贩海经商的同时不再有后顾之忧。另一方面,就普通百姓而言,他们贩海通商,往来东西洋,也有了一定的经济积累,在当时贩海成风的社会中,他们成为白手起家的典范,逐渐赢得了世人的认可,其社会地位当然也是不可同日而语了。在这样的情形下,商人们表达相关看法并为政府所接受,甚至敢于挑战明朝政府中邪恶势力的行为也就不难理解。

二、月港繁华背后潜藏的危机

可以说,自隆庆年间月港开海以来,漳州九龙江下游两岸区域获得了长足的发展,"天子南库"的称誉可谓是当之无愧。然而,海洋社会繁荣的背后却也潜藏着危机。

(一)机易山事件与 1603 年马尼拉大屠杀

漳州地近菲律宾,当时很多出洋贸易的商人选择前往马尼拉,用中国商品换回西班牙人从美洲运来的白银,数量之多促使明朝政府出台专门措施以征收商税,即为"加增饷"。而当时,马尼拉聚集了数量众多的华人,他们开始形成了早期的华人聚居区,如涧内等地。菲律宾华人数量的不断增加,使得西班牙人开始担心起他们的统治地位,而机易山事件的发生无疑是推动菲律宾西班牙人与华人关系紧张乃至对华人实行大屠杀的催化剂。

机易山整个事件的经过是这样的:有一男子名叫张嶷,他向明朝政府作了汇报,说吕宋有一座机易山,山上出产金豆,前往采取的话可以获得黄金无限。而福建地方官府的官员们大多认为张嶷的说法极其荒谬,甚至有海澄籍士绅高克正专门撰写了《折吕宋采金议》三则,驳斥张嶷的谬论:

> 辄云海上开采,岁输精金十万,白金三十万,将取之寄,抑输之神乎? 夷德亡厌,好利更甚,安有瓦铄黄白,坐锢以待我者! 取之,能必夷

之不攘臂争乎？能必我之取不为大盗积乎？

　　要若曹亦未知澄事耳，采金海上，非余皇十余艘，卒徒千余人不可行。而是十余艘、千余人者，非可空手而具，亡米而炊也。谁为备之？而谁为给之？至计穷而欲夺商船，以应上命，敛民财以应上供，则土崩之形成，而脱巾之势见。吾所虑者，不在风涛之外也。桑梓之地，疾痛与俱，惟台台为万姓请命，以杜乱萌，澄邑幸甚！[①]

我们认为，高克正对于吕宋采金案一事的分析和理解是比较正确的，与此同时，以高克正在当时地方社会的影响力而言，他的言论无疑是当时福建地方官府信息的重要参考来源之一。因此，在这边，我们也看到了地方士绅对于政府施政的间接影响——"郡邑每重其言为转焉"。

但是，明朝政府坚持己见，还是派出了海澄县丞王时和、百户于一成前往吕宋进行勘查。吕宋方面听闻这个消息，非常紧张，后在当地华人的解释下才稍微宽心，目睹了明朝方面官员进入吕宋的一切情形。其实，关于吕宋机易山产金豆的说法应该是当时中国月港—吕宋马尼拉—墨西哥阿卡普尔科之间"大帆船贸易"情况的神化，中国商人可以在这边换回美洲白银。而海澄一地作为国人海外贸易的始发站，"澄民习夷，什家而七"是当时社会的真实写照，因此，他们亦是吕宋华人群体中的重要组成部分。

机易山事件过后，西班牙人面对着吕宋数量众多的华人，担心他们的统治将受到威胁，双方之间的冲突一触即发。万历三十一年（1603年），统治菲律宾的西班牙人开始对华人发起了攻击，在马尼拉的华人受到了极大的迫害，消息传回闽南，一时之间，整个闽南海洋社会到处充斥着痛失亲人的悲愤之情。关于1603年马尼拉大屠杀对闽南社会的影响，张彬村曾经撰文，把美洲白银与闽南地区的妇女贞节联系到了一起，认为这两个看似不相关的事情，却构成了1603年马尼拉大屠杀的前因与后果。马尼拉大屠杀是一个不必要的悲剧，由一个从马尼拉回来的木匠莫名其妙地生出的荒谬念头所启动引发。所有在马尼拉和吕宋岛上的华人都被西班牙人、日本人以及当地的联合武装力量屠杀。受害者估计在15000至30000人之间。马尼拉大屠杀使闽南地区出现了很多寡妇，和她们的丈夫一样，成为大屠杀里的

---

　　①　（明）高克正：《折吕宋采金议》，《东西洋考》卷十一，《艺文考》，北京：中华书局，2000年，第222～223页。

无辜的牺牲品。①

1603年马尼拉大屠杀，给蓬勃发展中的闽南海洋社会蒙上了一层阴影，特别在"澄民习夷，什家而七"的月港及其周边地区。根据崇祯年间《海澄县志》的记载，"华人在吕宋者，为吕宋王所杀，计捐二万五千人，为澄产者十之八"。② 此外，还有：

> 江光彩妻谢八娘，赠中宪谢君礼之女也。光彩家贫远商，万历癸卯，吕宋酋戕杀华人无数，彩死焉。八娘闻讣欲绝……并时有马鹏振妻林氏者，振以夷变死，闻讣绝食自经而捐，姚令之兰旌其门曰节烈遗风，今梁令兆阳旌谢曰贞淑芳型。

> 谢三娘，谢士栋女，许配杨立钧。万历癸卯，钧以吕宋之变身殒异域……③

除了地方志书的相关记录之外，在今天所能看到的族谱中，我们还在《福河李氏宗谱》中看到当年惨剧的一丝痕迹。福河，地处九龙江西溪与北溪交汇处南岸区域的一个村落，明代隶属于龙溪县十一都福河社。《福河李氏宗谱》记载：

> 十五世（大潭埕）默，字志学，生万历五年，往吕宋，遭兵变，终万历三十一年；松，字绍坚，生嘉靖二十七年，终于吕宋。榆，字绍春，发船吕宋，破家亡身，贻累宗族，生嘉靖四十年，终于吕宋，子崇鲁。

> 十六世（大潭埕），思涵，号绍养，生万历六年，终万历三十一年，往吕宋，遭兵变以丧其驱。④

（二）海澄舶税体制上的缺陷分析

明隆庆开海之后，伴随着海外贸易的蓬勃发展，月港（海澄）地方海洋社会到处呈现出欣欣向荣的景象。然而，在地方海洋社会经济日益攀升的同时，我们也注意到了繁荣背后存在的隐患。尽管从中央到地方各级政府积极地摸索有效治理的路径，努力适应新形势的发展，但是，明朝政府在海澄饷税的分配问题上，还因为缺乏长远的规划，始终没有处理好各方在饷税利

---

① 张彬村：《美洲白银与妇女贞节：1603年马尼拉大屠杀的前因与后果》，《中国海洋发展史论文集》第八辑，2002年，第295～326页。

② 崇祯《海澄县志》卷十四，《灾祥志》。

③ 崇祯《海澄县志》卷十，《人物志三》。

④ 《福河李氏宗谱》，清康熙三十五年（1696年）续编，1995年复印。

益分配上的冲突,因此,其因应也就显得有点措手不及,对海澄后来的发展有着不可忽视的影响。

首先,中央与地方的利益冲突。随着海外贸易形势的不断发展,海澄饷税开始进入到明王朝的统治视野,日益受到关注。早在万历二十年代,朝廷就曾经"疑税饷赢缩,防海大夫在事久,操纵自如,所申报不尽实录,议仿所在榷关例,岁择全闽府佐官一人主之。及瓜往返,示清核,毋专利"。万历二十七年(1599年),"上大榷天下关税,中贵人高寀衔命入闽,山海之输,半蒐罗以进内府,而舶税归内监委员征收矣。正税外索辨方物,费復不赀。诸虎而冠者,生翼横噬"。从此,饷税之利收归中央。直到三十四年(1606年),"有旨封闭矿洞,各省直税课,有司照常征解",饷税的征收权才又还给地方。但是,中央与地方在这方面的冲突,至四十一年(1613年),"上采诸臣议,撤寀觉还"才暂告一段落。

其次,漳泉二府在海外贸易带来经济利益的问题上存在争执。早在万历二十年代的时候,漳泉二府就曾经因为海澄饷税的分配问题而发生争执,其具体过程如下:

其后当事疑税饷赢缩,防海大夫在事久,操纵自如,所申报不尽实录,议仿所在榷关例,岁择全闽府佐官一人主之。及瓜往返,示清核,毋专利。而泉人以兵饷匮之,泉观察议分漳贩西洋,泉贩东洋,各画陇无相搀越,欲于中左所设官抽饷,如漳例。漳郡守持之,谓漳饷以给泉兵,则漳饷当匮,且有不漳不泉,寅缘为奸者,将奈何?奏记力言其不可。独榷税不属海防,官听上裁。(详文略曰:本府军需往往告匮,即隆庆间开设舶税,仅数千金,万历间增至万两,以此佐之,犹且不敷。动请司饷济急,往牒具在也。迨十三年增税至二万余,兼以尺土寸田,凡属官者,靡不括以充饷。即铁、牛行、渡船、渔税,搜无遗利,始免仰给司牧。然亦必尽数追完,方克有济。见在十县饷额,共三万七千七百九十余,凑船税二万余,大都六万上下,而水陆官兵月粮、修船、直器、犒赏诸费,岁不下六万。如二十一年禁海饷诎,则括府县帑藏支用,岂有赢余积藏于库哉!饷在漳则漳利,饷在泉则泉利,其便均也。漳饷匮则请在漳,泉饷匮则请在泉,其不便均也。今欲东西洋分属漳泉,割漳饷以赡泉兵,不惟漳之兵食无从措给,从此私贩之徒,缘为奸利,不漳不泉,东影西射,公然四出,不可究诘者,又计百于昔日。本府筹之,未见善画,在彼府计，其无弊何如耳。）于是漳、泉分贩议罢不行，而上章请改设饷馆，给关防。①

虽然以上的争执最终以漳州府独享饷税利益而告终，但是漳泉二府在关系地方财政利益上的冲突并没有因时间的推移而结束。如崇祯十二年（1639 年），给事中傅元初上《请开海禁疏》，其中谈到：

> ……倘以此言为可采，则今日开洋之议，洋税给引，或仍于海澄县之月港，或开于同安县之中左所；出有定引，归有定澳，不许窜匿他泊。即使漳泉两府海防官监督稽查，而该道为之考核；岁报其饷于抚臣，有出二万余之外者，具册报部，以凭支用……②

通过上面的史料，我们可以知道，漳泉二府在海澄饷税利益问题上的矛盾及争执，在有明一代始终存在。另外还有，在后来 17 世纪福佬海盗商人（海商）内部不同籍贯之间势力此消彼长——在海贸史上占有重要地位的漳州系统为泉州系统所取代的历史背景下，③郑芝龙（1604—1661）后来居上，终执东西洋海外贸易的牛耳。而此时，漳泉二府在对郑芝龙是剿或是抚的问题上产生了分歧。对此，明人沈颐仙在《遗事琐谈》中所作的评论可谓是一语中的："芝龙泉人也，侵漳而不侵泉，故漳人议剿，泉人议抚，两郡相持久不决"。④ 可见，在海外贸易历史悠久的漳、泉二府，海洋社会的逐利性表现得淋漓尽致，漳泉两地的官府时刻不忘海外贸易所带来的税收利益，其立场的选择皆源自于与海外贸易相伴随的经济利益。

正因为明朝政府在海澄饷税的分配问题上，缺乏长远的规划，使得各方利益冲突不断。在利益的驱使下，甚至有不法官吏、奸商以身试法，对正常的海外贸易活动构成威胁，如万历四十四年（1616 年），推官萧基条上《恤商釐弊凡十三事》，认为官害、吏害和奸商之害等三害是商困的主要因素。⑤

关于月港衰落的原因，学术界已有比较多的研究，如李金明在《漳州港》

---

① （明）张燮：《东西洋考》卷七，《饷税考》，北京：中华书局，2000 年，第 133～134 页。

② （明）傅元初：《崇祯十二年三月给事中傅元初请开海禁疏》，《天下郡国利病书·福建》，《四部丛刊三编》25 史部，上海：上海书店，1985 年，第 33～34 页。

③ 翁佳音：《十七世纪的福佬海商》，《中国海洋发展史论文集》第七辑（上），台北："中央研究院"中山人文社会科学研究所，1999 年，第 59～92 页。

④ 转引自张海鹏等主编：《中国十大商帮》，合肥：黄山书社，1993 年，第 96 页。

⑤ （明）萧基：《恤商厘弊凡十三事》，《东西洋考》卷七，《饷税考》，北京：中华书局，2000 年，第 135～140 页。

一书中,对目前学界的观点作了总结,认为大概有如下几个方面:(1)荷兰殖民者的劫掠;(2)海禁过于频繁;(3)明朝统治者横征暴敛;(4)当地人贩海通商日益增多,农耕渐驰,且多种甘蔗、烟草等经济作物,故养蚕业及丝织业逐渐凋零,使出口海外的丝织品逐渐减少,对漳州月港的衰落多少有些影响;(5)诸多港口并开,使月港失去了作为惟一私人海外贸易港的地位,暴露出其地理位置差,港口条件不好等弱点,从而在竞争中渐遭淘汰;(6)海寇活动的猖獗、明末的政治动乱等因素,也对漳州月港的衰落有着一定的影响。[①]如前所提,笔者通过对史料的梳理,认为在月港衰落的原因问题上可以做这样的补充:即明朝政府未能妥善处理好各方在洋税分配问题上的冲突,特别是漳泉二府在这方面的利益争执,以及17世纪以后福佬海盗商人(海商)内部不同籍贯势力此消彼长,漳州系统为泉州系统所取代等多种因素都为日后历史发展的走向埋下了伏笔。后来,清朝政府于康熙二十三年(1684年)开海禁、设海关,傅元初《请开洋禁疏》中提到的同安县之中左所(厦门)成为四海关之一,最终完成海外贸易管理机构从漳州府到泉州府的转移,月港亦从此失去了其大港复兴的机会,下降为厦门的附属港继续运作。[②] 作为中国近代海关先声的月港,其督饷制度与后来的海关制度相比,留下的更多是历史经验和教训。我们认为,尽管后来月港作为海外贸易港口的繁华不复存在,然而,本区域内的老百姓们还在继续书写着海洋人的动人篇章。时至今日,漳州九龙江下游两岸区域的众多族谱、碑刻等民间文献资料中大量关于国人贩海经商、移民异域等内容的记载,即是月港人传统海洋生计的历史延续见证。

第五节　小　　结

综上所述,隆万年间,明朝政府实行有限制地开放海禁的政策,福建漳州沿海地区的老百姓们可以通过申请船引的方式获得合法出海贸易的机

---

① 李金明:《漳州港》,福州:福建人民出版社,2001年,第124~128页。
② 杨国桢:《闽在海中:追寻福建海洋发展史》,南昌:江西高校出版社,1998年,第64页。

会,本时期九龙江下游两岸区域以月港开海为依托,迎来了新一轮的发展契机,地方海洋社会到处呈现出一派蓬勃兴盛的景象。通过本章内容的详细分析可以看到,在明朝政府下令开海总方针的指导下,福建地方各级政府围绕着海澄舶税的征收在实践过程中逐渐形成了一系列的规则,慢慢走上了制度化的道路。在这个过程当中,福建各级官员,上至巡抚,下至督饷官,甚至是漳州府县官员,都在为福建沿海社会的发展积极出谋划策,并取得了不错的成效。当然,地方士绅和商民们也是这一历史进程的重要参与者,甚至在税珰高寀入闽横行期间,他们或斗智或斗勇,与官府互为表里,努力为地方社会营造一个相对安定、来之不易的政治环境。可以说,隆万年间,福建各级官府、地方士绅和普通商民一起共同推动了地方海洋社会的向前发展。尽管,这其中亦存在着这样和那样的小问题,但是总体上来说,漳州九龙江下游两岸的广大区域是在比较平稳、和谐的社会环境中不断前进的,官民相得在本时期海洋社会中得到充分体现。①

从本章内容的叙述,我们还可以看到:在传统中国,优良的港湾并不是港口发展的充要条件。明代中叶的月港,在当时乃至现在看来,均不具备发展优良港口的先天条件,所以,张燮在《东西洋考》中曾经提到:此间水浅,商人发舶,必用数小舟曳之,舶乃得行。② 由此可见,在海港多为自然形成的优良港湾、海港本身就是码头的古代,③月港的自然地理条件并不出众。可以说,在明朝政府"片板不许下海"的基本国策下,是明中叶以来私人海上贸易发展的特殊历史形势选择了月港,而自月港出发到九龙江入海口的一系列港澳则成了走私商人的天然庇护所。

---

① 王日根认为,在中国传统社会,官民关系经常出现不和谐的局面,但在中国传统政治文明中,"官民相得"仍然是维系社会稳定发展的思想基础,可以说,官民的联结与互动是中国社会演进的基本机制。(详见王日根:《明清民间社会的秩序》,长沙:岳麓书社,2003年。)

② (明)张燮:《东西洋考》卷九,《舟师考》,北京:中华书局,2000年,第171页。

③ 吕淑梅:《陆岛网络:台湾海港的兴起》,南昌:江西高校出版社,1999年,第212页。

第四章

迂回曲折：明末清初海洋失序与海洋人的夹缝求生

漳州九龙江下游两岸的广大区域自明朝隆庆开海之后，百姓出洋贸易得以合法化，地方海洋社会到处呈现一派欣欣向荣的景象。天启崇祯年间开始，众多海上势力纵横其间，海洋环境陷入剧烈的变化当中，海洋社会权力几经变迁，直至郑氏父子建立海上政权。之后，郑成功（1624—1662）占据金、厦两岛，与刚刚定鼎天下的清朝政府展开对峙，闽南海洋环境处于混乱的境地，海洋人在夹缝中挣扎着谋求生存与发展的空间，他们当中有人"从戎"，有人"出洋"，继续书写着海洋人的传奇，地方海洋社会在迂回曲折中艰难地发展着。

第一节 明朝晚期政府对海洋的逐渐失控与海洋贸易的步履维艰

明朝天启崇祯年间，东南海洋形势因荷兰人的到来以及海寇商人的活动等诸多因素而发生着巨大变迁。尽管，明朝政府为此投入了大量的人力、物力和财力来捍卫海防，但是，其结果大都不见其效，明朝政府对海洋逐渐失控。杨国桢研究认为，此时的海洋社会再次脱离明朝体制，进入海洋权力大分化、大改组的时代。而后，郑芝龙独树一帜，势力迅速壮大，打破了以俞咨皋为代表的官府操控海洋社会权力的格局。崇祯元年（1628年），郑芝龙受抚，海洋社会才又重新纳入到明朝体制。与此同时，郑芝龙开始以政府的名义打击各方海上势力，逐步实现了对海洋的控制，直至郑成功建立海上政权。明末海洋社会权力经历了从民间—地方官府—海上政权的整合。[①] 在明朝政府对海洋逐渐失控的同时,隆万年间以来开海贸易的政策一再反复,普通商民们的海洋贸易活动步履维艰。值得注意的是,明朝末年,在内外交困的背景下,一些闽籍士绅站了出来,他们忧国忧民,积极献策,以利社会。

一、天启崇祯年间海寇横行引发海禁频繁

(一)荷兰人再次来闽及短暂的海禁

天启二年(1622 年),荷兰人再次来到福建沿海的澎湖地方,希望能得到明朝政府的允许而达到通商往来的目的。

> 天启二年,红夷既荐食彭湖,拥数巨舰,由鹭门入迫圭屿,沿海居民望风逃窜,邑令刘斯来为居守计,甚备。夷挂帆遁归,后诸将与夷连和,驿送夷酋高文律往还榕城,其归舟图欲入澄,刘令严拒之,仅望涯而返。盖夷为奸人所诱,垂涎互市,食指屡动钦。议迄无成画后,中丞南居益决计剪除,由澄抵海外誓师渡彭接战,久之,夷始撤城引去。[②]

我们知道,荷兰人在 17 世纪初就曾经率舟来到福建沿海,无果而归。十几年后,他们再一次来到福建海面。面对荷兰人的再次到来,首先做出反应的是沿海县份的官兵,他们坚守防线,严拒其入。后来,在福建巡抚南居益的命令下,明朝政府决定用军事手段迫使荷兰人离开澎湖等地。因此,荷兰人这一次的军事行动再一次以失败而告终,在武力不敌明朝军队的现实面前,他们只得选择再次离开。天启三年(1623 年)四月初一日,福建巡抚商周祚向中央报告了红夷拆城徙舟离开的情况:

> 按红毛夷者,乃西南荷兰国远夷,从来不通中国。惟闽商每岁给引贩大泥国及咬留吧,该夷就彼地转贩。万历甲辰有奸民潘秀贾大泥国勾引以来,据彭湖求市,中国不许。第令仍旧於大泥贸易,嗣因途远,商船去者绝少,即给领该澳文。引者或贪路近利多,阴贩吕宋,夷滋怨望,疑吕宋之截留其贾船也。大发夷众,先攻吕宋,复攻香山澳,俱为所败,

---

① 杨国桢:《郑成功与明末海洋社会权力的整合》,《瀛海方程——中国海洋发展理论和历史文化》,北京:海洋出版社,2008 年,第 285～305 页。

② 崇祯《海澄县志》卷十四,《灾祥志》。

不敢归国，遂流突闽海，城彭湖而据之。辞曰自卫，实为要挟求市之计。然此夷所恃巨舰大炮，便于水而不便于陆，又其志不过贪汉财物耳，即要挟无所得，渐有悔心。诸将惧祸者，复以互市饵之，俾拆城远徙，故弭耳听命，实未尝一大创之也。[①]

天启四年（1624 年），由于之前荷兰人到来所引发的后续反应，明朝政府决定于当年再次实行海禁的政策：

> 天启以来，荷兰请市，盘踞水滨，至四年，当路一意剪除，严禁接济，且悉辍贾舶，使夷无所垂涎，辄寸板不令下水。是秋，夷既远徙。五年，始通舶如故，乃潢池弄兵又乘之而起矣。[②]

然而，幸运的是，这次的海禁政策仅持续了一年的时间，第二年，明朝政府照旧开放允许商舶出海，但是，地方上却出现了"舶饷逾萧索，不能如额，主者苦之"的情况。[③] 崇祯六年（1633 年），荷兰人占据金门料罗，海澄知县梁兆阳率兵夜渡浯屿，与之接战。后来，福建巡抚邹维琏督兵再战，击退荷兰人。[④]

（二）海寇横行

天启崇祯年间，在内外交困的情形下，明朝政府对东南海洋逐渐失控。一时之间，东南洋面上出现了诸如上述的红夷入侵澎湖的事件，以及曾五老、李魁奇、刘香、郑芝龙等为首的海寇商人，开始在东南沿海活动，进而影响到普通商民的正常出海行为。而在这一过程当中，福建沿海社会一直处于不稳定的状态。

根据地方志书的记载，从天启七年（1627 年）开始，海寇开始蔓延到漳州九龙江下游两岸地区：

> 天启七年夏四月廿八日，海寇郑芝龙遣贼将曾五老劫海澄（所在村居酿金供应，免其蹂躏，方言"报水"，主者以兵少不任战，惟百备固围。）
> 五月初四日，郑芝龙遣贼将杨大孙掠卢坑。

---

① （明）商周祚：《为红夷遵谕拆城徙舟报闻事》，《明清台湾档案汇编》第一册，台北：远流出版事业股份有限公司，2004 年。
② 崇祯《海澄县志》卷五，《赋役志二·饷税考》。
③ 崇祯《海澄县志》卷六，《秩官志》。
④ 乾隆《海澄县志》卷十八，《灾祥志》。

六月十一日，贼入澄，沿江五十艘报水村落，七日始出。

冬十二月二十日，贼泊澄港，自溪尾焚九都，把总蔡以藩无援力战死，哨官蔡春追及，破败之。廿一日，贼焚月港，掠儒山还，寇九都，围学宫城，训导李华盛奉先师牌退之。二十八日，贼退澄城，转寇丰田、浮宫及磁山，溯南溪抵龙井，沿虎渡入霞林，所在焚掠。

崇祯元年春正月初四日，贼破溪头林家楼，血刃三十余人。初九日，贼泊南溪，赠南定知县甘汝楠却退之。①

从上面内容的记载可以看到，自天启末年开始，海寇问题又成为困扰地方海洋社会的一大难题，嘉靖年间倭乱猖獗的梦魇重新出现在普通老百姓的日常生活当中。海寇们不仅焚掠各个村社、劫杀百姓，而且还出现了向商船征收"报水"的现象。

在这样的情况下，明朝政府疲于奔命，渐感无力，遂决定采取"招抚贼党用贼攻贼"的办法以解决海寇问题。② 于是，崇祯元年（1628 年），明朝政府下令招抚郑芝龙、李魁奇等人。此后，郑芝龙也开始以政府的名义打击各方海寇势力，逐步巩固自己的势力范围。郑芝龙在海上用了八年的时间，各个击破，终于攻灭了李魁奇、杨禄（六）、杨策（七）、钟斌、刘香等海盗集团。③ 虽然明朝政府方面有了郑芝龙的加盟，但是刚开始的时候，地方上还是贼情不断，明朝政府的海防时刻面临着挑战，例如崇祯二年（1629 年），在短短三个月的时间里，海澄地方面临着诸方海寇的侵袭：

二年④夏六月初六日，抚寇李魁奇复叛，寇青浦，知县余应桂遣澄营把总吴兆爀、澎湖把总张天威、哨官蔡春等击败之，擒其魁香公老魏二老，械郡被脱。（先是，芝龙与魁奇就抚，芝龙授游击，寻迁副将，盘踞海滨，上至台温吴淞，下迨潮广近海州郡皆报水如故，同时有萧香白毛并横，海上俱为所并，未几，魁奇复叛，应桂遣将击败之。）初七日，贼寇

---

① 乾隆《海澄县志》卷十八，《灾祥志》。

② （明）王之丞等：《为官兵剿抚闽省海寇郑芝龙等失事并遵旨议处将弁事》，《明清台湾档案汇编》第一册，台北：远流出版事业股份有限公司，2004 年。

③ 郑广南：《中国海盗史》，上海：华东理工大学出版社，1998 年，第 252～260 页。

④ 按：乾隆《海澄县志》卷十八，《灾祥志·寇乱》中作"是年"，而前文为"崇祯元年"，故此"是年"当指崇祯元年；然而崇祯《海澄县志》卷十四，《灾祥志》中关于本件事情的记载时间为崇祯二年。崇祯《海澄县志》修订于崇祯六年（1633 年），乃当时人记当时事，故而这边笔者将"是年"改为"二年"。

高港,把总郑一龙领乡壮擒其魁二千老。廿七日,贼从中港犯许茂,澄营把总吴兆熑、澎湖把总张天威往援,斩首十三级,生擒五人。

秋八月初八日,贼拥二百余舟犯福河、石码,毁庐以万计,吴兆熑、蔡春逆击之,获舰一,哨官贾希龙死之。贼复泊澄港,乡壮张宇移炮击碎之。贼又从中港,哨官叶景惠、张天威力战,斩数级,擒巨魁黄杰,总兵赵震释之。初十日,贼从普贤、溪尾、菜港三路入,指挥鲁文廷击之。又从九都入,哨官蔡昆遁,把总署营事袁德败之。贼复合,冲锋许界、壮士张明俱战死。

九月初一日,贼寇青浦,壮士林翰帅众御之,擒其魁许子冠,转寇白沙,张天威、吴兆熑往援,天威力战死。初九日,贼焚劫溪东溪西,知县余应桂遣吴兆熑向援,斩首十四级,焚贼舰器械甚伙。贼又寇新安,延烧数十家,多所剽杀。[1]

另外,《高阳圭海许氏世谱》记载了当时许氏族人的一些遭遇,为我们了解当时普通老百姓一些生活场景提供了形象生动的资料来源,例如:

老公,号端毅,行长,赋性沉静,尤好施与,远近咸称之。时海寇据澄,沿乡虐派,稍不遂则焚掠靡遗。一日,魁丑率其类剿及港滨,闻言老公居是里,咸曰:老舍,纯厚人也,不可以惊,遂他往,里社赖以安全。[2]

又如:

硕功公,字敏生,号毅烈,幼名敬……甲寅,海寇由浮宫登岸,肆掠峨山居民,飘至本族,公与太封英生公慨然振臂呼族中丁壮立里门,怒目以拒之,寇见公须眉轩翔,悉惊退,族赖以安。辛酉岁,重建祖庙,从兄豫生公推公往江右,而宫傅公取费躬赍旋里,无劳瘁色。及宫傅公修理新陂水利,又与同事者区处尽制,时乡族咸嘉其为人,谓有古豪杰遗风焉。[3]

通过上面这两则史料,我们看到了聚居于海澄六八都地的圭海许氏族人在海寇横行的社会历史条件下的具体因应。尽管,许氏族人在许老、许硕功等人的带领下,暂时获得了安身立命的保障,但是,这也从侧面上反映出了当时地方海洋社会老百姓生活的不易。

---

①　乾隆《海澄县志》卷十八,《灾祥志》。

②　《封君行实·老公》,《高阳圭海许氏世谱》卷二,清雍正七年(1729年)编修。

③　《德望列公行实·硕功公》,《高阳圭海许氏世谱》卷二,清雍正七年(1729年)编修。

然而，海寇的横行，也没能阻挡老百姓贩洋的脚步，熟悉海上情形的商人们依旧是"走死地如鹜"，然后在其安全返程之后便会举行一系列的酬神祭祀活动：

> 截流横吞，少不摧碎，然贾人岁岁苦贼，竟亦岁岁扬帆，盖走死地如鹜，乃其经惯且占风知贼所在，辄从水面改舵，期与贼远莫或逢之，则归而赛神雷大鼓矣。①

与此同时，从上面的材料，我们也看到了地方老百姓生计活动与民俗风情之间存在的密切关联。

（三）海禁频频加严

除了前文谈到的天启四年因红夷入据而引发的海禁之外，在海寇横行闽南社会的历史背景下，明朝政府内部一次次展开了关于是否海禁的讨论，并付诸于实施。

针对天启末年海寇横行的社会现状，福建地方政府"都下遥度者以盗贼纵横，多为劫掠贾舶，贾舶既息，杜其食指便可了其杀机，于是，计臣上章请严海禁"。② 于是，福建巡抚朱一冯会同监察御史赵胤昌等官员向明朝中央政府上疏，建议自崇祯元年起洋商尽行禁止，不许下海，有违禁者治以重罪；等到崇祯二年，海贼平定之后再行讨论开禁；同时，尽管禁洋之后就没有了洋饷收入，但是为了福建的封疆大计，也只得这样了。崇祯元年（1628 年）二月，兵部尚书阎鸣泰等人商议之后，也赞同福建官员的看法，并为此向皇帝建议：

> 为照通番之禁，法所甚严，而独于洋船不禁者，盖以洋税供军饷，饷无所措，故商不议禁。所繇来久矣。第今海寇猖獗，每掠洋货以自饶，又用洋舡以自卫，税之所入无几，贼之所得甚厚，诚所谓资寇兵而赍盗粮，得不偿失也。今应照抚臣之议，将崇祯元年洋商严行禁止，不许下海。商有违禁，官有纵容者，治以通番重罪。其闽中兵饷或暂挪别项抵补，俟贼平之后，徐议开禁。③

---

① 崇祯《海澄县志》卷五，《赋役志二·饷税考》。
② 崇祯《海澄县志》卷五，《赋役志二·饷税考》。
③ （明）阎鸣泰等：《为禁洋船以弭盗源事》，《明清台湾档案汇编》第一册，台北：远流出版事业股份有限公司，2004 年。

于是,明朝政府因海寇问题再一次实行海禁。尽管,崇祯元年这一年,明朝政府还是派遣同知范志琦出任督饷官,但是,实际情况却是"自天启六年以后,海寇横行,大为洋舶之梗,无几子遗,饷额屡缩,自是不复给引,崇祯四年始更洋贩"。[①] 由此可见,从天启六年(1626年)至崇祯四年(1631年)的几年时间内,老百姓合法出洋贸易是被禁止的。直到崇祯四年,明朝政府才再次下令开海贸易,然而,当年征收的舶税数额已经不再有之前的规模了。

然而,随着形势的发展,明朝政府实行海禁政策的同时,海寇问题还是没能得以解决。在这种情况之下,明朝政府不仅必须应对来自海上的盗贼,而原来每年两万有余的舶税收入也没能进账,因此,由军事行动而引发的财政问题不断困扰着明朝政府。在现实的情形下,开始有人站了出来,希望能矫正之前"禁洋船以止盗源"的观点:

> 止盗之法无如通舶,非惟续命之膏,且亦辟兵之符,盖舶主而下多财善贾者元不数人,间有凭子母钱称贷数金辄附众远行者,又有不持片钱空手应募得值以行者,岁不下数万人,而是数万人者留之海上,抵为盗资,散之,裔夷便可少数万人从贼也。海滨自中贼而后,井里萧条,有目共睹,仅此贸易,远首一段生活旋复锢之。昔为泽国,今为枯林,东海之衔石既赊西江之借沫难俟诓忍言乎?且物极必变,防峻斯溃,每见豪门巨室阑出者,多或有给广南引去者,有持哨操票去者,又扬旗树帜,哮吼径行,而官不敢问者,国家不得操其利权,而私门乃私窃其利孔,岂混一之世所宜哉?[②]

尽管,崇祯四年(1631年),明朝政府再次"始更洋贩",商民又可合法出洋贸易。但是,我们从崇祯十二年(1639年)给事中傅元初的《请开海禁疏》中可以获知,至少在崇祯十二年之前,明朝政府又曾经下令海禁,所以也才会有傅元初的疏请。因此,经过梳理,我们发现,从天启四年到崇祯十二年,短短十几年的时间里面,明朝政府居然曾经三次下令海禁。由此可见,明朝末年,原先因海外贸易而繁华一时的九龙江下游两岸区域,普通商民们正常海洋贸易活动的进行是多么的不容易,甚至可以说是举步维艰的。

---

① 崇祯《海澄县志》卷六,《秩官志》。
② 崇祯《海澄县志》卷五,《赋役志二·饷税考》。

二、频繁海禁过程中地方士绅的作为

前文提及，万历三十七年（1609 年），荷兰人曾经入侵澎湖，不果。天启二三年间，红夷荷兰人再次入侵澎湖，被明朝军队再一次打退。事后，漳州诏安县人沈鈇（1550—1634）上书福建巡抚南居益，并提出了六条建议：

> 若澎湖一岛，虽僻居海外，实泉、漳门户也。
>
> 今欲使红夷不敢居住彭湖城，诸夷不得往来彭湖港，其策有六：一曰专设游击一员，镇守湖内；二曰召募精兵二千余名，环守湖外；三曰造大船、制火器，备用防守；四曰招集兵民开垦山场，以助粮食；五曰议设公署营房，以妥官民；六曰议通东西洋、吕宋商船，以备缓急。此六议似宜斟酌举行者。[①]

从上面的叙述可以知道，在红夷肆虐东南沿海、并两度被明军驱逐出澎湖的背景下，沈鈇提出了澎湖为漳泉门户的看法，主张在澎湖设兵镇以加强对海洋的控制，此外，沈鈇还认为，在海禁日严的情形下，普通百姓民生憔悴，而豪右奸民仍然可以利用种种关系私自出海，进行违禁贸易，于是，"禁愈急而豪右出没愈神，法愈严而衙役卖放更饱"，带来更大的隐患，故"不如俟彭湖岛设兵镇后，红夷息肩，暂复旧例，听洋商明给文引，往贩东西二洋"，并建议在澎湖地方对往来商民进行稽查。

与此同时，明朝政府由于东北女真人势力的崛起而疲于奔命，北部边疆军事形势的紧张进一步加剧了明朝政府的财政危机。在这样的社会历史背景下，福建漳州、泉州籍官员诸如魏呈润、卢经、何乔远以及傅元初等人先后上疏中央政府，请求开放海禁，征收饷税以安民裕国，同时他们当中的有些人还对郑芝龙投诚之后屡立奇功的行为给予了肯定。

魏呈润，漳州龙溪县人，崇祯元年（1628 年）进士，后由庶吉士改兵科给事中。崇祯四年（1631 年），魏呈润上疏阐述了其关于弭盗问题的看法，其中谈到明朝政府应该酌洋饷以通商，具体内容如下：

> 兵科给事中魏呈润弭寇疏略：其五曰酌洋饷以通商。闽食地小而居民稠，弹地之毛常不足饷民之半，其势不得不孳利于海。自海禁严而

---

① （明）沈鈇：《上南抚台暨巡海公祖请建彭湖城堡置将屯兵永为重镇书》，《天下郡国利病书·福建》，《四部丛刊三编》25 史部，上海：上海书店，1985 年，第 29 页。

豪猾之私贩日盛，孱弱之粒食靡依，死于饥与死于贼等耳。今议开洋禁，惠此一方，其策甚善。第旧制东、西二洋，给引不过二月，出洋不过三月。夏至以后不许领引。若时逼引少，饷额二万余两，取盈斯艰。合无敕下抚按酌议，如果事在可行，一面给引，一面速奏。回澳之日，量商舶之多寡，为输饷之盈缩，诸陋规之在权署者，悉行蠲免。胥役毋以意勒索之，庶乎茕茕遗黎，得赶春汛之期市舶为生，海上胁从者，且将潜就外洋变恶为善，或又解散之一机乎。①

在魏呈润看来，闽地小而民稠，故老百姓不得不从海洋上寻找生存的空间，而海禁之后，百姓不能出洋贸易了，但是，却有一些奸猾之人罔顾王法而私贩不止，这样，普通百姓们不仅温饱问题不能得到解决，而且甚至有的还"死于贼"。因此，魏呈润主张应该继续实行开海贸易的政策，呼吁明朝中央政府下令让福建地方巡抚和巡按御史等官员深入调查，若事在可行的话，希望明朝政府能早日开放海禁，使得商民们的生业得以继续，而同时"海上胁从者"也可以变恶为善，从而达到弭盗的最终目的。

卢经（1571—1649），漳州长泰县人，天启五年（1625年）进士。时任御史的卢经认为，海洋本自然之利，而当事者却以为禁洋就能止寇的观点是不正确的。因为禁洋之后，渔船还是可以前往台湾，而且禁洋也只能是禁止百姓出洋，而不能阻止外国船只的到来。在此基础上，卢经进一步提出：

止寇者，惟安辑地方，沿海设兵责备将领，若五游五寨乘风追之，边海备之，兹大将无开门之迎，则亦未可飞渡也。且洋开而商贾路通，可减饥寒之盗十之三四，又将岁饷数万以养防汛之兵，若撤洋而汛并撤，则贼有船我无兵，海滨之民将何赖乎？乃若此害则亦有之奸商，窃禁货通倭，勾引接济贼船。②

何乔远（1558—1631），泉州晋江县人，万历十四年（1586年）进士，崇祯年间作《开洋海议》，并给崇祯皇帝上了《请开海禁疏》，表达了自己对于海禁问题的若干看法。何乔远认为，海洋是闽人赖以生存的基础，闽地狭窄，又无河道可通舟楫，南北往来惟有贩海一路，这是福建老百姓的生业所在，故在海禁政策下，私贩"走死地如骛者，不能绝也"，是以"海之不能禁明矣"。针对红夷生事导致明朝政府再次下令海禁的事件，何乔远认为"其实红夷颟悍重信不怕死而已，而其意只图贸易，别无他念"；与此同时，在海禁政策之下，红夷占据台湾，吕宋亦来鸡笼、淡水之地，与沿海百姓私相贸易，致使"洋税之利不归官府而悉私之于奸民"。因此，何乔远提出建议：

> 今日开洋之议，愚见以为旧在吕宋者，大贩则给引于吕宋，小贩则令给引于鸡笼、淡水；在红夷者，则给引于台湾，省得奸民接济，使利归于我，则使泉州一海防同知主之。其东洋诸夷及大贩吕宋，则仍给引于漳州，使漳州一海防同知主之。[①]

可见，何乔远赞成闽人与荷兰人之间的贸易往来，并提出了由漳泉二府的海防同知分别管理各自事宜的办法，另外，何乔远对漳州府海澄县月港或泉州府同安县中左所（今厦门）地点的选择，可以看出他对于当时厦门湾两岸老百姓从事海外贸易形势的了解。从何乔远所提的建议，我们还可以做这样的解读：自隆庆开海以后，吕宋一直是中国海商的主要贸易对象之一；明末，随着荷兰人进入南中国海，与郑芝龙等海寇商人相遇，中国的海洋形势处于剧烈的变化中。

此外，对于中日贸易问题，何乔远还提到：

> 日本国法所禁，无人敢通，然悉奸阑出物，私往交趾诸处，日本转手贩鬻，实则与中国贸易矣。而其国有银名长铸，别无他物。我人得其长铸银以归，将至中国，则凿沉其舟，负银而趋，而我给引被其混冒，我则不能周知。要之，总有利存焉。而比者，日本之人亦杂住台湾之中，以私贸易，我亦不能禁。此东洋之大略也。[②]

由此观之，何乔远认为中日两国之间的贸易一直存在，尽管按照明朝政府规定，日本属于禁通之国，但是通过交趾（今越南北部）、台湾等地的转手贸易，中日贸易还是间接地在进行着。

生长于东南海滨的何乔远对闽人的海洋活动有着深切的体会，他认为，行贾是天下之大利，因此普天下的老百姓都积极从事商业活动。而海外贸易的实现，不仅可解沿海百姓生活之困，湖丝、江西瓷器等中国商品在海外市场上亦可获得丰厚利润，更为重要的是，海外贸易所带来的财政收入还可

---

① （明）何乔远：《开洋海议》，转引自傅衣凌：《明清福建社会经济史料杂抄》，《休休室治史文稿补编》，北京：中华书局，2008 年，第 370 页。

② （明）何乔远：《开洋海议》，转引自傅衣凌：《明清福建社会经济史料杂抄》，《休休室治史文稿补编》，北京：中华书局，2008 年，第 370 页。

以达到弭盗和维持西北军事支出的双重目的。因此,紧接着的《请开海禁疏》延续了他主张"开海"的思想。在其奏疏的刚开始部分,何乔远就提到了万历年间,明朝政府开洋市于漳州府海澄县的月港,一年可以收得饷税二万余两,以充福建兵饷之用。因此,在何乔远看来,开海贸易不仅可以互通有无,还可以达到弭盗、安民、裕国的多重目的。①

在魏呈润、卢经、何乔远等闽籍士绅的共同努力下,明朝政府从中央到福建地方展开了深入实地的调查和讨论,崇祯四年(1631年)八月,兵部尚书熊明遇等人向皇帝作了总的汇报。最终,汇集了众人思想"盗生有源,不关洋船也"②的观念得以上达,从而为明朝政府的再一次开放海禁扫清了障碍。

傅元初,泉州晋江县人,崇祯元年(1628年)进士。崇祯十二年(1639年)三月,时任给事中的傅元初给皇帝上了一疏,言明开海贸易的利弊。细读其奏疏,我们不难发现何乔远与傅元初二人在海禁问题上的前后继承关系,可以说傅元初主张"开海"的相关思想是在何乔远的基础上进一步阐述的——开海不仅可以解兵饷之急,沿海贫民不致为盗,还可以杜绝沿海将领滥用手中职权而做出违法犯规的行为:

> 窃谓洋税不开,则有此害,若洋税一开,除军器硫磺焰硝违禁之物不许贩卖外,听闽人以其土物往,他如浙直丝客、江西陶人各趋之者,当莫可胜计,即可复万历初年二万余金之饷以饷兵。或有云可至五六万,而即可省原额之兵饷以解部助边,一利也。沿海贫民,多资以为生计,不至饥寒困穷,聚而为盗,二利也。沿海将领等官,不得因缘为奸利,而接济勾引之祸可杜,三利也。③

另外,从何乔远和傅元初等人的奏疏,可以看到明朝末年中国东南海洋形势的大体状况。一方面,自嘉靖倭乱以来,明朝政府加强了对东南海洋区域的控制,其中包括了军事和行政方面管理的强化,原先的海禁国策亦有所

---

① (明)何乔远:《请开海禁疏》,转引自傅衣凌:《明清福建社会经济史料杂抄》,《休休室治史文稿补编》,北京:中华书局,2008年,第371~374页。

② (明)熊明遇等:《为敬陈闽寇当议事》,《明清台湾档案汇编》第一册,台北:远流出版事业股份有限公司,2004年。

③ (明)傅元初:《崇祯十二年三月给事中傅元初请开海禁疏》,《天下郡国利病书·福建》,《四部丛刊三编》25史部,上海:上海书店,1985年,第33~34页。

松动,吕宋成为了国人出洋贸易的主要目的地。另一方面,尽管明朝政府把日本列为禁通之国,然而,贩海贸易所带来的巨大利润驱使着闽人潜往日本,另外,荷兰人于万历中后期进入南中国海,试图与明朝政府建立通商贸易关系,这些因素的存在都为明末的海洋形势增加了新的变数,东南海洋形势处于剧烈的变化中——中国的海寇商人与西班牙人、荷兰人、日本人在海上展开激烈的角逐。崇祯元年(1628 年),郑芝龙受抚,明朝政府借助其力量,实现官民海防力量的结合,"化敌为友",海上盗寇才得以平息。[①] 此时的明朝政府内外交困,财政危机突出,以何乔远、傅元初为代表的闽籍士绅站在明朝政府的立场上,兼顾海洋社会的地方利益,重提开海之议。纵观明朝中后期开放海禁的发展历程,海氛的平静是开海贸易得以实现的重要条件。

第二节　明清鼎革清郑对峙与海洋生存环境的日益紧张

一、清郑对峙对地方社会的破坏

明清鼎革,漳州九龙江下游两岸的广大区域作为当时清郑双方争夺的战略要地,上达漳郡,下扼海口,清朝政府和郑成功海上政权双方在此展开了激烈的拉锯战。从地方志书和民间文献的记载中,我们可以大致知道当时地方社会的一些情况,特别是顺治九年(1652 年),本区域内的海洋社会遭受了巨大的浩劫。根据乾隆《龙溪县志》的记载,当时,郑氏集团兵围漳州府城长达半年之久,导致城中老百姓饿死无数,事后,里人李耀宗等捐资收得遗骸七十余万火葬之,于其上设坛曰"同归所",同时坛前建庵曰"万善":

> 同归所坛,在南门外,岁以清明中元致祭。国朝顺治九年,海寇围郡城半载,饿死甚众,及解围,男女暴得食毙者尤多,里人李耀宗等捐资

①　王日根:《明代东南海防中敌我力量对比的变化及其影响》,《中国社会经济史研究》2003 年第 2 期。

同僧闻晓遍收遗骸约七十余万火葬于此,仍置祀坛,坛前建庵曰"万善"。十一年,漳大旱,有司亲临致祷,得雨,因详定春秋二祭,龙溪县主之。①

从上面的史料可以知道,相对于当时漳州府城的人口数量而言,遗骸七十余万不免有夸张之嫌,但是可以肯定的是,顺治九年(1652 年),郑成功军队围困漳州城确实给当地社会带来了巨大的灾难,大量民人的死亡在地方上引起了高度关注,以至于两年之后漳州发生大旱,地方官员亲自前往致祭祈雨。祈雨成功之后,地方政府更是针对这一事件制定出了一年春、秋二祭的政策,同时规定由龙溪县官员负责。

顺治年间,不仅仅是漳州府城,九龙江下游两岸的其他地方也遭遇了混乱的社会生活环境,例如海澄内楼刘氏家族:

图 4-1　内楼刘氏家庙

顺治九年壬辰变乱,祠庙折毁,骨肉分离,今所存者仅有……②
又如海澄卿山高氏:

追维丙戌之冬(顺治三年,1646 年),四邻山岩垒垒相望,我族亦勉

---

①　乾隆《龙溪县志》卷七,《坛庙》。
②　《募修族谱序》,《海澄内楼刘氏族谱》,清康熙五十七年(1718 年)编修。

力鸠筑其一筑，未告竣，闻清师南下，于时携挈扶老，露眠草茵，维我子姓昏晓依依，未几而清师底我疆邑，服色正朔山川版籍一异，赐姓公倡义鹭岛，两及相持，卿山当驰道之冲，风□遥惊，迄无宁夜，及壬辰之春（顺治九年，1652年），岛中楼橹复我有疆争城争野之际，而光景不可问矣。山鼠野遁，里无炊粮，颠□相因，十病其九，至于庐宇田园，鞠为茂草，罗绮宝玩，尽属飘风，凡夫一线一粒一瓢一皿，俱荡尽无遗矣……①

在此情况之下，曾经繁华一时的海澄月港一带更是哀鸿遍野：

丁亥年（顺治四年，1647年），郑芝龙献关，其子郑成功不从，归漳起义，据海澄，戍□纷乱，举族逃散，仅存残宅。至丙申年（顺治十三年，1656年），世子王率大师围澄未下，望西门外一带墙壁巍声稠密，恐贼伏莽，令尽推倒以便进兵，于是吾家绵亘四里，□悉平地邱墟，兼军与旁午重派难堪，人以□得脱，谁敢言旋故土。迨癸卯（康熙二年，1663年）迁移烽烟稍息，而甲寅（康熙十三年，1674年），三藩复乱，祖家仍然荒邱，直至台湾归顺，民方有生气，但自丁亥以来哀鸿三十有余年矣。……②

因此，从上面几则史料的叙述，我们可以看到，清郑对峙的紧张局势给地方海洋社会带来了破坏性的打击，老百姓们的生存环境日益紧张，家族发展更是遭遇了重大危机。直到康熙年间，清郑双方在海澄还处在僵持的局面，因饥饿和干戈而死者不计其数，事后，有僧人道宗等人收得遗骸四千余具，分三处进行掩埋，并筑坛其上，后来得到知县的批准得以立碑：

邑有同归所凡三坛，一在九都，一在笔架山，一在祖山。康熙十七年，澄城困陷月余，造饥饿干戈而死者相枕藉，僧道宗与其发徒阮廷贤及僧真远本蜡氏除骶及月令掩骼埋胔之义，计收遗骸四千有奇，分瘗三冢，筑坛其上，经具呈知县王公衡材批准立碑，民间每于清明中元设祭焉。③

除了清郑双方在本区域内的拉锯战之外，清朝政府因此而实行的迁界令也给地方海洋社会带来了深重的灾难，数不胜数的普通百姓就此离开原来的聚居之地，流离失所，例如龙溪白石杨氏：

---

① 《修谱纪略》，《高氏族谱（卿山）》卷一，明永历九年（1655年）修，续至嘉庆。

② 《官山前楼钟氏重修族谱序》，《纯锻堂钟氏族谱》，清康熙年间编修。

③ 乾隆《海澄县志》卷三，《祀典志》。

明季国运将终百六之厄中，我族属寇贼盘踞，米价腾涌一升钱八分，有流寓他乡而不归以丧者，有避乱播越而沟瘠以殁者，有祖孙父子聚首一室忽染疫疾而沦胥以亡者，呜呼！祠宇其折毁矣，第宅其邱墟矣，祭田祀业其辟盗而私卖之矣，吾祖吾宗不享长至者二十余年，迨至石尾城屠，寇贼私逃，族人始得构茅屋架小筑数椽，祖庙营造未逞也，亡何而迁移厉禁，困此一方，朝喜落成，夕悲巢毁，森暮乐宁宇，旦痛离居，荡析飘零，伤如之何。[1]

从上面这则史料的内容可以知道，明朝末年，白石地方由于受到寇贼骚扰等因素的影响，米价一再飙升，为此发生了许多族人因贫穷、避乱等流寓他乡以谋生计，最终客死异乡的人间惨剧，更不必说个人屋舍和宗庙的情况了。后来，石尾城遭屠，寇贼四散逃窜，杨氏族人才稍微安定下来。但是，不幸的是，杨氏族人的苦难还没有结束，清朝政府又开始厉行迁界令，正所谓是"朝喜落成，夕悲巢毁"之况。直到后来政府下令展界之后，杨氏族人才得以回到白石故地以居。

二、清郑对峙时期地方士绅的作为

明清之际，在与郑成功集团的对抗中，被喻为"马背上的民族"的清朝统治者，任用了许多出身于海洋区域的闽籍人士为之出谋划策，他们的相关言论上达中央朝廷，进而左右朝廷的海洋政策，王命岳、黄梧等人就是他们当中重要的代表人物。

王命岳（1610—1668），泉州晋江县人，顺治十二年（1655年）进士。生长于福建沿海社会的个人经历，使得王命岳十分熟悉海洋形势。顺治十七年（1660年），王命岳以福建省的海门岛与厦门岛隔海相望，建议在漳州府的镇海和泉州府的高浦屯兵驻守，扼海澄、同安二路之险，以对抗占据在厦门的郑氏集团。[2]

此外，王命岳赞同清朝政府"严接济"的政策，但同时也表达了自己的看法，他认为，郑军所需之火柴和松楸仰给于福建沿海一带，是至关重要的接

---

① 《续修家谱叙》,《白石杨氏家谱》,明隆庆修,清康熙续,道光二十八年（1848年）重修。

② 赵尔巽等:《清史稿》志一百十三,北京:中华书局,1976年,第4113页。

图 4-2 镇海城隍庙

济之物,应该严加防范,具体内容如下:

> 今之严禁接济者,皆曰禁米谷则贼不得宿饱,禁油麻钉铁贼舟敝而不修,似也。夫米谷油麻钉铁诚不可不禁,臣愚谓,即日悬厉禁,扁舟不渡,贼固未尝穷于用也。谨案:兴漳泉三郡之米粟原不足供三郡之民食住,时皆待哺于高州米船。自海贼喷浪,高米不至,人皆量腹而食,实无余粮足资海上,贼之米粮,远者取给于高州,十日可抵厦门,近者取给于潮州之揭阳,一日夜可抵厦门,高州之粟,价贱于闽者数倍,揭阳之粟价贱于闽者一倍。
>
> 臣探知贼所必需而平日皆取给于海滨一带者,独火柴、松揪二项,岛上多风,草木不生,樵爨之具必资内地,而海船必用松揪烧底,过三月不烧,则揪虫蠹食一点炮碎裂矣。故禁柴禁揪,事虽平常,而策中要害,不可不留意也。①

黄梧,漳州平和县人,原来为郑成功的部将,后来献海澄投靠清朝,被封为海澄公,镇守一方。顺治十八年(1661 年),黄梧向清朝政府提出了"灭贼

---

① (清)陈寿祺:《福建通志》卷八七,《海防·疏议》,清同治十年(1871 年)重刊本之影印本,台北:华文书局股份有限公司,1968 年,第 1749 页。

五策"的建议,其中有:

一、金、夏两岛弹丸之区,得延至今日而抗拒者,实由沿海人民走险,粮饷、油、铁、桅船之物,靡不接济。若从山东、江、浙、闽、粤沿海居民尽徙入内地,设立边界,布置防守,则不攻自灭也。

二、将所有沿海船只悉行烧毁,寸板不许下水。凡溪河,竖桩栅。货物不许越界,时刻瞭望,违者死无赦。如此半载,海贼船只无可修葺,自然朽烂,贼众许多,粮草不继,自然瓦解。此所谓不用战而坐看其死也。[①]

除了献"灭贼五策"之外,黄梧还于康熙元年(1662年)会同福建各镇道府等官员重建石码城来巩固漳郡之门户,以全御卫之策,这一工程由当时的漳州府海防同知监督办理。[②]

从上面的史料可以看到,在清军与郑军的交锋中,出身于海洋社会的王命岳主张"严接济"、而黄梧则进一步提出"迁界"和"海禁"之议,以对抗郑氏集团,从而达到封锁郑成功的海上生命线的目的。可以说,海禁政策的出台反映了明清之际清军与郑军在东南沿海斗争的激烈。尽管,后来历史的发展证明迁界令和海禁政策并没有达到其预期目的,然而这也不能说明它们没有奏效;因为从某种意义上来说,收复台湾对郑氏海上政权的后续发展起了很大的作用,海上根据地的开拓缓解了海禁政策带来的困境。我们认为,王命岳、黄梧的主张是明清鼎革之际中国东南海洋形势剧烈发展的产物,他们从清朝政府对抗郑氏海上政权的需要出发,在维护清朝政府利益的同时也给东南海洋区域的社会生产造成了极大的破坏。从这一时期地方士绅的作为来看,明中叶以来关于贩洋乃至百姓之生计的讨论已经让位于政治格局的剧烈变化,从某种程度上来说,普通百姓的生存境况较之前有恶化的趋势。

另外,我们知道,这一时期,漳州九龙江下游两岸的绝大多数地方都遭受了炮火的袭击,然而,值得关注的是,地方望族在明清鼎革之际社会历史背景下的相关态度和作为。卿山高氏家族在明代以来即是地方社会的望族,他们在明清之际的态度值得我们做进一步的分析:

---

① (清)江日昇:《台湾外志》卷一一,济南:齐鲁书社,2004年,第169～170页。

② 《漳州府海防同知闵公督建石码城功德碑》,《石码镇志》,龙海县《石码镇志》编纂小组,1986年,第28～29页。

《处士启明高公传》：高丽东，右吾公之子……壬辰春，赐姓公来澄，上户派饷二千两，厥后征三百，处士一人吏弊两摘其名，合诸费几以千计。处士曰：神京可复，千金何惜，神京不可复，千金又何惜哉。迨降将赫文兴一败，沿途洗劫，处士仓箱厚蓄，倏尔整空，向之费既以千计，兹之掠又计以千矣，而处士神自若也，惟教其子速持木主及严慈二像以逃，尔时同难诸人多玉帛不暇，顾此而处士之祖父木主遗像依然无恙，尤可异者，族中新旧之棺稍经妆漆悉为斧破，而处士馆有三柩……

永历岁甲午孟春上苑乡国进士眷晚生林梦弼拜撰[①]

从上面这则史料可以看到，郑成功顺治九年（1652年）进入海澄，向地方派饷，上户二千两，厥后征三百，而处士高丽东一人就捐资数以千计，还表达了希望郑成功收复神京的愿望。这里所讲的情况，与我们后面将要谈到的普通百姓诸如壶山黄氏家族的情况有所不同，壶山黄氏家族曾经因为家资稍丰等因被郑成功方面以三千赎金换人回家，而处士高丽东却是欣喜捐饷以千计。通过阅读其族谱，我们看到，卿山高氏自明代以来就是地方上的望族，其中，高氏家族的许多人通过科举考试出仕，故其交往、联姻对象也多是地方上的名士望族，因此，可以说，高氏家族是当时地方社会中财名兼有的地方士绅，不同于可能只是商人的壶山黄氏家族。从这一层面意义上来讲，我们也就不难理解处士高丽东为何会有乐意向郑成功军队输饷的行为了。

三、海洋生存环境日益紧张

前文已有提及，明清鼎革之际，清朝政府与郑成功海上政权在漳州九龙江下游两岸区域展开了激烈的拉锯战，给本区域之内的地方社会带来了极大的破坏，老百姓的生存环境日趋紧张。不仅如此，在清郑双方一来一往之间，百姓们除了要遭受家园毁坏的悲剧之外，还要承受郑氏集团的军饷摊派，这对他们的财产也造成了威胁。后来，在清朝政府的迁界令之下，更有无数百姓离开家园，流离失所。就是在展界之后，回到故地生活的老百姓们还可能因为迁界时期土地管理的混乱而陷于纠纷、诉讼之争。可以说，明末

---

① 《修谱纪略》，《高氏族谱（卿山）》卷一，明永历九年（1655年）修，续至嘉庆。

清初,漳州九龙江下游两岸区域的老百姓,其日常生活条件处于日益恶化的艰难困境当中。下面,笔者将以几个家族为例,讨论他们在明清之际的境遇问题。

（一）圭海许氏家族:

圭海许氏家族以美江为大宗,又分有月港、港滨和文山三个支派。明末清初,在海氛动乱的社会背景下,族人的生存状况面临巨大的挑战,美江大宗祠堂和港滨祖庙也都遭受了极大的破坏。首先,以美江大宗祠堂为例:

> ……乃不谓顺治之初,长鲸鼓浪,恣浊南波,沿澄之区皆战垒矣。至岁辛卯,寇堕溪美锐城,是彻我祠东藩也,及壬辰初冬,复肆焚掠,奈何更毁我宗室乎,致使丘墟其地鞠为茂草,而族姓流离殆,不啻晨星寥落,即有过故宗庙庐室而彷徨不忍去者,亦只嗟咨涕零于离离彼黍间而莫可如何耳……①

由此可见,在顺治八、九年间(1651—1652),由于明郑集团与清军在海澄战争的原因,美江许氏族人流离四散,美江大宗祠堂也因此而破败,直到康熙甲子年(二十三年,1684 年)地方社会安定之后,美江大宗才得以重建。其次,顺治十八年(1661 年),清朝政府为了对抗郑氏海上集团,实行迁界政策,具体落实到海澄港滨许氏族人的聚居地为"朝议播迁截桥为限",而其家族祠堂却在界外,故许氏族人遂将其拆毁,直到庚戌展复。

圭海许氏族人港滨派聚居于海澄县六八都地,我们在前文中曾经提到,明代天启崇祯年间,海寇横行,圭海许氏族人在许老、许硕功等人的带领下,暂时获得安身立命之保障,百姓生活之不易由此可见一斑。到了明清之际,许氏族人的生活空间继续受到来自各方的挑战,例如:

> (评公)尝过槐浦,闻孀妇哭殊哀,询之则其子掳于海,公怜之,为赴郑垒伸救,郑成功怒将加害,以实具告,郑高其义,欲留为亲尉,公以母老辞不就。郑威胁至海门楼艚,公佯服,俟其防稍疏,奋越十数舰,水泳以归。邑令余公闻而壮之,欲举为练长,又以母病固辞,会逢母丧获免,乃躬率诸子退耕鹿陂之野,深自晦藏其动履。②

从上面的资料内容可知,在明清交替之际,聚居于海澄县六八都地的圭

---

① 《美江大宗重兴记》,《高阳圭海许氏世谱》卷一,清雍正七年(1729 年)编修。

② 《封君行实·评公》,《高阳圭海许氏世谱》卷二,清雍正七年(1729 年)编修。

图 4-3　港滨许氏家庙

海港滨许氏族人们的生存环境不容乐观,来自海上的压力威胁着他们的日常生活。特别是顺治辛丑年(十八年,1661 年),清朝政府为了对抗郑氏海上集团,实行迁界政策,海澄港滨许氏族人的生存环境进一步恶化,这样的社会历史背景为原先可以通过寒窗苦读进而出仕的上升之路增加了不稳定因素,一些港滨许氏族人开始重新思考和定位自己的人生,如许之琛:

> 之琛公,字献其,幼名严。……迨辛丑播迁,遂辍业,力田以养二亲,心知季弟之克赞父志也,每晨夕惟勤学是嘱,以故弟乘宝公……至若捐资鸠众创置田以隆私祖祀事,尤见孝思。广文魏公牒邑韩侯举宾筵赠额仗国流风。①

再如入清后出任福建水师提督的许良彬(1671—1733),其父许英生:

> (英生公)生明崇祯丙子年,迨岁辛丑,播迁之令下,兵荒转徙,遂辍举子业,从仲氏于田,竭力以供菽水得二人欢,至甲辰饥疫……时海寇肆掠峨野居民,公率众御里门捍卫乡,族人胥德之。及见江河日下,水陆寇炙,遂讲求兵法以图戡除。迨少傅公镇粤东,知公才略,召参帷幄,

---

① 《德望列公行实·之琛公》,《高阳圭海许氏世谱》卷二,清雍正七年(1729 年)编修。

遇事多所赞襄,益为少傅公所亲信……①

又有许汝经:

> 汝经公,字行一。……时海寇入澄,民遭荼毒,不得已兄弟携眷避乱西入豫章,依功叔少传公居建昌,三载布素自如,同甘淡薄,绝不见一毫荣耀语。迨海氛荡平,壬戌九月,相携归里,及少傅公移节东粤,一十三载昆弟未尝足踵,家居惟课子侄认分耕读余无所计较,每遇事有关名节者,辄取义裁之,而无所阿附。……②

由此可见,明清鼎革之际,海澄港滨许氏族人所处的海洋环境不是那么的平静,特别是明朝末年以来,各方海上势力在福建东南沿海区域展开了激烈的争夺战,并迅速波及港滨许氏族人的聚居地,给当地的老百姓带来了生命和财产的威胁;而顺治十八年迁界令的实施,无疑使得这一局面进一步加剧。因此可以说,海澄港滨许氏家族的生存与发展面临着巨大的挑战。

(二)壶山黄氏家族

壶山,亦称壶屿,地处九龙江出海口,原为海上岛屿,明清时期属于漳州府龙溪县管辖。从明中叶开始,福建漳州沿海九龙江下游两岸的广大地方,经济飞速发展,但是与此同时,本地区也因盗贼猖獗、社会秩序混乱等诸多问题进入中央王朝的统治视野当中。单就龙溪壶屿而言,到了清代初期,荷兰人运载杉木的竹船停泊壶屿港口,被海盗所抢劫,荷兰人误认是壶屿社人所为,开战船来港口,即夜登陆,将壶屿社厝宅烧平数十座,社人逃离失散死伤者百余人。③ 可见,当时龙溪壶山黄氏家族的生存环境并不理想。

宋末元初,黄氏始祖黄贞庵卜居龙溪壶山西麓,三世传至黄必壮,有兄弟四人,传至五世黄宾王,入赘于王氏,乃得壶山之北的地方,亦即明清时期龙溪壶山黄氏家族的居住之地。明末清初,由于海氛不靖的原因,黄氏家族曾经迁居同安县中孚村,黄可润(?—1763)④之父黄文扬亦在此地出生。等到清朝政府的迁界令被废止之后,黄可润的祖父黄淑孕才偕家返回壶屿

---

① 《封君行实·以絜公》,《高阳圭海许氏世谱》卷二,清雍正七年(1729 年)编修。

② 《德望列公行实·汝经公》,《高阳圭海许氏世谱》卷二,清雍正七年(1729 年)编修。

③ 《角美壶屿社族谱、壶屿社概况》,1995 年。

④ 黄可润,字泽夫,号壶溪,清代漳州府龙溪县壶屿人,乾隆四年(1739 年)进士,历任满城、无极、大城等县令和宣化、河间府知府,诰授奉直大夫例赠朝议大夫,政绩卓著,有《无极县志》、《宣化府志》、《口北三厅志》、《畿辅见闻录》、《壶溪文集》等著述。

故地。

黄俊升,字恢甲,壶山黄氏十四世祖,可润之曾祖父。俊升"好倜党画策,屯师尝用策多奇中,贼憾焉,又闻家有余资,袭以去亦在系中。"①由此可知,在明清之际福建漳州沿海的地方社会中,壶山黄氏家族已经具有了一定的影响力,黄俊升还曾经因献策引起清郑双方的注意。

黄淑孕(1645—1725),字硕壶,号敦恺,壶山黄氏十五世祖,后因其孙可润获赠文林郎。②关于他的生平简历,乾隆年间的《龙溪县志》有以下简单的文字记载:

> 黄淑孕,字硕壶,父为海寇所执,索赎金。淑孕年十四,号叩贼垒,乞代,贼怜而释之。子文焕、文扬皆以孝闻,文焕尝拾遗金访其人还之,后其子宽及文扬子可润俱成进士。③

另外,我们还可以从当时人官献瑶为黄淑孕夫妇撰文的墓志铭中看到其德行的相关描述。官献瑶(1703—1782),字瑜卿,号石溪,福建安溪县人,与黄可润为乾隆四年(1739年)同榜进士,后其女许配于黄可润之弟可澧为儿媳,故与黄氏家族亦有姻亲关系。从墓志铭的内容可知,黄淑孕之妻吴太孺人卒于乾隆甲子年(1744年)三月廿七日,此篇墓志铭当写于乾隆十年(1745年)左右。结合地方志书和墓志铭的相关内容,我们可以作这样的理解:在黄淑孕十四岁的时候(约顺治十六年,1659年),正值郑氏海上政权在福建沿海开展活动,频繁的军事活动必然需要大量的军费,当时沿海社会家中稍有余资的老百姓的生命财产面临着威胁。在这样的社会背景下,黄淑孕的父亲曾因出谋划策,引起对方注意,同时,郑氏方面又听说其家有余资,便决定将他掳走。黄淑孕得知这一消息之后,独自一人渡海前往郑军兵营,表示自己愿意代替父亲,最终,郑军方面同意以三千赎金放回父子二人。④这样的特殊经历,在黄氏家族的发展史上打上了深深的烙印。

尽管,我们从文献上的记载来看,龙溪壶山黄氏家族自16世起,开始从事海洋贸易活动,例如黄文焕"年十八,辞二亲往贩外国",这当是在康熙二十三年(1684年)清朝政策实行开海贸易政策之后。虽然,在现在所能见到

---

① 《敦恺公赠文林郎暨慈淑吴太孺人墓志铭》,《壶山黄氏传志录》。
② (清)黄宽纂修:《龙溪壶山黄氏族谱图系不分卷》,清抄本,福州:福建省图书馆藏。
③ 乾隆《龙溪县志》卷十七,《人物》之《孝友传》。
④ 《敦恺公赠文林郎暨慈淑吴太孺人墓志铭》,《壶山黄氏传志录》。

的史料中,我们未能看到黄氏十六世之前族人作何营生的相关记录,但是,黄氏族人的生计应该不是简单的农业生产而已,否则以普通的百姓之家的财力应该是不容易筹措到三千赎金的。因此,我们也就不难理解,为了解决军费问题,"海上掠富室"、"索金"的郑军方面会盯上"家有余资"的黄家。由此可见,在十四世黄俊升的时候,黄氏家族就已经积累了一定的经济基础,而且不排除黄氏族人已经参与了海洋贸易活动的可能。当然,这次遭遇对于黄氏家族有很大的打击,再加上清朝政府的"迁界"政策,黄氏家族离开壶屿故地,其中黄淑孕举家迁至同安县中孚村,等到海氛平静下来才又回到壶屿,但情况已经大不如前了——"辟榛芜,粗立家室"。可以说,明清之际,清军与郑氏集团的对峙对于漳州九龙江沿岸海洋社会的影响巨大,另外,黄可润为锦里所写的族谱序言内容也反映出了当时的情况。[①]

我们知道,自明朝中后期开始,在朝贡贸易日渐衰落的同时,私人海上贸易日益兴起并获得蓬勃发展。隆庆初年,明朝政府最终决定在漳州月港实行部分开放海禁的政策。入清之后,清朝政府于康熙二十三年(1684年)设立江、浙、闽、粤四海关,实行开海贸易政策,厦门成为了闽南地区老百姓出洋的重要港口。厦门,地处九龙江入海口,属于泉州府同安县管辖,而当时九龙江下游两岸的大多数地方属于漳州府龙溪、海澄二县管辖;但是,我们应该看到,尽管在当时的行政区划上,九龙江入海口的地域分属不同的行政划分,然而在生长于斯的老百姓的脑海中,它们是一体的,被称为"鹭岛圭海"[②]、"漳江鹭岛"[③]。从这边,我们看到了海洋地方社会与内陆地区不同的独特风景线,这样的历史场景必然需要相应的管理机制,而我们看到的实际情况却是九龙江下游至入海口的地方分属于三个不同的行政区划——漳州府属的龙溪、海澄二县与泉州府属的同安县在此交叉,对连成一片的海洋区域作硬性的人为划分容易引起管理上的疏漏,有清一代屡禁不止的偷渡现象与此亦有关联。

(三)白石丁氏家族

白石丁氏聚居于龙溪县二十九都地,这个地方因地近九龙江北港,地势

---

① (清)黄可润撰:《壶溪文集》卷二,《锦里族谱序》,稿本,福建省图书馆藏。
② (清)黄可润撰:《壶溪文集》卷二,《家赐谷诗集序》,稿本,福建省图书馆藏。
③ 《黄毅轩先生墓志铭》,《壶山黄氏传志录》。

平坦,取水方便等较好的自然地理条件而受到青睐。自唐宋时期以来,丁氏、杨氏和林氏等几个家族在此生活繁衍。明清鼎革之际,除了我们前面所提到的杨氏家族因寇贼骚扰、迁界政策等原因离开白石故地之外,丁氏家族也曾经因为迁界令而离开白石。等到后来,清朝政府下令展界之后,丁氏族人才又回到白石。但是,当他们回到白石的时候,却发生了一桩因迁界时期管理混乱而产生的土地纠纷案件。这一案件从康熙十年(1671 年)丁世勋上诉官府算起到雍正七年(1729 年)的最终解决,迁延近六十载,反映出了白石丁氏族人在明清易代这一特定历史时期中的生存空间等社会状况。

事件的大致经过是这样的:在清朝政府迁界政令之下,白石作为界外之地而荒废,丁氏族人因此而离开白石居住地。然而,在迁界期间,有大海商徐跃买通防守官兵,越界占葬,将乡贤祠和名宦祠分别用来埋葬其父亲和兄长。等到展界之后,丁氏族人回到故地,才发现了这样的情况。① 于是,康熙十年(1671 年),丁世勋向地方官府递上一则《奸商徐跃占葬贤宦祠地冤揭》,描述了整个事情的起因、经过,具体内容如下:

> 漳州府学生员丁世勋为抗旨越界占祠毁坊不共奇冤事。奸商徐跃等通海猝富百万,徐泗买顶长泰学首名林珪,改姓冒滥,因谴诬奸,离去生妻,秽行腥闻,结焰婚势,咸占乡间,左右邻里历被荼毒,恶欵如山,吞忍莫何。痛勋自始祖唐开漳别驾讳儒,位列郡学名宦,肇于龙溪白石乡,历宋九世祖讳知征,乡荐第一,九世叔祖讳知几,宋进士,开凿水利,从祀乡贤,族建大宗庙祀始祖,名宦小宗祀九世二祖乡贤。跃等窥宗祠穴吉,乘奉旨迁移,地属界外,径于康熙乙巳四年十一月厚赂防守,越界占葬,将名宦乡贤祖祠营筑大坟,阖族千家居址占封为坟域,每日鸠筑,阅月方毕,通漳骇异,虑抗旨重情,墓碑倒题年月,为顺治己亥十六年,切顺治辛丑十八年未迁界以前。丁族千家居住,通漳共睹,且庚子科省试,海澄学陈君二犹在祠中歇宿,族居稠密,安有徐坟,抗旨占葬,欲盖弥彰矣。经控前部院赵蒙批云:奉旨定界,不许偷越,何等森严,那得越界占葬,盖事出非常,不信其奸也。康熙庚戌九年,幸逢展界扩地,勋等为抗旨越界占葬贤宦祖祠具词府控,蒙孙府尊□常二尹踏勘,徐跃等统凶二百余猛毁碎祠前进士坊石,勋等奔较,跃父子兄弟同凶猛推杀昏倒

---

① 《文峰丁氏族谱序》,《白石丁氏古谱》,陈支平主编《闽台族谱汇刊》第 41 册,桂林:广西师范大学出版社,2009 年,第 511 页。

淋血,常二尹所目睹也。赴府验伤附案据证,跃阴赂衙差李仕、李仁、柯城等锁禁粮衙土地祠县庭拳辱,日夜威制饮食,羣身狼狈,仍锁押沿街,徐跃等府前秽骂挞辱,满街切齿,通庠惧势,徒怀义愤。临审,又被徐跃等统凶拳挞,逃生无地,斯文丧辱极矣,并将族人丁钦、丁从等诬架勒比罪赎,身受棰楚数百下,几毙杖下,贫儒饮恨,义不共戴,悉被荼毒,奇冤莫伸,仁人君子其谓之何? ——康熙辛亥十月日丁世勋具揭。①

从上面的史料可知,徐跃通海贸易积累了大量的财富,乘迁界令颁布后丁氏族人离开白石之机,为了风水之因,于康熙四年(1665年)将其父兄葬至丁氏族人的聚居地;并且为了达到其目的,徐跃等人还将墓碑时间改至未迁界之前的顺治十六年(1659年)。康熙九年(1670年),清朝政府下令展界,包括丁世勋在内的族人将徐跃越界占葬之事上诉官府。然而,在官府下来调查期间,徐跃还带人将祠前的进士坊石击碎,并打伤前来理论的丁氏族人。与此同时,徐跃还买通衙差,干扰审案的过程。尽管从表面上看,徐跃等人与丁氏族人之争,是因徐跃越界占葬而引起的,然而,通过这一事件,我们可以看到因迁界政策的实施而导致的土地之争。迁界令使得原先的百姓离开家园,后面的展界之令使得他们又可以开始回归故地,然而,暂时没有主人的土地又可以被重新分配;反之,如果原来主人回来的话,再加上因迁界之机而占有其地的人来说,他们肯定要为这些土地的归属而展开一番争夺。从这一层面上来说,漳州九龙江下游两岸区域的百姓们不仅饱受战乱之苦,还要因社会秩序恢复之后的土地争夺问题而陷入窘境。

直到雍正七年(1729年),清朝政府下令修葺乡贤名宦等祠宇的相关政策出台,白石丁氏族人才赢得了官司的胜利,经过龙溪县令的勘察评估之后,白石地方的名宦、乡贤二祠得以修缮。

---

① 《奸商徐跃占葬贤宦祠地冤揭》,《白石丁氏古谱》,陈支平主编《闽台族谱汇刊》第41册,桂林:广西师范大学出版社,2009年,第511~512页。

第三节 "从戎"与"出洋"：闽南海洋人的不同选择

一、明末清初漳州九龙江下游两岸区域百姓的"从戎"行为

（一）圭海许氏家族

自明中叶起，圭海许氏家族美江、月港、港滨三个支派均分布在海澄县境内。在明末清初，港滨支派在家族建设方面发挥着重要作用，因此下面笔者将花较多的笔墨来介绍港滨许氏。港滨，地处峨山脚下，本为漳州府龙溪县地，明中叶海澄设县之后属城外东路港滨社，今天隶属于龙海市东园镇港边村。港滨许氏始祖许业基乃美江大宗之四代孙，元顺帝至正十年（1350年）从美江入赘于港滨，其后世子孙遂生聚于此。① 另外，美江许氏五代孙还有一支迁往漳浦县文山，称为文山派。②

通过对《高阳圭海许氏世谱》的解读，我们可以看到，明清鼎革之际，海澄港滨许氏出现了大批族人从戎的现象，截止至雍正七年（1729年）许氏族谱的最终修订时间，单是谱中"本族所出仕宦名纪"之"武秩"的条目下，仅统计清朝的就有二十三人之多，即许贞（正）③、许颖、许汝杰、许赏、许玉、许朝辅、许正、许耀、许得功、许云、许得、许良彬、许凤翔、许鹏、许方度、许元、许国、许兴、许蔡连、许连、许日漍、许宜、许刘春等人。笔者将选取明清之际生平事迹较为详细的部分武将，结合地方志书的相关记载，对许氏族人的从戎行为做一个分析，列表如表 4-1。

---

① 《港滨祖庙前后兴修总记》，《高阳圭海许氏世谱》卷一，清雍正七年（1729年）编修。

② 《兴建大宗题名弁言》，《高阳圭海许氏世谱》卷一，清雍正七年（1729年）编修。

③ 按：关于许贞（正），《高阳圭海许氏世谱》中作"许贞"，乾隆《海澄县志》、光绪《漳州府志》均作"许正"，笔者将族谱中许贞的生平事迹与之相对照，确认其为同一人姓名的不同写法。

表 4-1 海澄港滨许氏家族主要武将概况

人物	生卒时间	历任官职或封赠	对家族的贡献	对地方社会的贡献	备注
许贞(许正、许汝缙公)	生明崇祯甲戌(七年,1634年)四月六日,卒清康熙乙亥(三十四年,1695年)三月廿三日,享年六十二	左都督、追赠太子少傅	兴祖祠、置祀田、立族长、设家规;康熙二十三年宫保提督出银一百五十两兴建美江大宗;辛酉,贞捐俸四百两重修港边祖庙	修新溪陂、筑中港、建明伦堂、通广米以济漳饥	明季海上寇兴,同诸兄弟募兵观变。康熙三年以郑氏将归清朝,授左都督,驻九江,移屯赣县,进而因功提督江西,后移镇广东。
许颖(汝绪公)	明崇祯癸酉(六年,1633年)至清康熙癸未(四十二年,1703年),享年七十一	广东雷州副将、以左都督管广东达濠营参将事	修祖庙:康熙二十三年左都督署雷州协镇出银十两并成前座(美江大宗);五十二年左都督管广东达濠营参将捐俸一百两兴修港边祖庙	建东岳,疏水利	康熙三年,海氛煽乱,以参将职等少傅公倡义归诚,累功加至左都督;二十三年,奉旨管广东达濠营参将事;曾以官兵伏渔船中,沿海巡缉。
许汝杰	明崇祯戊寅(十一年,1638年)至清康熙乙亥(三十四年,1695年),享年五十八				许颖之弟。少知书,明大义,后以金戈震动而业不终,迨海上寇兴,公遂从兄莳臣公、锐庵公募兵倡义归朝,诏移屯江右。及敬衷公卒,遂扶樏携家航海旋澄,卜筑月港之湄,其居乡也,称物平施,虽童稚亦以诚谕。

续表

人物	生卒时间	历任官职或封赠	对家族的贡献	对地方社会的贡献	备注
许赏		江西抚建广中营千总	康熙五十二年任江西抚建广中营左部捐俸一十两兴修港边祖庙		从少傅公屯垦江右，后以随标功员任江西抚建广中营千总，卒于官。
许玉		左都督授江西抚建广中营守备	康熙五十二年左都督管江西抚建广守备事捐俸三十两兴修港边祖庙		从少傅公克复江右，以军功纪录累加至左都督授江西抚建广中营守备，卒于官。
许朝辅		左都督管云南腾越镇副将事，授光禄大夫	康熙五十二年左都督管云南腾越镇副将事捐俸一百两兴修港边祖庙		康熙三年从少傅公归朝。
许耀		左都督管直隶文安营参将事	康熙五十二年左都督管直隶文安营参将事捐俸三十两兴修港边祖庙		康熙三年从少傅公归朝。
许得功		浙江磐石参将	康熙二十三年左都督管盘石营参将出银六两（美江大宗）；五十二年左都督管浙江磐石营参将事捐俸三十两兴修港边祖庙		卒于官。

人物	生卒时间	历任官职或封赠	对家族的贡献	对地方社会的贡献	备　注
许　云	顺治戊戌年（十五年，1658年）至康熙辛丑年（六十年，1721年），享年六十四	台湾水师副将	康熙五十二年桐山协镇府出银十两重修港滨祖庙		康熙六十年，台湾朱一贵之变战死，雍正元年八月十八日《闽浙部院满题请旌奖》。
许　得		江南泸州府六安营都司	康熙五十二年任江南泸州府六安营都司捐俸一十两兴修港边祖庙		许颖次子。
许良彬	康熙庚戌年（九年，1671年）至雍正十一年（1733年），享年六十三	福建烽火门参将、金门总兵官、福建水师提督	康熙五十二年岁贡生出银二十四两重修港滨祖庙；族人有急必济，每遇岁歉，辄散粟普惠贫乏；捐金置田以供庙祀；出资刊修族谱；雍正七年恩封五代，七年荔月五日良彬续记《美江大宗重兴记》	既贵，不计较当年欺负其家族的邻右巨姓	即用知州，改授武秩。曾随族父许正于军中，受命前往外国，对海中情形了解甚深；后于粤东与南洋人贸易，讲求信用，洋人争先与之贸易，良彬遂雄于财；受姚堂、蓝廷珍赏识，入觐，以其熟悉海疆事务受用，后任福建水师提督。
许凤翔		赣镇千戎、浙江绍兴协左军守备			许贞六子，由将材随标效力任赣镇千戎，秩满引见；雍正六年补授浙江绍兴协左军守备。

续表

人物	生卒时间	历任官职或封赠	对家族的贡献	对地方社会的贡献	备　注
许方度		台湾镇标右营千总			许云次子，台湾之变，随师入台，以军功加衔都司金书补授漳浦营千总，旋调台湾镇标右营千总。乾隆六年，卒于官。
许　元		广东澄海樟林所千总、碣石镇左营守备			许云三子，谙熟戎务，以将材效力广省，制宪杨公甚器重之。台湾之变，父亡，押运广米军前接应，随师前往台湾，以功升广东澄海樟林所千总，制府孔公嘉其能，题补为碣石镇左营守备。

资料来源：《高阳圭海许氏世谱》、乾隆《海澄县志》、光绪《漳州府志》等。

从上面表格的内容，我们可以知道，许贞（正）是明清之际港滨许氏家族走出来的关键人物。在明末海洋环境混乱之际，许贞及其兄弟数人投靠郑成功海上政权，康熙三年（1664年）又率所部归顺清朝政府，当时与之共同行动的许氏族人包括了许颖、许汝杰、许朝辅、许耀等人；另外，族谱中许赏和许玉的相关记载也显示了他们的行为与许贞之间存在着密切关系。这些许氏族人后来都成为了镇守一方的武职将领，或驻扎内地，稳定清朝初年的社会秩序；或守土一方，稳固清朝政府的东南海疆。在内地，他们主要分布在江西、云南、直隶等地方；在沿海，他们则主要分布在福建、广东、江南、浙江、台湾等地方。明清之际，海澄港滨许氏家族一下子出现这么多的族人集体从戎，其中亦不乏之后成为封疆大吏的族人，这一现象无疑是引人注目的。除此之外，还有一些族人虽非武人，却也效力军营帮忙参赞军务，如前文中提到的许良彬之父许英生。另外，还有美江、文山支派的许氏族人也投身行伍，较有作为的如康熙年间任福建水师提标左营中军守备，驻防石码，出自美江的许鹏等人。① 这边，我们要特别指出的是，港滨许氏武将对清朝初期东南海防的贡献，他们从小生长于海滨社会，对于海上形势十分了解，熟悉海疆事务，如许颖在担任广东达濠营参将期间，曾经让官兵伏渔船中，沿海巡缉，取得了良好的效果。

前文已有谈到，自明朝天启崇祯年间以后，明朝政府对海洋逐渐失控，一时之间，海寇商人各凭实力纵横海上，肆虐福建沿海地区，而身处海洋社会的老百姓们在夹缝中艰难地寻求着生存和发展的机会。是故，海澄港滨许氏族人在明末清初海氛动荡的历史背景下，不管是原先业儒，还是少时孔武有力，他们中的一些人走上了从戎的道路。这一选择，既是当时闽南海洋环境混乱的写照，同时也使许氏族人在明清鼎革的历史变迁中抢得了先机，特别是康熙三年郑氏将许贞（正）率其部投靠清朝政府的行为，更为他们日后的发展占据了有利的社会资源。其后，港滨支派为代表的圭海许氏家族迅速成长为影响地方海洋社会的重要力量。因此，可以说，港滨派大量族人的从戎行为成为了许氏家族社会地位大幅度提升的重要途径。

(二)霞寮陈氏家族

霞寮陈氏家族，世居九龙江南溪边上，明中叶之后，隶属于漳州府海澄县五都地(今龙海市浮宫镇霞郭村霞寮社)。明末清初，霞寮地方社会陷入了混乱之中，后来陈秀之子在族谱的《家乘书后》中谈到：

> 时滨海播乱，兵焚转徙，流离失学，从而学剑取功名于百战之下，继以世职，家居京师。……序中所著五都之禾平，壬辰、甲午之乱，霞寮故居沦为寇据，四十年间，海岸崩颓，遂成巨浸，兹海氛既平，族姓消聚仍归澄邑，东坊合户，散处庵兜、尤墩旧里。②

在这样的社会背景下，陈氏家族出现了陈秀、陈雄兄弟等武职将领，他们先为明将，镇守一方；后来，清军南下，形势发生逆转，陈秀释兵归清：

> 陈公讳秀，字文昆，少勇敢，有大志，每抚剑慨然曰：不能立功万里，虚生天地之间耳。值明末军兴，从徒步起家，积勋伐累，官左都督，封武

---

① 《军功列宦行实·鹏公》，《高阳圭海许氏世谱》卷二，清雍正七年(1729年)编修。

② 《家乘书后》，《陈氏霞寮世系渊源》，清康熙三十三年(1694年)编修。

刚伯。为人质直而恭谨，礼贤下士，善大书。其镇汀州也，屡退粤寇，辑兵不扰，上杭人立祠之。天兵南下，所向皆靡，秀独屡角于光泽建昌间，有所杀获。世祖皇帝闻其材勇，必欲得之。怠南方悉入版图，乃释兵入见，时滇黔拥旧号，屡因宴见，欲授以兵柄，顿首固辞，曰：辞得是天命有属，臣犬马余年，冀观太平之化耳。方今俊又如林西南之事，非亡国之俘所敢任也。陛下诚爱臣，乞置辇下，勿复弃诸行间。上知其意坚，弥重之不复强也，授正黄旗世袭哈达哈哈番，居京师。数年卒，子五，二为章京，三为邑令，皆以文武用于世云。——乡绅李基益撰①

从上面陈秀的传记内容来看，我们可以知道，陈秀在明朝末年以行伍起家，担任烽火寨守备，之后也曾经参与明朝军队与荷兰人、刘香等海上势力的战争，官至左都督，封为武刚伯。明末，陈秀奉命镇守汀州，几次击退粤寇，上杭百姓为之立生祠，并作《陈将军平山寇歌》以颂之。后来，清军南下福建，陈秀选择投靠清朝政府，就此离开福建，前往京师任职和生活。

陈秀还有一长兄名陈雄，明丙戌武进士（南明隆武二年，1646 年），曾任南澳守备：

陈雄，字荣昆，粹赋公长子，明丙戌武进士，授南澳守备。生于万历壬寅年二月二十一日，卒于顺治壬辰年三月十六日，配黄氏，无嗣。②

由于陈雄、陈秀兄弟在明清鼎革之际军事方面的突出作为，明清两朝政府对其父祖辈都进行过一系列的册封，族谱中详细记载了这方面的内容。

霞寮陈氏家族除了陈雄、陈秀兄弟之外，还有陈泽、陈丑、陈亥、陈拱等人也曾经从戎投身行伍。台湾方面编修的陈氏族谱中《霞寮社陈泽的一生》为我们今天了解陈泽生平提供了一个重要的参考文本：

陈泽：霞寮社开基祖屠龙公第七世孙，明万历四十六年二月十一日辰时生，有兄弟：陈丑、陈亥、陈拱（以上迁台）；陈雄、陈秀在家乡。③ 陈泽在霞寮社生活有 33 年光阴。

34 岁：六月，任信武营五营大将，正当勇武壮年时代，随后任守海

---

① 《陈氏霞寮世系渊源》，清康熙三十三年（1694 年）编修。乾隆《海澄县志》卷十三，《人物志》。

② 《陈氏霞寮世系渊源》，清康熙三十三年（1694 年）编修。

③ 按：我们在《陈氏霞寮世系渊源》中看到，尽管陈泽和陈秀同为霞寮陈氏七世孙，但并非亲兄弟。

130

澄一带将领。

35岁：攻漳州、诏安、漳浦、平和、遗北镇,当应援官将。

37岁：十月十九,同郑军会师南征,为将进入广东。

38岁：五月,在广海援助忠,升官一级,赏银百两。

39岁：四月,在浙江围头残敌有功,十月升□卫中镇。

40岁：七月,攻兴化、莆田一带,升官宣毅中镇。

42岁：二七月,北伐,与陈辉、陈中靖保护眷船。

43岁：三月,在厦门窟沃、泉港、崇武堵敌;十一月,南下往广东取粮后,负任福建沿海一带海防,受封大将军。

44岁：二月,随郑成功攻台湾;四月在鹿耳门、北线残敌;八月出征大海败敌,敌人收退。胜利平静进入台湾,一二年期间建府,这是公元1661—1662年驻守台湾。

57岁：永历二八年甲寅年(康熙十三年,1674),郑经率军与耿精忠会师西征,陈泽以57高龄随军而行,不幸在十二月染病,逝世于厦门西征途中,死后授封统领、光禄大夫,兼管□营左右先锋,挂都督大将军印。[①]

尽管,我们在《陈氏霞寮世系渊源》中没有看到有关陈泽生平简历的详细记载,但是,这或许是因为陈泽没有像陈秀先为明将、后归清朝。后来,陈泽三弟陈亥的三子陈彬过继给陈泽,改名陈安。康熙年间,陈安带领一些族人离开霞寮社祖基地到台湾落地生根,今在台南市中区温陵里永福路二段152巷20号有陈氏家庙德聚堂,即是当时霞寮陈氏子孙入台后所建。目前,霞寮陈氏家族已与台南陈氏德聚堂实现族谱对接。

(三)其他家族的情况

除了圭海许氏家族和霞寮陈氏家族之外,其他一些族谱中还有些许有关当时沿海居民投身行伍的零星记载。例如龙溪马岐连氏有族人连烺"舍举子业从事戎行"之事,具体如下:

连烺:马崎人氏,清康熙年间参将,特授昭勇将军,福营随征参将,事迹载入史册。据连城珍重编的《石码镇志》记载:连烺,字云伯,生而

---

① 《霞寮社陈泽的一生》,台谱,2003年。

英敏慷慨，状貌奇伟。当鼎革间沿海震动，舍举子业从事戎行，时和硕康亲王统兵南下，见而奇之，拔置左右，授福营参将，随征调遣，进发务以不扰民间，勤据两载，丁外艰，恳请终制，其明年杨将军捷，奉命平闽，檄召之，力以父丧乞免，海上荡平，在事诸臣皆次第录用，公以宗社邱圩思安集之，无复仕志。倡建宗祠，邀师儒，立条约，俾族姓无过举，时溯柳江而上，悠然远寄，形诸吟咏，年逾耆期犹能作小楷，自编其集曰《鸿江漖草》，人望之者，不知其起家将才也。有司举赴乡饮，雍正初元，并受恩赐，寿九十七终。①

又有龙溪南园林氏族人投军唐王隆武政权：

> 顺治三年，叔君公房十一世祖（一说为雨仲公）因渔于海，被海盗掠去，投军福州唐王反清，受昭武帝封为护民侯。②

再有龙溪鄱山郑氏十四世郑吟：

> 十四世，林前社郑吟，清顺治九年加入郑成功军队，随郑军复台，定居台南，为藤尾公派。③

二、"指南所至"：明末清初闽南海洋人的"出洋"行为

近年来，冯立军专门撰文讨论了清朝初年迁海政策之下，郑氏集团势力控制之下的厦门海外贸易情况，尽管清朝政府为消灭郑氏势力，实行迁海政策，但令清政府始料未及的是，郑氏集团乘机垄断了对日本和东南亚的贸易。④ 当然，在当时清军与郑氏集团对峙的社会背景下，还是有一些厦门附近的老百姓私自运载货物至厦门海面与郑氏集团进行交易；与此同时，更有一些百姓离开家乡，出洋发展，当时漳州九龙江下游两岸地区的居民就是其中的重要人物。本时期，九龙江下游两岸区域老百姓们出洋的活动范围除了之前的东西二洋之外，还增加了台湾一地，与之前相比也出现了一些新

---

① 《石码镇志》之《人物第十一》，龙海县《石码镇志》编纂小组，1986 年，第 120～121 页。《马崎连氏族谱》，2006 年。

② 《南园林氏三修族谱》，2008 年。

③ 《荥阳郑氏漳州谱·鄱山郑氏人物录》，2004 年重编。

④ 冯立军：《清初迁海与郑氏势力控制下的厦门海外贸易》，《南洋问题研究》2000 年第 4 期。

情况。

（一）东山林氏家族

东山林氏，明清时期聚居于漳州府龙溪县二十九、三十都地（今漳州台商投资区东山村），自明朝末年到清朝前期，族谱上开始有林氏族人前往台湾发展的相关信息：

十六世松四房宥，伯敬长子，生崇祯己巳三月十四，终康熙庚戌，在东都。

十四世竹二房灿，博子，生天启甲子六月廿三寅，终康熙癸亥八月廿六巳，娶石美苏氏，生崇祯乙亥九月廿九申，公葬台湾新港西，子四：都、乾、坤、合。

十四世竹二房一桥，舜才长子，讳兴，生天启乙丑正月十五，终康熙丁巳六月申，葬台湾港岗，坐北，娶李氏，生天启丙寅十二月初四未，终康熙壬寅九月三十未，葬中港岗坐北，子四：志、福、禄、寿。

十四世梅四房赘，两子，号赘化，生崇祯己卯十月初五午，娶黄氏，生顺治戊戌十二月廿四酉，终康熙己未五月十八丑，葬台湾□□□，坐北，继郑氏，生顺治丁酉十月初□，子换（黄生）、斌（郑生），住台湾。[①]

不仅如此，与此同时，东山林氏族谱上也开始有族人前往海外各国发展的记载，具体内容如下：

十七世蕙二房诚，终咬留吧。

十五世竹二房婴娘，富长子，生崇祯壬午八月廿六未，终吕宋，娶山□洪氏，子和。

十五世梅四房捷，终吕宋。

十五世竹三房走，终柬埔寨。

十六世蕙二房长连，镫之子，生戊寅八月初八日丑，在柬埔寨没。

十七世蕙二房朝弯，而□长子，终咬留吧，无嗣。

十三世梅四房树高，君信次子，讳炜，生万历己酉正月十九寅，终在吕宋，娶□房蔡氏，无嗣。

十三世梅四房亲奇，志实子，生顺治丁亥五月初四丑，终在吕宋，康

---

① 《九牧二房东山林氏大宗谱龟山册系》，清康熙三十二年（1693 年）编修。

熙丁卯三月初七成娶四望山范氏,改节,子一鹤。

十三世梅四房林约,士圭四子,讳世治,生崇祯丁丑,终吕宋。林定,士圭五子,讳世静,生崇祯庚辰八月廿六卯,终吕宋,康熙乙丑四月初二未娶岭后郑氏,生崇祯壬午六月十二卯,终康熙己巳六月十六未,葬康坑继垄坐庚,子五:展、雄、猛、勇、壮。

十四世松四房其平,通济长子,生万历壬寅八月二十,往咬留吧,子诚。其顺,通济三子,生万历辛亥五月初四,往咬留吧,无嗣。

十七世松四房,长、次、丁彦兄弟俱迁咬留吧。

十四世梅四房震,树秀长子,生万历戊申二月初六丑,终吕宋,无嗣。两,树秀次子,生万历辛亥十二月廿三酉,终吕宋,娶石美黄氏,改节,子一随娘随母嫁往东都。①

从上面记载的内容可以看到,东山林氏族人在海外的足迹遍及咬留吧(今印尼雅加达)、吕宋、柬埔寨等国家和地区。

(二)白石丁氏家族

自唐宋以来,白石丁氏家族就已经在漳州九龙江北港边上聚居,过着与海为伴的生活。《白石丁氏古谱》中记载了明朝末年丁氏族人前往吕宋进行贸易活动的相关内容:

第二十三世捐资光裕,讳好,字景和。族孙春芳述其行纪曰:财者,轻物也,而之得其道则非轻物也,叔祖早丧其父,游于吕宋,积有厚资,然不幸无嗣,在他人处此身亡,而财与俱散矣。叔祖将遗下所积充入大宗,于是吾族之在吕宋者,将银买店,岁收其税,寄来祖宗费用,迄于今祠宇森然者谁之功,黍稷馨香者谁之力,族中不虞之费庆赏之贺者谁之赐,孰非叔祖留贻所致,使先人享其荐、后人食其德,于无穷也哉!夫富商大贾,财非不多也,业非不厚也,然身存犹蒙其利,没则杳无闻矣。若叔祖创业大宗,以大宗庙食百世,岂非以甚轻之物而用之得其道也哉。②

另外,我们在前文中曾经提到,丁世勋是清代初期白石丁氏家族的重要

---

① 《九牧二房东山林氏大宗谱龟山册系》,清康熙三十二年(1693 年)编修。
② 《白石丁氏古谱》,陈支平主编《闽台族谱汇刊》第 41 册,桂林:广西师范大学出版社,2009 年。

人物之一。关于丁世勋其人,我们除了知道他是白石丁氏二十四世祖和漳州府学生员之外,还可以从《白石丁氏古谱》中的多处记载,简单地勾勒出其生平简历,具体如下:

第二十四世郡庠生前储贤馆特简文贤东海先生,讳世勋,字古臣。族侄春芳为之传曰:时穷节乃见,世乱识忠臣。当播迁之日,室家不保,妻子不保,吾家内坏,为徐氏之爪牙者有矣。独叔台倡为义举,率族中之有劲概者与徐氏控,若二十三世之顺叔祖号挺从、二十四世之而钦叔、而森叔,二十五世之世振兄,皆被徐氏用银倾陷,受无数之极刑者也。夫徐氏当时大商,家资数十万,叔台岂不知,大厦之崩,非一木所能支,然与其坐视宗庙之倾,孰若智尽能索为祖宗泄一朝之愤,此□汲养于平日者深而浩然之气有不得而遏者矣。叔台素有文学,厥后郁不得志,往台湾竟殁其躯,二子亦无所传,惜哉![①]

又有:

二十三世节斋房景园,字阳卿,妻林氏大娘,号节勤,同安林其进公女也。十九岁归于景园府君,府君性淳宏,事亲至孝,以家世儒业,群弟读书无以为给,乃弃举子业,货于濂粤十数载,越海瑜州,不惮劳瘁,后以己酉之冬毙于东夷。节勤之归也,生女一男一而松,府君故,时仲男世勋犹处腹也,翁叔隐之不以实告,数年间且信且疑,寝梦言想犹异其归也。二男五岁俱就塾,夜课读书作粥以饲之,二鼓方许睡,孀居十载而卒,至垂卒时,呓语犹呼府君不置,名登县志。[②]

从上面这两则史料我们可以知道,丁世勋之父丁景园曾经外出从事商业贸易活动,往来于江西、广东、台湾等地长达十数载,最后己酉之冬(顺治二年,1645 年)在东夷去世,而世勋是景园的遗腹子。世勋自少业儒,素有文学,是漳州府学生员,曾经参与了丁氏家族与海商徐跃的诉讼之争。后来,世勋郁郁不得志,去了台湾,并在那里走完了人生的最后旅程。从这边的分析,我们可以领略到明末清初白石丁氏族人泛海出洋、往来于三山四水之间的风采。

---

① 《白石丁氏古谱》,陈支平主编《闽台族谱汇刊》第 41 册,桂林:广西师范大学出版社,2009 年,第 547 页。

② 《白石丁氏古谱》,陈支平主编《闽台族谱汇刊》第 41 册,桂林:广西师范大学出版社,2009 年,第 556 页。

另外,值得注意的是,白石丁氏族谱中为商人立传的相关内容。尽管,商人生平之所以进入族谱并形成传记,往往都是因为这些商人对家族的发展做出了一定的贡献,如前面提到的前往吕宋经商的丁氏族人丁好,但是,通过这一现象,我们也感受到了闽南海洋社会中浓厚的商业气息。

(三)莆山林氏家族

莆山林氏,明清时期聚居于漳州府龙溪县二十九都白石保莆山社(今漳州台商投资区埔美村埔山社)。大约编修于嘉庆年间的《莆山家谱迁台部分集录》,[①]记载了明末清初迁移台湾的莆山林氏后裔的生卒年月及葬地等情况,具体内容如下:

> 郁郁,育卿子,生万历二十七年己亥,卒康熙二十四年,娶鸿岱施氏,生万历廿七年,卒康熙四年;合葬台湾小香杨潭后山丁癸。

> 孟春,良卿子,讳善长,号谦四,生万历四十二年,卒康熙元年,娶锦宅黄氏,生万历四十六年,卒康熙元年;侧室陈氏,生天启七年,卒康熙四十八年;公葬台湾岭后,姚合侧室葬塞顶山。

> 良城,杰卿子,生崇祯十一年,卒、娶公在台湾不知详。

> 日炜,用甫长子,讳炜,号恒朴,生万历十九年,卒顺治十五年;娶潘氏润淑,生万历二十三年,卒万历乙卯年;又娶毛氏严淑,生万历二十三年,卒天启六年;又娶徐氏,生万历三十年,卒顺治十五年;公在南京未葬,葬蔡塘后坑寅申兼甲庚,徐葬台湾大目降坤艮,潘葬,三继娶黄氏侃慈生万历二十七年,卒崇祯六年。子周、子连、子郑。

> 日燡,用甫次子,讳燡,号恒正,生万历三十三年,卒康熙十八年;娶陈氏,生万历三十九年,卒顺治五年;公葬台湾乌鬼桥漏窟边丁癸兼午子,姚葬陈林头祖坟左边。子栋、子宽。

> 宗超,甫盛五子,号歎夫,生万历三十七年,公葬台湾。

> 濩子,郁郁长子,号笃培,生万历四十七年,卒康熙三十一年,娶洪岱施氏名姐娘生天启四年,卒康熙十九年;合葬台湾保大里山仔脚壬丙亥巳。子为潜。

> 子周,日炜长子,讳孔从,号良,生崇祯五年,卒康熙十五年,娶陈氏

---

① 我们在《莆山家谱迁台部分集录》上看到林氏族人的生卒年月时间最晚的为"嘉庆五年",据此判断本族谱的修订时间应该不早于嘉庆五年(1800年)。

名二娘生崇祯六年,侧室庄氏,公葬台湾乌鬼桥庚甲兼申寅,姚葬大目降桥西东。子为瓒、为璋、为瑞、为珎。

　　子连,日炜次子,讳奇馥,号敦朴,生崇祯十年,卒康熙三十七年,娶黄氏名良娘生顺治十三年,卒康熙四十年;公葬台湾大目降山乙辛兼卯酉,姚葬台湾新丰里打鹿洲溪坨甲庚兼寅申。子为英、为雄、为豪、为登。

　　子宽,日燇次子,生崇祯十二年,卒康熙二十九年,娶严氏生顺治十年,公葬台孔储里洋内埔东西。①

从上面的史料内容可以看到,明朝末年,莆山林氏家族开始有了向台湾发展的记录,值得注意的是,这一时期的过台之人,携家带口的现象日益普遍,因此,在他们去世之后,夫妻二人一般同葬于台湾。不仅如此,我们依据上面的记载,尝试勾画出与之相关的家族世系树状图(见图4-4)。

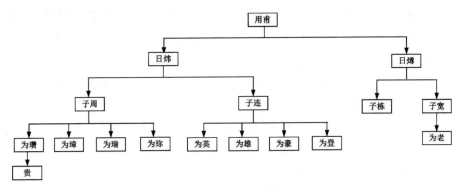

图4-4　家族世系树状图

　　他们的生计模式应该不同于往来东西洋的商业贸易形式,他们前往台湾更多的是为了寻找另外的发展机会。因此,我们才可以看到连续几代人在台湾生活的痕迹。当然,这样的情况为康熙二十三年(1684年)开海之后同乡人前往台湾发展提供了重要的关系网络,所以,我们在后面的族谱上看到更多的莆山林氏族人迁移台湾的记录。

————————————

①　《莆山家谱迁台部分集录》,清嘉庆编修。

（四）流传郭氏家族

流传，地处九龙江北港边上，郭氏家族明清时期聚居于此，属漳州府龙溪县二十八都地。明末清初，郭氏十一世祖郭彦璞携带家眷前往台湾，之后，彦璞夫妇二人在台湾去世，葬在台湾。郭彦璞生有四个儿子，长子汝懿、次子汝恺、三子汝益、少子天榜，具体情况如下：

> 十一世彦璞公，小名宁，号玉铉，成夔公长子也，配祀追远堂祖庙思敬堂小宗，万历三十二年至顺治十八年，寿五十八，公葬在台湾南路头土名濑口窟仔后仓。妣葬在台湾府大林边大仓嵌□。公男四，长汝懿、次汝恺、三汝益、少天榜。

> 十二世汝懿公，小名懿，彦璞公长子也，生于天启四年甲子，卒于康熙十五年丙辰，享寿五十三，葬在番邦万丹。妣勤慈王氏讳经王任环次女也，崇祯三年至康熙六年，享寿三十八，葬在台湾大林枋桥头路南。长子葬处失载，次子太学生葬在吧国，三子（二十九岁卒）、少子达瑞公（庠生）。

> 十二世汝恺公，小名恺，彦璞公次子也，天启七年至顺治十二年，寿二十九，葬在台湾狗咬溪，男一名壮。

> 十二世汝益公，小名益，彦璞公三子也，生卒主内失载。

> 十二世储赠儒林郎天榜公，小名郡，字钦录，号考□，又号德孚，彦璞公少子也，配祀追远堂祖庙思敬堂小宗，尝捐资于龙池岩，住持僧塑公像于后堂，至今崇祀勿替。公生于崇祯六年，至康熙四十六年，寿七十五。男二：长达璋（候选州司马）、少文律。[①]

通过对上面史料的分析可以发现，自明末清初郭彦璞携带家眷前往台湾发展之后，其子孙除了在台湾生活之外，还往来于东西洋之间，如万丹、吧国等地，甚至还有人回到流传故土，如郭天榜，捐资于龙池岩，当时的住持僧塑其像于后堂，此外郭天榜获得儒林郎之赠，之后还"配祀追远堂祖庙思敬堂小宗"，俨然成为影响其家族和地方社会的重要人物之一。

---

① 《流传郭氏族谱》（世系图、宗支总图），清嘉庆年间编修，本族谱为渡台郭龙六世孙郭邦光所录，其后裔郭石吉 1991 年回乡谒祖时带回。

（五）紫泥吴氏家族

紫泥吴氏，元代由南安霞梧迁来，聚居于九龙江河口沙洲之上，明清时期，本区域隶属于漳州府龙溪县二十八都之辖。编修于康熙十年（1671年）的《紫泥吴氏宗谱》记载了吴氏家族从第十世到十三世一些族人"贩番身故"的事迹，具体内容如下：

> 伯庸公派九世，必振，号起吾，贩番故。
>
> 三世伯贡公承科派五世，邦和，贩番不回。
>
> 伯庸公派十一世，而潮，字郡达，贩番身故。
>
> 伯庸公派十一世，敬，贩番身故。
>
> 伯庸公派十一世，而泙，贩番身故。
>
> 伯庸公派十一世，而准，贩番身故。
>
> 伯庸公派十一世，而源，贩番身故（以上三人为亲兄弟）。
>
> 伯庸公派十一世，而泮，贩番身故。
>
> 伯庸公派十世，先春，贩番身故。
>
> 伯由公派下竹溪十世，滇煟，贩番身故。
>
> 伯由公派下竹溪十世，滇炤，贩番身故。
>
> 伯由公派下竹溪十三世，温，往暹罗。
>
> 伯由公派十世，愍，贩番身故。
>
> 伯由公派九世，道备，贩下港身故。
>
> 伯由公派十三世，从，贩吕宋身故。
>
> 伯由公派十世，苍扶，贩下港身故。
>
> 伯由公派十世，苍炳，贩广南身故。
>
> 伯由公派十世，苍燧，贩占城身故。
>
> 伯由公派十二世，照，贩番。
>
> 伯由公派十三世，漳，字定邦，贩番身故。
>
> 伯由公派十三世，福，字定田，一字定国，贩番。[①]

上面族谱中的相关信息，清楚地记载了紫泥吴氏族人出洋从事贸易活动的一段历史往事。当然，紫泥吴氏族人出洋贸易的实际人数肯定要比族

---

① 《紫泥吴氏宗谱》，清康熙十年（1671年）编修、民国十一年（1922年）重抄。

谱中记载的多得多,因为这里面的记录并不包括贩番而回后在紫泥去世的一些族人。另外,除了上面涉及"贩番身故"的族人之外,还有一些吴氏族人离开紫泥,前往台湾谋求生存与发展的机会,如:

伯庸公派十二世,焰,住居台湾。

伯庸公派十一世,兆英,住台。

伯庸公派十一世,兆河,卒于台。

伯庸公派十二世,兆定,住台湾北门外安定里百二甲庄。

伯庸公派十三世,启玉,生子长瑛次雄,住台百二甲庄。

伯颜公派十三世,顶甲,字志□,生员,分居台湾。[①]

第四节 小 结

明末清初,由于荷兰人东来、海寇商人的频繁活动以及清郑对峙等诸多因素的共同作用,中国东南海洋沿岸的社会环境发生着巨大变迁,一时之间,海洋秩序陷入了混乱当中。为了生存与发展,身处地方海洋社会的普通百姓们艰难地行走着,"从戎"与"出洋"是老百姓应对当时形势发展的不同调适和选择,他们用不同的生计模式继续书写着海洋人的传奇,实践着对明清时期海上丝绸之路的拓展。

几年前,王日根曾经撰文,专门探讨了"外患纷起"与明清时期福建家族组织建设之间的关系,文章给了笔者很大的启发。[②] 在本章节中,笔者立足于明中叶至清前期闽南的海洋环境,主要考察在海氛动乱的情形下,老百姓以及他们的家族是如何应对的? 同时,分析海洋社会中老百姓的海洋活动,进而探讨海洋环境与家族发展之间的关系。我们在通过对圭海许氏、霞寮陈氏等家族的总体考察之后,可以看到,从明中叶至清前期,特别是明末清初以来,福建漳州九龙江下游两岸区域的老百姓们所处的海洋环境是比较

---

① 《紫泥吴氏宗谱》,清康熙十年(1671 年)编修、民国十一年(1922 年)重抄。

② 王日根:《"外患纷起"与明清福建家庭组织的建设》,《中国社会经济史研究》1999年第 2 期。

混乱的,海氛动乱对百姓的日常生活已经构成了极大的威胁。在这样的历史背景下,他们当中的一部分人做出了投身军队的行为,有的先是明朝将领,有的曾经依附于郑成功海上集团,后来他们当中的一部分人也转投清军阵营。此后,这些家族中的众多武将致力于清朝初期社会秩序的维护,同时,生长于东南海滨的经历使得他们在闽广地区的海防建设方面游刃有余。因此,从某种意义上讲,明末清初的历史变迁成为漳州九龙江下游两岸区域部分家族发展的契机。而在个人和家族获得发展之后,这些族人还积极投身于海澄地方上的公共事务建设,如圭海许氏族人参与修桥造路、兴修水利、通广米以济漳饥等活动,共同推动了海洋社会的发展。

与此同时,对于大多数的普通族人而言,达官仕宦或许离他们太过遥远,他们关心的是日常的生计和生活。这一时期族谱中记录的出洋人数远远超过以前,应该这样说,明代隆庆开海之后,普通老百姓的出洋贸易活动合法化,"澄民习夷,什家而七"可以说当时漳州九龙江下游两岸区域社会经济发展情况的真实写照。然而,隆万年间,普通商民贩海经商,尽管这当中也曾经出现过因商机不便而产生"压冬"的现象,也曾经有因"马尼拉大屠杀"而发生华人命丧海外的悲剧;但是,总的来说,隆万年间,普通商民们基本上是负载而出,事成而归,往来海洋。而到了天启崇祯年间,甚至是顺治、康熙初年,由于故乡的社会秩序一直处于相对混乱的境况当中,贩海经商的百姓们的回乡之路远远不如之前顺畅。在这样的情况下,出洋谋生的商民们对于回乡的选择也就要谨慎得多,而他们在海外滞留的时间也要超过之前的商民,其后,他们当中的有些人甚至在海外度过了人生的最后时光。因此,我们才会在族谱中看到,明末清初的这段时间内,出洋之人留下了远比之前要多得多的痕迹。这一现象是明末清初闽南海洋社会老百姓生计模式的新转向,体现出了鲜明的时代特征。

需要特别指出的是,尽管我们根据普通百姓生计模式的不同应对之策而将其区分为"从戎"和"出洋"两种形式,但是,我们也应该看到,这两种形式有时候也相互交错,例如圭海许氏族谱中关于普通族人迁移台湾和海外相关记载的信息,也向我们表明了:生活于圭海之滨的许氏族人,他们除了陆上耕种从事农业生产之外,海洋也是其生存和发展的重要空间,通过海洋这一流动空间,他们不仅从事与帆船相关的职业,如修造船只等,同时也会乘风破浪,到达异域,展开新的人生征程。这些经济行为都是地方海洋社会中老百姓们日常生计的一种常态。

第五章

重整旗鼓：清代前期海洋政策的因势而变与海洋人的因应之道

第一节　康乾时期海洋政策一波三折

一、从禁海到开海

明清鼎革，清军与郑氏海上政权在东南沿海地区展开了激烈的拉锯战。自顺治年间起，清朝政府便在沿海地区实施了迁界令和禁海令，以图对郑氏集团进行海上封锁。从康熙皇帝即位后，对福建、浙江地方官员所下的谕旨中，我们可以看出康熙皇帝对于东南海疆的重视。他认为福建、浙江是"滨海重地"、"边疆重地"、"关系紧要"，①因此要派遣有才能的官员进行治理。然而，康熙皇帝作为一国之君高居庙堂之上，始终未能亲历东南海疆现场，他对自己不熟悉海洋的情形有着深切的体认，他说：

> 自用兵以来，凡陆地关山阻隘，相度形势以为进止，朕往往能悬揣而决。海上风涛不测，涉险可虞，是以朕不强之使进，数降明旨，言其难克。②

由此我们可以知道，康熙皇帝对东南沿海地区的认识首先是基于海防上的，认为福建、浙江沿海即是清朝政府的边疆重地，关系紧要；而他自己对

---

① 《康熙起居注》第一册，北京：中华书局，1984 年，第 112 页。
② 《康熙起居注》第二册，北京：中华书局，1984 年，第 1027～1028 页。

"风涛不测,涉险可虞"的海上情形并不熟悉,同时认为海洋作战的实际情况远比陆地上作战更难以控制。这样,我们也就不难理解为什么后来康熙皇帝会同意授予施琅专征台湾之权了。

上一章节的内容有提到,尽管顺治年间,清朝政府就实行迁界政策,但效果并不理想。至康熙元年(1662年)再度加严,"令滨海民悉徙内地五十里,以绝接济台湾之患。于是麾兵折界,期三日,尽夷其地,空其人民",康熙二年(1663年),"再迁其民"。[1] 三年,续迁番禺、顺德、新会、东莞、香山五县沿海之民。山东总督祖泽溥在康熙二年五月给清廷的报告中也要求,"宁海州之黄岛等二十岛及蓬莱县之海丰岛,皆远居海中,游氛未靖,奸宄可虞,请暂移其民于内地",[2]获得批准。康熙十一年(1672年),清朝政府又规定:

> 凡官员兵民私自出海贸易及迁移海岛、盖房居住、耕种田地者,皆拿问治罪。该管州县知情同谋故纵者,革职治罪;如不知情,革职永不叙用。该管道府各降三级调用;总督统辖文武,降二级留任;巡抚不管兵马,降一级留任。文武官员,有能拿获本汛出界奸民者,免罪。拿获别汛出界奸民十名以上者,记录一次;百名以上者,加一级。督抚统辖全省,道府管辖数州县,该管地方文武官员拿获,或被兵民拿获者,督抚道府皆免议。至道府所属之人出界,如被上司拿获,或非本汛系别处拿获者,仍照定例处分,督抚亦照此例。如将违禁出海贸易之人,不行举首,反以外海作为内地,或为隐匿,或擅给印票,往来侦探,通商漂海,皆革职提问。其转详并未经查出之道府,各降三级调用,总督降二级留任。其出界晒盐者,亦照出界例处分。[3]

尽管迁界舍弃了大片的良田和美地,导致了对外贸易的停顿,清朝政府的税收因此严重锐减,然而迁界是一种政治任务,在所不惜。

康熙十八年(1679年),康熙皇帝认为郑氏海寇之所以盘踞厦门诸处、勾连山贼、煽惑地方,威胁东南海疆,是因为闽地濒海居民接济的缘故。所以在郑氏占据厦门之时,便下令按顺治十八年立界之例,将界外百姓,迁移内地,仍申严海禁,绝其交通。[4] 同时,他还认为,由于内地利少,出海利多,

---

① (清)屈大均:《广东新语》卷二,第57页。
② 《清圣祖实录》卷九。
③ 《大清会典事例》卷一二〇,《吏部》。
④ 《清圣祖实录》卷七二。

故有奸恶兵民冒死越界，从事走私贸易。所以"欲灭海寇，必断内地私贩"，"务期不时防缉，杜绝往来贸易，……海氛可扑灭矣。"①当然，康熙帝这样的认识，与福建当地士绅的上奏不无关系，如康熙十八年四月初四日，原福建安溪县武学生员李日成就曾经上了《密陈平海机宜》一折，其中谈到"严海禁"是灭贼的一个重要措施。②总之，在郑氏海上集团驰骋东南海疆的历史背景下，康熙帝延续了顺治年间的做法，在东南沿海地区继续实行迁界和海禁政策。

由此可知，海氛不靖是康熙皇帝下令迁界、申严海禁的直接原因。但与此同时，清朝政府内部关于是否开放海禁的讨论也一直存在着。早在康熙十九年（1680年）八月初四日，奉差前往福建的兵部侍郎温代等人在巡视完界外之后，具疏上奏康熙帝，其中谈到开海禁之事。③当时，康熙帝就这一事件咨询曾经到过福建前线的大学士明珠（1635—1708），明珠回答："臣昔年差往福建，颇知彼中情形，若金门、厦门不设重兵，海禁未可骤开。"这样，关于海禁不可骤开的说法对康熙帝产生了影响，使其在是否开海禁的问题上较为谨慎。如康熙十九年（1680年）十二月十四日己亥，明珠、李光地（1642—1718）等人提出在收复厦门、金门之后，五千水师驻防金厦，应准该督、抚请开海禁，康熙帝还是坚持"海禁未便遽开"。④康熙二十年（1681年）正月三十日，兵部覆福建巡抚吴兴祚（1632—1697）题请，应令西洋、东洋、日本等国出洋贸易，以便收税，部议不允行事。康熙帝询问大臣意见，明珠说："臣等亦曾商酌，学士李光地云商舡不宜轻入大海。"上曰："此言甚是。海寇未靖，舡只不宜出洋。此皆汛地武弁及地方官图利之意耳。着不准行。"⑤康熙二十年（1681年）二月十四日，荷兰国请于福建地方不时互市，礼部议不允。皇帝问大学士意见，明珠等人说："从来外国入贡，各有年限，若令不时互市，恐有妄行，亦未可定。"康熙帝也说："外国人不可深信。在外官员奏

---

① 《康熙起居注》第一册，北京：中华书局，1984年，第418页。

② 详见（清）杨捷：《密陈平海启》，《平闽纪》，《台湾历史文献丛刊》（明郑史料类），南投：台湾省文献委员会，，1995年，第100～105页。

③ 《康熙起居注》第一册，北京：中华书局，1984年，第581页。（清）姚启圣：《为谨陈平海善后十策永奠海疆事》，《明清台湾档案汇编》第八册，台北：远流出版事业股份有限公司，2004年，第283页。

④ 《康熙起居注》第一册，北京：中华书局，1984年，第642～643页。

⑤ 《康熙起居注》第一册，北京：中华书局，1984年，第657页。

请互市,各图自利耳。"康熙帝又问李光地,李光地回答说:"海寇未经剿除,荷兰国不时互市,实有未便。"于是依礼部议。① 从上面的记载可以知道,李光地主张开放海禁,称开海一事对于百姓而言有利,开海贸易是百姓生计之所依。然而,由于当时清军与郑军在沿海地方的对峙,开海贸易还仅仅停留在讨论阶段。同时,透过他们的讨论,我们还了解到以下信息:包括荷兰、日本等国已经进入到清朝政府的视野之内,清朝政府开始考虑与其贸易往来的可行性。

可见,在收复金厦、统一台湾之前,尽管有明珠、李光地等熟悉福建沿海事务的大臣主张开放海禁,然而康熙皇帝的态度还是比较谨慎的,金门和厦门固然收复,而退居台湾的郑氏集团仍不可忽视。刚开始时,康熙帝的海疆观念仅至东南沿海地区,未包括海外的台湾。直到后来统一台湾之后,康熙帝对台湾的认识也还停留于"海外地方,无甚关系"、"台湾仅弹丸之地,得之无所加,不得无所损"的层面。② 当然,后来施琅(1621—1696)所上的《恭陈台湾弃留疏》对康熙帝产生了很大的影响,使其逐渐认识到台湾一岛乃关江、浙、闽、粤四省之要害。③

虽然清朝中央政府自康熙十九年就开始了是否开放海禁的探讨,但是将开放海禁最终落实到实践层面仍然经历了一个过程。应该说,废除迁界令、实行展界措施是开海禁的前提条件。早在康熙五年(1666 年),福建总督李率泰(1608—1666)就曾经遗疏请求展界。康熙十三年(1674 年),总督范承谟(1624—1676)上《条陈闽省利害疏》,其中谈到迁界所带来的兵穷民困等一系列问题,他提出允许渔户沿海采捕的建议。④ 康熙十九年(1680年),福建地区的金门、厦门、铜山(今东山)、海坛四个海岛率先展界。⑤ 此后,以姚启圣(1624—1683)、杨捷为代表的福建地方官员先后上书请求开海

---

① 《康熙起居注》第一册,北京:中华书局,1984 年,第 666 页。

② 《康熙起居注》第二册,北京:中华书局,1984 年,第 1076~1077、1078 页。

③ (清)施琅:《恭陈台湾弃留疏》,《靖海纪事》,福州:福建人民出版社,1983 年,第 120~124 页。

④ (清)范承谟:《条陈闽省利害疏》,《清奏疏汇编》,《台湾历史文献丛刊》(清代史料类第 2 辑),南投:台湾省文献委员会,1997 年,第 32~33 页。

⑤ (清)姚启圣:《为谨陈平海善后十策永奠海疆事》,《明清台湾档案汇编》第八册,台北:远流出版事业股份有限公司,2004 年,第 283 页。

边界，以"上裕国课，下济生民"。① 可见，东南沿海地区的复界不是一蹴而就的，而是经历了逐步推进的过程。在沿海地区逐渐复界的同时，原先的海禁政策也开始发生松动。

康熙二十二年（1683年），获台湾专征大权的施琅率兵统一台湾，结束了东南沿海地区的战争局面。施琅平台总算彻底地解决了台湾分裂的问题，使"界外荒区"废为"绿畦黄茂，圯墙池垣复为华堂雕桷。"② "今濒海数千里，桑麻被野，烟火相接，公之力也。"③ 连横在《台湾通史》卷二二，《商务志》中说到，平台后，福建得到台湾米粮的接济，"漳、泉二郡向不产米，全仰台湾，从前商贩流通，食货俱足。"面对"近年洋匪不靖"，"商船畏惧，无不裹足"，"漳泉米贵"的形势，清政府"乃定兵船护送之法。"恢复贸易成为清王朝维持政治统治的基本手段。

就这样，是否开放海禁的问题再一次提上了议事日程。早在康熙十九年，康熙帝就认为，开放海禁，船只出海，是关乎国计民生的大事，然而，如果规定必须是大船才能入海的话，恐怕穷苦的老百姓将不能负担，故出海船只的式样不必定限，应各听其便。④ 在关于闽粤开海贸易的具体问题上，康熙帝提出：

> 向令开海贸易，谓于闽粤边海民生有益，若此二省民用充阜，财货流通，各省俱有裨益。且出海贸易，非贫民所能。富商大贾，懋迁有无，薄征其税，不致累民，可充闽粤兵饷，以免腹里省分转输协济之劳。腹里省分钱粮有余，小民又获安养，故令开海贸易。⑤

由此可见，康熙帝应是赞同开海贸易的，谓其有益于闽粤沿海民生。闽粤两省民用充阜、财货流通，对其他各省也是有好处的。另外，对出海贸易的商民征得的税款，也可以充当闽粤两省兵饷之用，以免除腹里省份转输协

---

① （清）杨捷：《谨陈平海咨两院》，《平闽纪》，《台湾历史文献丛刊》（明郑史料类），南投：台湾省文献委员会，1995年，第239～243页。（清）姚启圣《为请复五省迁界以利民生事》，《明清台湾档案汇编》第八册，台北：远流出版事业股份有限公司，2004年，第413～414页。

② 《靖海纪事》，陈迁鹤《叙》，福州：福建人民出版社，1983年。

③ 《襄壮施公暨配累封一品夫人王氏诰封太恭人黄氏合葬墓志铭》，康熙五十四年（1715年）《浔海施氏族谱》（原本）。

④ 《康熙起居注》第一册，北京：中华书局，1984年，第592页。

⑤ 《清圣祖实录》卷一一六。

济之劳,从而达到征税和安养小民的双重作用。我们知道,明朝中后期隆庆开海,有限制地开放海禁,漳泉二府的商民便可获准兴贩东、西二洋。然而,直到隆庆六年(1572年),明朝政府才开始对出海商民征收商税。万历初年,经福建巡抚刘尧诲的奏请,将督饷馆所征收岁额六千的舶税用于福建地方的兵饷。崇祯十二年(1639年),给事中傅元初所上的《请开洋禁疏》更是清楚地传达了这一信息:"万历年间,开洋市于漳州府海澄县之月港,一年得税二万有余两,以充闽中兵饷"。[1] 可以说,康熙帝主张开放海禁,对出海商民征税的看法与明朝中后期隆庆开海后的实践是前因后果的关系。

紧接着,康熙二十二年(1683年)十月,康熙帝命吏部侍郎杜臻(1633—1703)等往福建、广东、江苏、浙江四省勘查沿海边界,招垦荒地,让老百姓们回到原来的土地上从事耕作。临行前,康熙帝还特别交待:

> ……故事:福建漳州府通市舶,行贾外洋,以禁海暂阻,应酌其可行与否……[2]

这一则史料,可以说是对康熙帝主张开放海禁的印证,明朝福建漳州月港开禁通洋的故事在其脑海中印象深刻,康熙帝差不多是延续了明朝中后期以来开海通洋征税的相关思想。

明朝隆庆开海之后,福建各级地方官员表现出能动地执行中央政策,从而推动海澄舶税征收一步步地走向制度化。康熙皇帝了解明朝中后期以来部分开放海禁的这段历史。开放海禁之前,他几次关于"在外官员图利"的说法可以看作是对地方官员利用海洋贸易谋利的警惕。例如康熙二十年(1681年)正月三十日甲申,他认为,海贼未靖,船只不宜出洋,而地方文武官员奏请令西洋、东洋、日本等国出洋贸易,以便收税,是在外地方官员自己想要从中图利而已。[3] 同样的说法,在稍后荷兰国请于福建地方不时互市的事件中亦有体现。[4] 此外,在福建台湾总兵官杨文魁赴任之际,康熙帝发出谕旨,说:

---

① (明)傅元初:《崇祯十二年三月给事中傅元初请开洋禁疏》,《天下郡国利病书·福建篇》,《四部丛刊三编》25史部,上海:上海书店,1985年,第33页。

② (清)陈衍:《台湾通纪》,《台湾文献史料丛刊》第一辑第一二〇种,台北:台湾大通书局,1984年,第106页。

③ 《康熙起居注》第一册,北京:中华书局,1984年,第657页。

④ 《康熙起居注》第一册,北京:中华书局,1984年,第666页。

尔到任务期抚辑有方,宜用威者慑之以威,宜用恩者怀之以恩,总在兵民两便,海外晏安,以称朕意。至于海洋为丛利之薮,海舶商贩必多,尔须严缉,不得因以为利,致生事端,有负委托。①

后来,福建巡抚金鋐奏请台湾所产白糖、鹿皮,仍令照常贩卖,民间贸易应行禁止之事,康熙帝仍坚持:"海上贸易惟在总督、巡抚、提督、总兵官无有私意,不起争端,相与协力和衷,于商民始有利益。倘因私争竞,反于商民不相便矣。"②"督、抚若不图利己,则百姓何至受害?"③

康熙皇帝对地方官员利用职权假借海洋贸易谋利有着较为清醒的认识。这为开海之后港口的运作提供了制度上的保障。正因为这样,康熙帝在一开始的时候就说明:"令海洋贸易,实有益于生民,但创收税课,若不定例,恐为商贾累。当照关差例,差部院贤能司官前往酌定则例。此事著写与大学士等商酌。"④与明朝中后期海澄舶税征收的情况不同,康熙时期开放海禁,从一开始便继承明朝中后期隆庆开海的经验,制定了相关定例,对出海商民进行征税。

平定台湾后,恢复海上贸易的呼声日益高涨。"今海外平定,台湾、澎湖设立官兵驻扎,直隶、山东、江南、浙江、福建、广东各省,先定海禁处分之例,应尽行停止。"⑤康熙帝也说:"开海贸易,谓于闽、粤边海民生有益,若此二省民用充阜,财货流通,各省俱有裨益。且出海贸易,非贫民所能,富商大贾,懋迁有无,薄征其税,不致累民,可充闽粤兵饷,以免腹里省分转输协济之劳。腹里省分钱粮有余,小民又获安养,故令开海贸易。"康熙帝下令只要船民"取具保结",制造不满五百石船只,可以下海捕鱼贸易。

《清圣祖实录》卷一一六说:"百姓乐于沿海居住,原因海上可以贸易捕鱼。""先因海寇,故海禁不开为是,今海氛廓清,更何所待?"紧接着,康熙帝感慨说:"边疆大臣,当以国计民生为念,向虽严海禁,其私自贸易者,何尝断绝? 凡议海上贸易不行者,皆总督巡抚,自图射利故也。"康熙帝把禁海产生的负面效果归结到下属臣僚显然有失偏颇。比较可信的解释应该是沿海各

---

① 《康熙起居注》第二册,北京:中华书局,1984 年,第 1185～1186 页。
② 《康熙起居注》第二册,北京:中华书局,1984 年,第 1454 页。
③ 《康熙起居注》第二册,北京:中华书局,1984 年,第 1455 页。
④ 《康熙起居注》第二册,北京:中华书局,1984 年,第 1188 页。
⑤ 《清文献通考》卷三三,《市籴》。

级官吏为了保住官位,一味地因循上面的政策,有的甚至走极端,把海禁政策推行至严酷的程度。显然,说东南沿海总督巡抚不存在腐败也是不客观的。有时是官吏们容忍奸民私自出海,有时是官吏们自己出海贸易。禁海往往能给他们带来更高的利润,所以他们往往更希望清政府维持禁海政策。

不过康熙时期,禁海与开海的呼声总是不绝于耳。在台湾被平定之后,有部分官员从东南地区小民的利益出发,提出开放海禁的政策建议,慕天颜(1624—1696)就是其中杰出的代表之一。开海可以收税和解决军饷问题,这是比较能够打动统治者的理由。开海可以解决民生问题也是康熙皇帝比较能够接受的。于是,慕天颜说:"顺治六七年间,彼时禁令未设,见市井贸易咸有外国货物,民间行使多以外国银钱,因而各省流行,所在皆有。自一禁海之后,而此等银钱绝迹不见一文,即此而言,是塞财源之明验也。可知未禁之日,岁进若干之银,既禁之后,岁减若干之利。"[1]不仅财政亏缺,而且战事不断,负担更加沉重。慕天颜认为发展海外贸易能够缓解政府的财政危机。

与复界一样,康熙年间东南沿海地区的开放海禁也经历了逐步推进的过程。先是,康熙十九年(1680年),开放山东海禁,命该抚查报船户,以防匿税。[2] 二十三年(1684年)四月十六日,康熙帝批准工部侍郎金世鉴的上奏,浙江沿海地方,照山东等处现行之例,准许老百姓以装载五百石以下船只往海上贸易、捕鱼。[3] 紧接着,七月十一日,奉差前往福建广东展界的内阁学士席柱回京复命,其中康熙帝就海上贸易的问题向他询问,席柱建议:海上贸易应等一两年之后再准开放。同年九月初一日康熙帝的上谕,则立即宣告了闽粤两省开海贸易的最终实现。[4]

康熙二十三年(1684年),闽海关设立,厦门港称为正口。刚开始的时候,文汛口归汀漳道管理,直到雍正六年(1728年),同知张嗣昌提出建议,出海商船的查验工作才归厦防厅管辖:

> 厦门未设口之先,各船驶进大担口,直抵海澄石码,行保在焉。进口由海澄查验。自伪郑荡平后,始设厦门正口。其文汛口,归汀漳道管

① (清)慕天颜:《请开海禁疏》,《清经世文编》卷二六,《户政·理财上》。
② 《清会典事例》卷二三七。
③ 《清圣祖实录》卷一一五。
④ 《清圣祖实录》卷一一六。

理。雍正六年，同知张嗣昌禀归厦防厅查验(档案)。①

康熙二十四年(1685年)三月十三日，靖海侯施琅给康熙皇帝上了《海疆底定疏》一折，其中奏疏中肯定了展界开海、听商民贸捕政策"恤民裕课"的一面，紧接着，施琅从维护东南海防的角度出发，提出开海贸易应审弊立规，以垂永久：

> ……我皇上深念海宇既靖，生灵涂炭多年，故大开四省海禁，特设官差定税，听商民贸捕。

> ……臣以为展禁开海，固以恤民裕课，尤需审弊立规，以垂永久。

> 以臣愚见，此飘洋贸易一项，当行之督、抚、提，各将通省之内，凡可兴贩外国各港门，议定上大洋船只数，听官民之有根脚身家、不至生奸者，或一人自造一船，或数人合造一船，听四方客商货物附搭。庶人数少而赀本多，饷税有征，稽查尤易。至于外国见我制度有方，行法慎密，自生畏服而遏机端。其欲赴南北各省贸易并采捕渔船，亦行督、抚、提，作何设法，画定互察牵制良规，以杜泛逸海外滋奸。②

由此可见，施琅亦是主张开海贸易于民有利，同时，他出身行伍往来于闽台海洋区域的经历使之认为"天下东南之形势在海，而不在陆。陆地之为患也有形，易于消弭；海外之藏奸也莫测，当思杜渐"。因此，施琅主张贩洋船只不应当不分大小，无限制地发往海外各国，而是应该对出洋船只的数量加以规定，对出洋贸易的人选有所选择，使之或一人造一船，或几人合造一船，这样严加管理之后才不致将来偶有事故发生便又出现"禁止贸捕之议"的争论，从而达到防微杜渐的目的。"议定出洋船只数"建议的提出，表明了施琅对明朝中后期以来开海贸易的认同，但另一方面，明清易代的历史现实让他对海外又怀有戒心，故对内地之人遗留海外的问题持谨慎态度。然而，施琅请定出洋船只数目的建议却没有被以康熙帝为首的中央政府所采纳。后来，尽管九卿、詹事、科、道经过会商，不赞同其看法，但是康熙帝仍以"事情关系紧要"为由，派遣相关官员前往与施琅进行详细讨论，并要求把讨论结果上奏。③ 由此可见，在清朝政府决定开放海禁的过程中，施琅对康熙帝

---

① 道光《厦门志》卷五，《船政略》，第178页。

② (清)施琅：《海疆底定疏》，《靖海纪事：二卷》，福州：福建人民出版社，1983年，第134页。

③ 《康熙起居注》第二册，北京：中华书局，1984年，第1322页。

的最终决定具有很大的发言权,其有关言论在当时朝廷上甚至是起了决定性的作用。①

此外,康熙皇帝对于从事海上贸易的商人是否携带兵器也有一番说法,他认为,"闻泛海者,凡遇风浪及鱼虾等物,还须用炮。海岛外国既有火炮,有何禁止之处?"②可见,康熙帝并不禁止出海商民携带火炮之类的兵器,以求能够在海上自保。

从前文的论述中可知,在禁海、开海的问题上,康熙皇帝不仅博览群书,同时还注意听取来自东南海疆现场的声音,如康熙帝经常就相关问题咨询任职于东南沿海地方的官员,如大学士明珠、福建总督范承谟、姚启圣、提督杨捷等人。另外,来自于东南海洋地区的官员,如李日成、李光地、施琅等人,也是康熙帝海洋管理问题上的重要顾问。就这样,康熙帝在继承明朝中后期开海思想的基础上进一步向前发展,逐步形成了自己在东南海洋管理问题上的一番见解,并加以实践。福建官员和士绅们对东南海洋形势的判断直接影响到康熙帝相关看法的改变,进而对海洋社会的发展进程产生影响。

二、从开海到禁南洋

从康熙二十三年(1684年)开始,清朝政府废除海禁政策,实行开海贸易,江、浙、闽、粤四海关的设立进一步规范了海外贸易的发展,自明朝中后期以来的海上贸易活动进一步向前发展。直到康熙五十六年(1717年)禁南洋案发生,清朝政府一直实行着开海贸易的海外政策。然而,康熙五十六年后,情况却急转直下,原本主张开海贸易的康熙皇帝却下了阻止老百姓赴南洋进行贸易的禁令。究竟是什么原因导致康熙朝晚期的下南洋禁令?③我们考察禁南洋案发生前后康熙帝相关言论的变化,或可从中窥探康熙帝从主张开海到禁南洋贸易的心路历程以及清朝中央的政策走向。

康熙四十三年正月辛酉(1704年2月25日),清朝政府内部一些大臣

---

① 连心豪:《中国海关与对外贸易》,长沙:岳麓书社,2004年,第56页。

② 《康熙起居注》第二册,北京:中华书局,1984年,第1384页。

③ 在《浅析康熙朝晚期禁海的原因》(《前沿》2005年第7期)一文中,作者王静芳从当时社会政治环境以及康熙的个人因素等五个方面进行分析,论述了康熙朝晚期禁海的原因。

针对海寇肆虐海上一事重提海禁的议题,康熙帝则认为:"朕初以海寇故,欲严洋禁。后思若辈游魂,何难扫除,禁洋反张其声势,是以中止。"①接着,康熙四十七年正月庚午(1708 年 2 月 13 日),都察院都御史劳之辨(1639—1714)上疏说:"江浙米价腾贵,皆由内地之米为奸商贩往外洋所致",要求"请申严海禁,暂撤海关,一概不许商船往来,庶私贩绝而米价平"。但康熙帝却说:"闻内地之米贩往外洋者甚多,劳之辨条陈甚善,但未有禁之之法,其出海商船何必禁止,洋船行走俱有一定之路,当严守上海、乍浦及南通州等处海口,如查获私贩之米,姑免治罪,米俱入官,则贩米出洋之人自少矣。"②过了三年,康熙五十年正月二十六日乙卯(1711 年 3 月 14 日),康熙帝发出谕旨,认为:"海洋盗劫,与内地江湖盗案无异。该管地方文武官能加意稽查,尽力搜缉,匪类自无所容。岂可因海洋偶有失事,遂禁绝商贾贸易。"

从上述记载可以发现,尽管自康熙四十三年(1704 年)开始,由于海上形势的变化,清朝政府内部开始了新一轮的关于是否再一次实行海禁政策的讨论。这个时候,康熙皇帝对于海洋形势的估计还是比较乐观的,认为"海贼游魂,何难扫除",而对于内地之米大量私贩出洋的事件,表示只要严守上海等处海口即可,加上地方文武官员的加意稽查和尽力搜缉,海贼自然无处容身,不能因为海洋上商船的偶尔失事便轻易做出禁绝商贾贸易往来的决策。《清圣祖实录》上也记载:"福建大洋内无贼盗,内地沿海一带,俱系小贼,文武各官,果实力尽力,抚绥缉获,自然无事。"③除此之外,五十四年(1715 年)十月,康熙帝接见陈璸(1656—1718)时谈到:"福建海贼算得什么!贼,就是那打鱼船出去回不来做的。福建、广东、浙江、江南、山东沿海一带居民,皆依海为生;若将渔船禁止,沿海居民便无生业了。"④可见此时的康熙帝并不赞同再次实行海禁。

尽管后来江苏巡抚张伯行(1651—1725)几次向康熙帝上奏,说江南地区的米粮被商民大量携带出洋,引起米价上涨。但在五十五年(1716 年)九

---

① 《清圣祖实录》卷二一五。

② 《清圣祖实录》卷二三二。

③ 《清圣祖实录》卷二四九。

④ (清)丁宗洛:《陈清端公年谱》,《台湾历史文献丛刊》(诗文集类),南投:台湾省文献委员会,1994 年,第 86 页。

月三十日与大臣的对话中,康熙帝还是认为"闻台湾之米,尚运至福建粜卖。由此观之,海上无甚用米之处"。①

到了康熙五十五年(1716 年)十月初八日,兵部覆福建巡抚陈瑸条奏海防之事,提出宜禁止米船,修理战船,设立炮台等措施。针对这一事件,康熙帝作出了"陈瑸条奏似是,着交与九卿再议具奏"的批示。② 可见,此时陈瑸关于"禁止米船、修理战船、设立炮台"的主张得到了康熙帝某种程度上的认可,所以康熙帝才会把它交与九卿再议。陈瑸是康熙帝信任的封疆大吏之一,认为其不可多得。③ 应该说,福建巡抚陈瑸的上疏对康熙帝的影响还是比较大的,海防问题再一次引起重视。

康熙五十五年(1716 年)十月二十五日和二十六日,对于禁南洋案而言,是极其重要的日子,《康熙起居注》和《清圣祖实录》都花了大量的笔墨来记载当时康熙皇帝的相关言论:

> 朕意,内地商船东洋行走犹可,南洋不许行走。即在海坛、南澳地方,可以截住。至于外国商船,听其自来。④

> 出海贸易,海路或七八更,远亦不过二十更,所带之米,适用而止,不应令其多带。再东洋,可使贸易。若南洋,商船不可令往,第当如红毛等船,听其自来耳。且出南洋,必从海坛经过,此处截留不放,岂能飞渡乎? 又,沿海炮台足资防守,明代即有之,应令各地方设立。往年由福建运米广东,所雇民船三四百只,约用三四十人,通计即数千人,聚众海上,不可不加意防范。台湾之人,时与吕宋地方人,互相往来,亦须豫为措置。……海外如西洋等国,千百年后,中国恐受其累,此朕逆料之言。又,汉人心不齐,如满洲、蒙古,数十万人皆一心。朕临御多年,每以汉人为难治,以其不能一心之故。国家承平日久,务须安不忘危,尔等俟管源忠等到京后,会同详议具奏。⑤

紧接着,康熙五十六年(1717 年)正月二十五日,兵部等衙门遵旨会同广东将军管源忠、闽浙总督觉罗满保(1673—1725)、两广总督杨琳等官员议

---

① 《康熙起居注》第三册,北京:中华书局,1984 年,2314 页。
② 《康熙起居注》第三册,北京:中华书局,1984 年,第 2319 页。
③ 《康熙起居注》第三册,北京:中华书局,1984 年,第 2233 页。
④ 《康熙起居注》第三册,北京:中华书局,1984 年,第 2324~2325 页。
⑤ 《清圣祖实录》卷二七○。

覆海防事：

> 凡商船照旧东洋贸易外，其南洋吕宋、噶罗吧等处，不许商船前往贸易，于南澳等地方截住，令广东、福建沿海一带水师各营巡查，违禁者严拿治罪。其外国夹板船照旧准来贸易，令地方文武官严加防范。嗣后洋船初造时，报明海关监督，地方官亲验印烙，取船户甘结，并将船只丈尺、客商姓名、货物、往某处贸易填给船单，令沿海口岸文武官照单严查，按月册报督抚存案。每日各人准带食米一升并余米一升，以防风阻。如有越额之米，查出入官。船户、商人一并治罪。至于小船偷载米粮、剥运大船者，严拿治罪。如将船卖与外国者，造船与卖船之人皆立斩。所去之人留在外国，将知情同去之人枷号三月，该督行文外国，将留下之人令其解回立斩。沿海文武官，如遇私卖船只、多带米粮、偷越禁地等事，隐匿不报，从重治罪，并行文山东、江南、浙江将军、督、抚、提、镇，各严行禁止。①

从上面的记载可知，虽然康熙朝晚期的禁南洋案以康熙五十六年正月二十五日为时间界限，但是，早在康熙五十五年十月二十五日和二十六日，康熙帝的上谕即已定下了基调，尽管他当时下诏闽粤两省的地方官员来京陛见商议。从此以后，内地商船依旧被允许往东洋进行贸易，而南洋则不许前往，若有违者，清朝政府官兵可在海坛、南澳等岛屿截住。与此同时，我们还看到，入主中原的清朝统治者，对汉人和外国人的防范是康熙朝晚期禁海的原因所在，另外，根据康熙帝本身的言论，北方战事吃紧也是康熙帝禁南洋的重要考量：

> 目今正北方用兵之时，海贼闻风妄动，亦未可知。昔日三藩变乱，已侵占七省地方。彼时朕方壮年，凡事刚断，剿灭无遗。今朕春秋已高，凡事惟小心谨慎，期于至当。②

在北方战事吃紧的历史背景下，东南沿海的海贼活动作为康熙帝心中的一大心腹之患，始终影响着相关政策的制定和执行。自康熙二十三年（1684年）统一台湾之后，东南海洋区域结束了自明朝末年以来郑氏集团称霸海上的历史，而与此同时，曾经参与水战并立下赫赫战功的水师也不再如前受到重视。对于这一情况，康熙帝自己也有所体会，对可能发生的隐患表

---

① 《清圣祖实录》卷二七一。
② 《康熙起居注》第三册，北京：中华书局，1984年，第2324～2325页。

达了忧心忡忡的一面:

> 福建近海,关系紧要。昔谙练海战者犹有其人,今则甚少矣。且天下承平日久,人皆贪于逸乐,若不预先训练,万一有事,欲令其舍命冒险难矣!尔当小心约束操练,务期兵民辑睦。[1]
>
> 上又曰:"今天下太平日久,曾经战阵大臣已少,知海战之法者益希,日后台湾可虞。台湾一失,难以复得。"[2]

尽管这样,康熙帝下了禁南洋令,但是,对于出海商民而言,不仅往东洋的贸易可以照常进行,另外,因"安南国与内地毗邻",经两广总督杨琳奏请得到批准,广东商人还可以前往安南国(今越南)进行贸易。[3] 这样的规定,无疑是为广东商人可以经安南国辗转下南洋贸易留下了一个人为的缺口。因此,我们认为,康熙帝在禁南洋的问题上也不是绝对封死,还是留有余地的。

因为康熙皇帝没有亲历东南海疆现场,所以他对海洋的认识仍是不全面的。例如他在处理海贼问题上,仍表现出陆地思维的一面。康熙末年,在经历了三藩之乱和收复台湾的海洋大事件之后,在曾经叱咤一时的清军水师之后,康熙帝也只是在原有的沿海军事设施的基础上进行不断的修缮,如康熙五十六年(1717年)十月十九日己亥,康熙帝批准浙闽总督觉罗满保所奏之事,在闽、浙两省山城、沿海等地方,添设烟墩、修理旧有城寨、设立炮台等。[4] 当他了解到绵延千里的海岸线随处都存在着入海的孔道,走私贸易几乎无处不在,船只入海后可以不受约束地驶往不同方向后,发出了"现今海防为要"的感叹,[5]体现出从进取向保守转变的趋向。

进入晚年的康熙皇帝,还因为诸子的纷争而心力交瘁,疑虑、猜忌心理加重,他已无法再现年轻时期的宏图大志。这种从进取到保守的转变决定了前期他能平三藩、击沙俄、平台湾、开海禁,后期却只能驱教徒、疑诸子、禁南洋、懈军务。但南洋是当时中国与世界联系的主要通道,杜绝这一通道,就切断了中国社会进步发展的动力源,就注定会出现在外部世界长足进步

---

① 《康熙起居注》第三册,北京:中华书局,1984年,第2005页。
② 《康熙起居注》第三册,北京:中华书局,1984年,第2023页。
③ 冷东:《明清海禁政策对闽广地区的影响》,《人文杂志》1999年第3期。
④ 《康熙起居注》第三册,北京:中华书局,1984年,第2444页。
⑤ 《康熙起居注》第三册,北京:中华书局,1984年,第2324～2325页。

的时候,我们却躺在祖先的辉煌簿上自我陶醉,一遇挑战便慌乱无比的局面。

康熙朝海疆政策屡有变革,这缘于对客观形势变化的因应。我们具体分析康熙帝禁海、开海的相关言论以及清朝政府海洋管理政策不断出台的经过,试图理顺明朝中后期到清朝前期的海洋管理政策在中央层面的演变过程。由于康熙本人及其大部分臣僚不熟悉海洋,制定海洋政策的分寸就很难把握。来自地方和民间的奏章和呼声,有的无法上达;有的虽然上达,也不一定马上被中央所理解和认可,直接变成政策。当政策施付诸实践时,不同的官员又往往有不同的理解和应对态度,执行起来又会多种多样。正因为康熙皇帝力图沟通中央与地方、把握各方面的实态并及时调整政策,才导致了康熙朝海疆政策中时禁时开、时严时弛、多有反复的现象。

三、禁南洋案的延续与解决

康熙二十二年(1683 年),台湾统一之后,工部侍郎金世鉴奏请福建照山东等处现行之例,听百姓海上捕鱼、贸易经商;议政大臣议准,俱令一体出洋贸易。康熙五十六年(1717 年),因怀疑存在台湾民人私聚吕宋、噶喇吧(今印尼雅加达)等地盗米出洋、透漏消息、偷卖船料等弊端,康熙皇帝下令禁止南洋贸易。[①] 沿海地区百姓的传统生计再一次受到严重威胁。为了地方社会的稳定,福建地方,从封疆大吏的总督到地方的士绅,社会各个阶层的有识之士以自己的所见所闻和体会,向中央进言,在维护朝廷利益的前提下,为地方利益而多方奔走。

(一)福建地方官员的努力

雍正五年(1727 年),总督高其倬(1676—1738)奏开南洋贸易之禁。根据《清世宗实录》的记载:雍正五年三月,兵部议覆:

> 福建总督高其倬疏言:闽省福兴漳泉汀五府,地狭人稠。自平定台湾以来,生齿日增。本地所产,不敷食用。惟开洋一途,藉贸易之盈余,佐耕耘之不足,均有裨益。从前暂议禁止,或虑盗米出洋。查外国皆产

---

　① 道光《厦门志》卷五,《船政略》,第 177 页。

米之地,不藉资于中国。且洋盗多在沿海直洋,而商船皆在横洋,道路并不相同。又虑有透漏消息之处,见今外国之船,许至中国;广东之船,许至外国,彼来此往,历年守法安静。又虑有私贩船料之事,外国船大,中国船小,所有板片桅舵,不足资彼处之用,应请复开洋禁,以惠商民。并令出洋之船酌量带米回闽,实为便益。[①]

也正是从这一年开始,厦门才有了贩洋之船。[②]

乾隆五年(1740年)八月,荷属殖民地爪哇岛巴达维亚城(今印尼雅加达)发生"红溪惨案",近万余名华侨遇害。一年后消息传回中国,在清朝中央政府内部又一次引发了是否禁止南洋贸易的争论。第一历史档案馆对其馆藏宫中朱批奏折及军机处录副奏折的整理、刊布,为我们了解当时情形提供了史料依据。[③] 其中,《福建巡抚王恕为报南洋贸易只禁噶喇吧一国事说贴》、《闽浙总督那苏图等为暂禁噶喇吧贸易不禁南洋贸易事奏折》、《议政大臣广禄等为请仍准南洋诸国照旧通商事奏折》等奏折,都充分说明了福建地方官员在反对禁南洋贸易问题上的积极态度。他们的言论通过奏折的形式上达中央,让庙堂之上的皇帝和大臣对地方实际情况有一个比较客观的了解。乾隆七年(1742年)十月初五日,议政大臣广禄(1706—1785)等人在《请仍准南洋诸国照旧通商事》一折中说道:

> ……请将南洋一带诸番,仍准其照旧通商,以广我皇上德教覃敷、洋溢四海之至意。其洋船进口带米一节,既据江广闽浙督抚等查明,或经奏准听从商便,或食米余剩粜卖多寡不一,或向无买米装回等语。应令各该督抚等遵照从前原议办理。[④]

最终,清朝政府做出了有益于地方海洋社会发展的决策——继续维持雍正以来的贸易政策。

(二)地方士绅建言献策

地方士绅长期生活于地方海洋社会,对其具体情况有着切身的体会。

① 《清世宗实录》卷五四。
② 道光《厦门志》卷五,《船政略》,第177页。
③ 中国第一历史档案馆:《乾隆年间议禁南洋贸易案史料》,《历史档案》2002年第2期。
④ (清)广禄等:《请仍准南洋诸国照旧通商事》,《乾隆年间议禁南洋贸易案史料》,《历史档案》2002年第2期。

作为地方上掌握文化的知识分子，他们有能力也有责任充分利用自身的优势，为地方社会谋利，既致力于统治秩序的安定，也客观上造福于普通百姓。陈昂、蓝鼎元、庄亨阳、蔡新和李清芳等人就是其中的杰出代表。

关于陈昂，《厦门志》有这样一段记载：

> 陈昂，少孤贫，习贾；往来外洋，熟悉海上形势。康熙二十二年，施琅征台湾，闻其名，召与计事；指画南北，风信、港口、险夷了如指掌。置麾下，参密画，定计以南风攻澎湖。及战，身自搏斗。又奉命出入东西洋，访郑氏有无遗孽，凡五载。叙功，授苏州城守游击。寻调定海左军，再迁至碣石总兵官，擢广东副都统。劾天主教异端惑众，隐忧切。又见沿海困于洋禁，谓其子曰："滨海生民业在番舶，今禁绝之，则土物滞积，生计无聊；未有能悉此利害者，即知之亦莫敢为民请命。我今疾作，终此而不言，则莫达天听矣"。年六十八卒，遗疏以闻。①

可见，出生于泉州同安县、从小生活于闽南沿海的陈昂，在其跟随施琅东征台湾之前，曾经因为家境贫苦而从事海外贸易，对海上风信、港澳等形势非常熟悉，后来参加了施琅平台战役，为其出谋划策。出身贫寒的陈昂对贩海贸易有着切身体会，认为禁海导致了土物滞积，影响到滨海百姓的生计。因此，当陈昂看到沿海百姓因为海禁而生计无着落的情况后，在自己生命垂危之时，还不忘为民请命，挺身直言，写下奏疏让其子上奏朝廷，言明实行海禁所引发的一系列问题，呼吁开放海禁，欲为沿海百姓尽自己的一份心力。

蓝鼎元（1680—1733），祖籍福建漳浦县。漳浦，地处闽东南沿海丘陵、平原南部，地势自西北向东南倾斜，历史上一度作为漳州的行政治所，文化积淀较邻县来得深厚，出现了一大批历史文化名人，其中包括明末清初的著名思想家黄道周。蓝鼎元的祖父蓝继善、父亲蓝斌博学多才，是当地有名望的儒士。蓝鼎元从小生活在这样的人文社会环境中，深受家学的影响，后来受知于福建督学沈涵，又得名儒福建巡抚张伯行的器重，很快成为了当时福建儒学的著名学者。他极其尊崇濂洛关闽学派，反佛反道，不信鬼神，对源于儒家的陆九渊、王守仁心学，也加以批判。同时，明末清初以来海上私人贸易的发展，使得福建漳州沿海地区的思想界打上了时代的烙印——张燮

---

① 道光《厦门志》卷十二，《列传（上）》，第 480 页。

的《东西洋考》与月港的繁华交相辉映。因此,在继承程朱理学的基础上,蓝鼎元还重视经世致用。从青少年开始,蓝鼎元不仅熟读儒家经典著作,还亲自出外访察,"年十七,观海厦门,泛海舟溯全闽岛屿,历浙洋舟山,乘风而南,沿南澳、海门以归,自谓此行所得者多,人莫能喻也"。① 正是这样的人生历练,让蓝鼎元在清朝政府的禁南洋案中站了出来,《论南洋事宜书》充分体现了蓝鼎元的有关思想。

首先,蓝鼎元开宗明义地呼吁清朝政府应该大开海禁,听民贸易,达到以海外之有余补内地之不足的目的,并指出天下海岛诸番,只有红毛、西洋、日本三国可虑:

> 南洋诸番不能为害,宜大开禁网,听民贸易,以海外之有余补内地之不足,此岂容缓须臾哉!

> ……红毛乃西岛番统名,其中有英奎黎、干丝蜡、佛兰西、荷兰、大西洋、小西洋诸国,皆凶悍异常。其身坚固不畏飓风,炮火军械精于中土,性情阴险叵测,到处窥觇,图谋人国,统计天下海岛诸番,惟红毛、西洋、日本三者可虑耳!②

接着,蓝鼎元从闽广地区"人稠地狭"的实际情况出发,深刻分析了沿海居民的传统生计和海外贸易带来的经济利益,指出禁南洋有害而无利,只能使沿海居民富裕的变得贫穷,贫穷的变得穷困,从而促使盗贼产生。他是这样说的:

> 闽广人稠地狭,田园不足于耕,望海谋生十居五六,内地贱菲无足重轻之物,载至番境,皆同珍贝。是以沿海居民,造作小巧技艺,以及女红针黹,皆于洋船行销,岁收诸岛银钱货物百十万,入我中土,所关为不细矣。南洋未禁之先,闽广家给人足,游手无赖,亦为欲富所驱,尽入番岛,鲜有在家饥寒,窃劫为非之患。既禁以后,百货不通,民生日蹙,居者苦艺能之无用,行者叹致远之无方,故有以四五千金所造之洋舶,击维朽蠹于断港荒岸之间,驾驶则大而无当,求价则浩而莫售,拆造易小如削栋梁,以为杙,裂锦绣,以为缕,于心有所不甘。又翼日丽云开或有

弛禁复通之候，一船之敝废，中人数百家之产，其惨目伤心，可胜道耶！沿海居民，萧索岑寂，穷困不聊之状，皆因洋禁。其深知水性，惯熟船务之舵工水手，不能肩担背负以博一朝之食。或走险海中，为贼驾船，图目前糊口之计，其游手无赖，更靡所之，群趋台湾，或为犯乱。辛丑台寇陈福寿之流，其明效大验也。天下利国利民之事，虽小必为，妨民病国之事，虽微必去。今禁南洋有害而无利，但能使沿海居民，富者贫，贫者困，驱工商为游手，驱游手为盗贼耳。闽地不生银矿，皆需番钱，日久禁密，无以为继，必将取给于楮币皮钞，以为泉府权宜之用，此其害匪甚微也。①

此外，蓝鼎元还针对当时清朝中央政府的认识误区进行了一番的驳斥，否定了在南洋贸易过程中，中国商人造船卖与外番、将内地之米出洋卖与外洋海贼，以及洋船在洋不会被劫的观点：

> 开南洋有利而无害，外通货财，内消奸宄，百万生灵仰事俯畜之有资，各处钞关且可多征税课，以足民者裕国，其利甚为不小。若夫卖船与番，载米接济，被盗劫掠之疑，则从来无此事者也。内地造一洋船，大者七八千金，小者二三千金，能卖价值几何？商家一船造起，便为致富之业，欲世世传之子孙，即他年厌倦不自出，尚岁收无穷之租赁，谁肯卖人。况番山材木，比内地更坚，商人每购而用之，如鼎嘛桅一条，在番不过一二百两，至内地则值千金。番人造船，比中国更固，中国数寸之板，彼用全木，数寸之钉，彼用尺余，即以我船赠彼，尚非所乐，况令出重价以买耶！
>
> 闽广产米无多，福建不敷尤甚。每岁民食，半藉台湾，或佐之以江浙。南洋未禁之先，吕宋米时常至厦，番地出米最饶，原不待仰食中国，洋商皆有身家，谁自甘法网尝试。而洋船所载货物，一担之位，收船租银四五两，一担位之米，所值几何？舍其利而犯法，虽至愚者不为也。
>
> 历来洋船从无在洋被劫，盖以劫船之盗，皆在海边，出没岛澳，离岸百十里，极远止二三百里，以外则少舟行，远出无益。且苦飓风骤起，无停泊安身之处，洋船一纵，不知其几千里。船身既大，可任风波，非贼船所能偕行，若贼于海滨行劫，则上下浙广商船已可取携不尽，何必洋船。

① （清）蓝鼎元：《鹿洲全集·鹿洲初集》卷三，《论南洋事宜书》，厦门：厦门大学出版社，1995年，第55页。

即与洋船相遇,而贼船低小,倚之且若高楼,非梯不能以上。一船之贼,多不过二三十人,洋船人数极少百余,且不俟与贼力战,但挽舵走据上风,可压贼船而溺之,何行劫之足虑。[①]

另外,蓝鼎元"以海外之有余补内地之不足"的有关看法,使我们联想到后来乾隆皇帝"天朝物产丰盈,无所不有,原不藉外夷货物以通有无,特因天朝所产茶叶、瓷器、丝斤为西洋各国及尔国必需之物,是以恩加体恤,在澳门开设洋行,俾得日用有资,并沾余润"的相关言论,[②]这两者之间的认识落差让我们不胜感慨。

庄亨阳(1686—1746),漳州南靖县人。在他隐居南靖龟山期间,曾作《禁洋私议》一文,阐述了自己对于开海通商的看法,文章刚开始时记述了在交留吧从事贸易活动的中国人的情况,接着提出了上、中、下三策的建议,即:

> 为今之计,莫如听其自便。不给照,不挂号,永弛前禁,令海舶得以及时往返,不遭恶风,无覆破之患,此上策也。次则于出口时,取具船户甘结,不得将奸人载回,违者罪之,中策也。又次则于入口时,严加议察,异服异言不得入港。其年久在限外回者,令自供籍贯,造册报官存案,到家安插后,陆续取具族长或邻居甘结,地方官不得藉端索骗,此下策也。如此施行,滨海苍生幸甚![③]

由此可知,庄亨阳认为,出洋的国人是为了通商贸易而前往南洋的,他们只要有所发展获得财富便会回到家乡,就是在彼处担任甲必丹从事转徙贸易的,也会定期寄钱回来赡养家人。因此,庄亨阳主张清朝政府应该听任老百姓出洋贸易。我们知道,庄亨阳的《禁洋私议》是他隐居时所作,没有直接上达朝廷,然而,正因为如此,我们难能可贵地通过此文看到了以庄亨阳为代表的闽籍士绅在"开海"问题上的开明态度——"不给照,不挂号,永弛前禁,令海舶得以及时往返,不遭恶风,无覆破之患"。

乾隆五年(1740年)八月,荷属殖民地巴达维亚城发生"红溪惨案",万

---

① (清)蓝鼎元:《鹿洲全集·鹿洲初集》卷三,《论南洋事宜书》,厦门:厦门大学出版社,1995年,第55~56页。

② 《粤海关志》卷二三。

③ (清)庄亨阳:《禁洋私议》,《秋水堂集》,福建省南靖县地方志编纂委员会整理,2005年,第43页。

余名华侨遇害,清朝政府内部再一次掀起了关于是否禁止南洋贸易的争论。时任广东道监察御史的李清芳(1700—1769)给乾隆皇帝上了《广东道监察御史李清芳为陈南洋贸易不宜尽禁缘由事》一折,其反对禁止南洋贸易的言论在当时产生了一定的影响。李清芳,福建安溪县人,乾隆年间任广东道监察御史,他在乾隆六年(1741年)八月二十五日的奏折中谈到,中国商船出洋贸易,前往东洋的占了十分之一,而前往南洋贸易的却占了十分之九,其洋税收入是江、浙、闽、广四海关税银的重要来源,而禁止南洋贸易不但上亏关税,下困商民,还带来了种种不便:

> 南洋一带商贩一加禁遏,恐上亏关税,下困商民,东南少数百万两之白金,增数十万众之食米,种种不便,应请暂时停往吧国买卖。至于南洋各道不宜尽禁。①

因此,李清芳主张在当时的情况下,应该先暂停中国商船前往吧国进行贸易,而其他的南洋各地则不宜禁止。

另外,在朝野上下关注是否禁止南洋贸易的期间,内阁学士方苞(1668—1749)曾写信给福建漳浦县人蔡新(1707—1799)询问相关事宜。②通过方苞,蔡新支持南洋贸易的观点上达中央政府,进而影响到清朝政府的海洋政策。

除此之外,我们知道,盗贼问题关乎社会稳定,时刻触动着清朝政府的统治神经,特别是来自海洋上的威胁。每一次盗贼在海洋上的出现,偶有风吹草动,都会促使清朝政府在海防上加以重视,并调整海防策略。在这种情况下,地方士绅也会积极为之出谋划策,如庄亨阳曾说道:

> 闽地东南濒海,上接浙江,下连东粤,凡二千余里。屿澳丛杂,风涛险阻,奸宄出没,由来旧矣。……尚烦顾虑,独是洋商海贾,艘舶往来,货利所籔,甘心者众。比岁以来,每有一二奸船,时出剽掠,以苦我商旅,此天子所以重有海疆之议也。奸船浮游海中,随风南北,非有巢穴可穷。方浪静波安时,万顷悠悠,到处停泊。哨出则望洋而逃,哨回则伺便而击,倏往倏来,诚难弋获。及夫飓风大作,惊涛拍天,折舵摧樯,

---

① (清)李清芳:《广东道监察御史李清芳为陈南洋贸易不宜尽禁缘由事奏折》,《乾隆年间议禁南洋贸易案史料》,《历史档案》2002年第2期。

② (清)蔡新:《答方望溪先生议禁南洋商贩书》,《缉斋文集》卷四,《四库未收书辑刊》第九辑第二十九册,北京:北京出版社,2000年,第85~86页。

覆没是惧,则必避风岛澳,以求苟活。若逆知其必避之处,先据要口邀而击之,可尽歼也。然奸船虽浮游海中,而实出自内地,凡无赖不逞以及饥寒切身之辈,当入海伊始,大都必由口岸刺船以达贼艘。而所在渔船贪贼重贿,又多暗输水米以济其穷。讥察严,则奸人无由自达,贪人亦无所利,食尽势穷,立见解散耳。大抵防海之策,不外乎严岛澳之巡徼,密口岸之防闲。①

还有,蔡世远(1682—1733)针对闽南沿海的海洋形势,提出了在漳州府海澄县与漳浦县交界之处——镇海地方的具体设防建议:

> 福建漳浦县有镇海地方,离治百余里,厦门往广东及通外洋各港上下往来船只悉于此地停泊,最为紧要重地。明洪武二十一年设卫城……请将水师左营游击移驻镇海,而以漳州右营守备移汛石码,一转移间而边海重地固于苞桑矣。②

此外,拥有丰富海洋社会经验的蓝鼎元提出了海洋区域应综合统一管理的观点。他主张应弛商船军器之禁;而巡哨官兵可伪装成商船以出,并奖赏士卒。另外,蓝鼎元还认为"在洋之盗,十犯九广,则弭盗之法,尤加意于粤东。……海洋相通,无此疆彼界之殊,朝粤暮闽,半月之间,可以周历七省,防范驱除,万难稍缓",③故应该加强对海洋的统一管理。

通过对上面材料的分析可以看到,明中叶以来,随着闽南地方海外贸易的发展,本地区的经济已然连成一体。不管是泉州士绅还是漳州士绅,稳定统治秩序和追求地方经济利益二者兼顾是他们的出发点。他们当中的杰出人物,特别是身居庙堂之上的文武官员,成了闽南地区海外贸易经济利益在中央的代表。另一方面,虽然大部分地方士绅的言论不一定能够直接为清朝中央的决策者所闻,但是他们却可以通过自己日常交往的圈子,影响到地方各级官员,然后通过地方官员,特别是督抚一级的封疆大吏,向中央进言,从而制定出一系列有益于地方海洋社会发展的政策和措施。

---

① (清)庄亨阳:《序海图说代》,《秋水堂集》卷二,《诗文序》,福建省南靖县地方志编纂委员会整理,2005年,第44页。

② (清)蔡世远:《请移水汛以重海防疏》,光绪《漳州府志》卷四十二,《艺文二》。

③ (清)蓝鼎元:《论海洋弭捕盗贼书》,《鹿洲全集·鹿洲初集》,厦门:厦门大学出版社,1995年,第37~38页。

第二节　清朝政府对百姓出洋的管理
　　　　与闽南人的海洋活动

一、出洋船只的管理和官民的具体因应

自清军进入福建后，郑成功占据金厦两岛，在军事上与清朝政府形成了对峙的局面。出于战略上的考虑，清朝政府于顺治十三年(1656 年)出台了专门针对沿海百姓私自下海将粮食等物品卖与郑氏集团的限制措施：

> 今后凡有商民船只私自下海，将粮食货物等项与逆贼贸易者，不论官民，俱奏闻处斩，货物没官，本犯家产，尽给告发之人。①

与此同时，清朝政府还对老百姓驾驶海船出洋的一些事项作了明确的规定：

> 康熙初年定例，出洋海船无论商、渔，止许用单桅，梁头不得过一丈，水手不得过二十人；取鱼不得越本省境界。自后屡经奏改，渔船梁头限至一丈而止；由县给照，归关征税也。②

此外，《大清会典事例》中还记载了不许擅自修造两桅以上的大船、不得将违禁货物卖予番国等规定：

> 海船除给有执照许令出洋外，若官民人等擅造两桅以上大船，将违禁货物出洋贩卖番国，并潜通海贼，同谋结聚，及为向导，劫掠良民。或造成大船，图利卖与番国，或将大船赁与出洋之人，分取番人货物者，皆交刑部分别治罪。至单桅小船，准民人领给执照，于沿海附近处捕鱼取薪，营汛官兵不许扰累。③

这些规定无疑是清朝政府试图将老百姓的海洋活动控制在一定范围内的单方想法，事实上，在当时与郑氏集团对峙的闽南地区，这样的规定并没

---

① 《大清会典事例》卷七七六。
② 道光《厦门志》卷五，《船政略》，第 174～175 页。
③ 《大清会典事例》卷六二九。

有产生多大的作用。于是,清朝政府决定在东南沿海地区实行全面迁界和海禁的措施。

康熙十九年八月十七日(1680 年 9 月 9 日),九卿詹事科道会议给事中李迥条奏船只出海事宜,当时的大学士冯溥上奏说"出海贸易,大有裨于民生。"本月二十八日,清朝中央政府又一次就船只出海的事情展开讨论,其中康熙皇帝说道:

> 开海禁之意,原为穷民易于资生。若必大船方令入海,恐小民力薄,不能营造大船,则于利济贫民之意不合。船只式样不必定限。应各听其便,着依议行。[①]

在当时的康熙皇帝看来,开放海禁有利于穷苦百姓谋生,因此考虑到"小民力薄,不能营造大船"的现实情况,他认为出海船只的式样不必定限。当然在这里,身处北京城的康熙帝仅仅是考虑到百姓的生计问题,而对海洋社会的实际情况以及船只行驶海洋的风险等情并不了解。可以说,这些相关问题的出现与解决,与清朝政府的海洋管理进程相始终。

康熙二十二年(1683 年),清朝政府统一台湾,实行开放海禁的政策,相继出台了一系列关于老百姓出海贸捕的具体措施:

> 康熙二十三年,准福建、广东载五百石以下之船出海贸易,地方官登记人数、船号烙号,给发印票,汛口验票放行。查台湾未入版图之时,禁止不许片板下海;尔时海禁初开,尚未定商、渔之例也。计载五百石以下之船,梁头皆不过七八尺;即今之白底渔船、渡船皆是也。[②]

> 康熙四十二年,商贾船许用双桅。其梁头不得过一丈八尺,舵水人等不得过二十八名;其一丈六七尺梁头者,不得过二十四名;一丈四五尺梁头者,不得过十六名;一丈二、三尺梁头者,不得过十四名。出洋渔船,止许单桅。梁头不得过一丈、舵水人等不得过二十名并揽载客货。小船均于未造船时,具呈该州、县,取供严查确系殷实良民亲身出洋船户,取具澳甲、里族各长并邻右当堂画押保结,然后准其成造。造完,该州、县亲验烙号刊名,仍将船甲字号、名姓于船大小桅及船旁大书深刻,并将船户年貌、姓名、籍贯及作何生业开填照内,然后给照,以备汛口查验。其有梁头过限并多带人数诡名顶替,汛口文武官员盘查不实,商船

---

① 《康熙起居注》第一册,北京:中华书局,1984 年,第 592 页。
② 道光《厦门志》卷五,《船政略》,第 174~175 页。

第五章 重整旗鼓:清代前期海洋政策的因势而变与海洋人的因应之道

165

降三级调用,渔船、小船降二级调用(《会典》则例)。①

由此可见,按照康熙初年定例,出洋的商、渔船都止许用单桅,船的梁头不得超过一丈。到了康熙二十三年(1684 年)的时候,由于台湾问题的解决、东南海疆的巩固,清朝政府开始准许福建、广东两省的普通百姓以载重量五百石以下的商船出海贸易。刚开始时的规定并没有区分商船和渔船,出海贸易的手续也比较简单:只需地方官员登记人数、船号烙号,然后发给印票,经汛口验看之后就可以放行了。不过按照当时的条件,载重量在五百石以下的船只,其梁头大都没有超过七、八尺,而且在康熙四十二年(1703年)之前,商船都不许用双桅,属于比较小型的船,故其航程也不会太远。因此我们可以认为,基于这方面原因的考虑,当时清朝政府对福建、广东两省老百姓的出海贸易行为也比较放心。不过,随着海外贸易形势的发展,出海船只越造越大,违例时有发生。

到了康熙四十二年(1703 年),商船获得了使用双桅的权利,但其梁头不得超过一丈八尺。另外,对于商船上舵工、水手的人数还有严格的限制。同时还规定:船户造船之前必须先向州、县政府提出申请,州、县官派人严格查证,证明该船户是殷实良民,且是亲身出洋,并让澳甲、里长、族长及其左邻右舍在大堂上画押为其作保证,然后才准其造船。船只造成之后,该州、县官还得亲自烙号刊名,将船甲字号、名姓于船只的大小桅及船旁大书深刻,并将船户的年龄、相貌、姓名、籍贯及作何生业开填照内,然后给照,以备汛口查验。

另外,《福建省例》从福建全省沿海府县的实际情况出发,进一步阐述了出海商渔船只的管理政策:

> 闽省福州、兴化、泉州、漳州、福宁五府,地处下游,环山滨海,民多以海为田,操舟为业。凡沿海各县居民造报商渔船只,定例赴地方官呈明,讯取澳甲、户族、邻保各供,十船互保甘结,详奉批允。造竣之日,该地方官亲赴验明油饰刊书、舵水年貌,方准给照行驶。采捕一年期满,赴原籍换照。逾限不换,不准出洋。②

从上面的史料可知,福建沿海地区各府县地处各大江河的下游地带,背

---

① 道光《厦门志》卷五,《船政略》,第 166～167 页。

② 《渔船饬令照式书写分别刊刻船户姓名字号》,《福建省例》二十三,《船政例》,《台湾文献史料丛刊》第七辑第一九九种,台北:台湾大通书局,1984 年,第 624～625 页。

山面海,当地的老百姓们大多以海为田,操舟为业,因此,当台湾问题解决之后,从康熙二十三年开始,政府允许老百姓出海从事贸易和采捕活动。直到康熙四十年代的时候,当地居民如果想造船出海的话,可以向地方官府申请,然后经过澳甲、户族和邻保的担保以及十只船只互为甘结等手续就可以造船了。船只修造竣工之日,地方官员必须亲自前往验看,然后发给船照,此后船只就可以出海行驶往来无间了。

康熙五十三年(1714年),巡抚张伯行提出将海洋商船和渔船编号的建议,希望能达到弭盗以靖海氛的目的。[①] 后来,由于洋面上船只众多、匪船混杂、难以辨识等原因,雍正年间,清朝政府又增加了新的规定:

> 雍正年间,题定船头至鹿耳梁头与大桅上截一半,福建均用绿油漆,浙江均用白油漆,广东均用红油漆,江南均用青油漆,并于船头刊刻某省某县某字号。又内外洋大小船只,毋论布篷、篾篷俱于篷上书写州县、船户姓名,仍于船尾刊刻姓名、州县。复因商渔书写刊刻之字号细小模糊,易资弊窦,又经题定,篷上字画,定以径尺,船头两舣刊刻字号,不许模糊缩小。[②]

上述的规定,是清朝政府加强对出海船只管理的一些细化,其中船头至鹿耳梁头与大桅上截一半的位置,福建、浙江、广东、江南等地涂上不同颜色的油漆,因此可以一目了然地看出船只来自何处;而船头刊刻某省某县某字号的做法,以及篷上书写州县、船户姓名、船尾刊刻姓名、州县等规定则是为了进一步明确船只的属性。后来,政府又规定篷上的字画须定以径尺,要有一定的规制。这些规定,无疑是希望在茫茫大洋之中能比较容易地分辨出船只的一些信息,从而加强清朝政府对洋面秩序的管理。

到了乾隆年间,清朝政府把这些规定扩大到沿海地方从事采捕活动以及内河通海的各色小艇,要求他们也必须遵照出海商渔船只的做法,以便稽查:

> 乾隆年间,又经定例,沿海一应采捕及内河通海之各色小艇,亦照商渔取结给照,一体编烙,刊刻书篷,以便稽查。经浙藩司详定,通行闽

---

① (清)陈寿祺:《福建通志》卷八七,《海防·疏议》,清同治十年(1871年)重刊本之影印本,台北:华文书局股份有限公司,1968年,第1751~1752页。

② 《船只如式刊刻油饰书写》,《福建省例》二十三,《船政例》,《台湾文献史料丛刊》第七辑第一九九种,台北:台湾大通书局,1984年,第616页。

浙两省,船大者于两舷及头尾刊刻省份、县份、船户姓名、字号,船小者止于两舷刊刻省份、县份、船户姓名、字号。①

然而,这样的规定并没有很好地被执行,后来福建、浙江海洋上发生的一些船只抢劫案件,存在着"船不刊书、人照不符"等现象,于是乾隆三十七年(1772年)六月间,总督下令通饬各属,要求"务将船只照例刊刻书写,送辖道及附近海防丞倅查验结报,方准出口贸捕"。乾隆四十年(1775年)二月间,清朝政府又作了补充规定:尽管龙溪县无渔船,但该县的洋商各船也应遵照渔船新例,添补刊书油饰造册等原定章程进行办理。②

早在乾隆二十二年(1757年),从福建前往浙江捕鱼的渔船即有携带食米的数量限制。③ 后来,尽管清朝政府对出海商渔船只以及小渔船的式样做了这么多明确的规定,然而"上有政策、下有对策",还是发生了福建渔船到浙江定海、镇海、象山三县地方洋面捕鱼乘机抢劫的事件:

> 此等渔船篷号直书其姓名,书在篷底下截,刊刻字号、县份、姓名仅在两旁舷边,并将姓名间有排在水仙门板上刊刻。而出洋捕鱼之后,如系宵小起意劫窃,将篷蹲下,姓名不见。且用旧篷于字上遮拦,更使灭迹。其进口时,将旧篷移过,仍以遵书篷号安分之船。至两旁刊字,或用泥涂抹,或用板遮掩,甚至将水仙门板脱下,则其姓名均难识认,不惟事主无从指报跟缉,而游巡舟师虽梭织哨捕,亦难骤于追获。④

于是,在经过布政司和按察司相关官员的详细调查之后,福建地方官府对原有的规定作了以下补充:

> 嗣后闽省渔船,篷面已有书省县、渔户姓名之外,仍于篷面两旁,每页空隙之中,挨页递书直添姓名,并于篷背每页之中横添写某县、渔户姓名各字样。其篷面直书暨篷背横书之处,字画大小,应照原例定书以径尺,用粉用墨,按照图式所注书写。刊刻字号,无分船之大小,除两旁

---

① 《船只如式刊刻油饰书写》,《福建省例》二十三,《船政例》,《台湾文献史料丛刊》第七辑第一九九种,台北:台湾大通书局,1984年,第616页。

② 《洋商各船应照原定章程办理》,《福建省例》二十三,《船政例》,《台湾文献史料丛刊》第七辑第一九九种,台北:台湾大通书局,1984年,第618~619页。

③ 《往浙捕鱼额带食米》,《福建省例》二十三,《船政例》,《台湾文献史料丛刊》第七辑第一九九种,台北:台湾大通书局,1984年,第605~606页。

④ 《渔船饬令照式书写分别刊刻船户姓名字号》,《福建省例》二十三,《船政例》,《台湾文献史料丛刊》第七辑第一九九种,台北:台湾大通书局,1984年,第622~623页。

已有刊字,复于头尾添写某县、渔户姓名字样。如白地者以黑书写。白书便于夜间所视,黑书便于日间远观。如此则在洋行驶匪船,无可掩踪灭迹,一望了然,不特游巡舟师易于认识追击,即商渔船只亦可望风趋避,诚可肃清洋匪之道。相应照绘图式,通饬沿海各属遵照现议章程,遍行出示晓谕,将现在境内渔船,着令如式刊刻书写,毋任胥役藉端需索滋扰,致干察究。①

乾隆五十四年(1789年)十一月间,南澳总兵在海洋巡哨的时候,看到往来的商渔船只中有的船只两边刊号,而篷上并无书写,有的船只则是字号看不清楚,这样的情况在海洋中导致船只"奸良莫辨"。因此,他提出建议:此后各州县的所有商船和渔船,"无论篾篷、布篷,皆将籍、船户姓名大书篷面、篷背,两旁舣边及船之头尾,俱刊省份、府州县、号数、船户姓名,庶前后左右一望而知",这样的话,倘若在洋面上碰到匪船即可以很快地分辨出来,从而达到稳定海洋环境的目的。这一建议得到了当时总督和巡抚的认可,最终以法律的形式确立下来。②

从上面的叙述内容,我们看到了清朝政府对出洋船只的管理可谓是处处"有法可依",从事出洋贸易和采捕的商船和渔船在不断完善的海洋管理制度中不断调适着,海洋社会经济在这样的氛围中不断地向前发展着。政府也努力给出洋活动的大小船只提供各种方便,例如福建各县之商船,每年春、冬二汛渔期产旺之时,可以呈请改换渔照,出洋采捕。③ 另外,船只离开原籍地之后,如果碰到改换舵水等情形,可以就地禀明所在地的地方官府,由其给以官单,然后由守口官员在单上填写具体情况。④ 此外还有,遇到守口员弁查得船户运载货物不符合规定的事件,可以允许留人不留船,以免耽

---

① 《渔船饬令照式书写分别刊刻船户姓名字号》,《福建省例》二十三,《船政例》,《台湾文献史料丛刊》第七辑第一九九种,台北:台湾大通书局,1984年,第625~626页。

② 《商渔船只船篷面背及两旁头尾一律刊刻》,《福建省例》二十三,《船政例》,《台湾文献史料丛刊》第七辑第一九九种,台北:台湾大通书局,1984年,第660~662页。

③ 《商船改换渔船照采捕,照渔船新例一体刊书》,《福建省例》二十三,《船政例》,《台湾文献史料丛刊》第七辑第一九九种,台北:台湾大通书局,1984年,第632页。

④ 《船只改换舵水,就地禀明换单查验》,《福建省例》二十三,《船政例》,《台湾文献史料丛刊》第七辑第一九九种,台北:台湾大通书局,1984年,第620~622页。

误时间，①以及商渔船只如遇失水，一经移查，则要求随查随办，毋许搁累等等。② 这些便利商民的措施，对海洋秩序的维护和海洋社会经济的发展起了很大的促进作用。

总之，从清朝政府对出洋船只的管理条例上看，前往外洋从事贸捕的商船和渔船是政府刚开始关注的重点，相关规定也都是围绕着出洋商船和渔船而展开，小渔船等都不用烙号。后来，随着时间的推移和形势的发展，小渔船等也开始进入到政府的管理视线之内，尽管这是由于海洋环境变化，特别是劫匪纵横海上威胁商民安全所带来的新改变，如乾隆五十年（1785年）规定：

> 闽省各属凡系有底无盖小船，向因不能出洋，是以向未给照查验，相沿日久。今匪徒既得借采捕为名，出入无忌，为害商民，在洋犯事者不一而足，如卢日享在镇岐外洋贩卖私盐，李加远至五虎山外四屿山脚边行劫客货，诚如宪饬有底无盖之船，既可乘坐出洋，即在通海各色小船之内，自应一概取结给照查验，不许偷越出口，以杜奸匪而靖海疆。③

可见，福建沿海地方有底无盖的小船，原本不能出洋，所以也从来不用给照查验。但是，因为该地方可通外海，一些匪徒以采捕为借口，在海洋上从事犯法的活动，如贩卖私盐、行劫其他客货船等。针对这一现象，政府出台政策加以规范，要求这些小船也要取结给照查验，不许偷越出口，以杜绝奸匪，达到稳定海疆的目的。当然，有时候政府的规定也不能很好地发挥作用。事实上，每一次相关政策和措施的出台可以说是对上一次规定的修正和补充，另一方面也是海洋社会实际情况的反映，从中我们也可以看到清朝政府是如何因应时刻充满变数的海洋环境，这其中包括了积极和消极两方面的内容。

因此，我们还应该看到海洋管理体制外的另一面。众所周知，出洋贸捕乃"利之所在"的事情，从船只的成造之日起到出海的一段时间内，船户们不

---

① 《船只缘事留人不留船》，《福建省例》二十三，《船政例》，《台湾文献史料丛刊》第七辑第一九九种，台北：台湾大通书局，1984年，第637～640页。

② 《商渔船只失水，一经移查，务即随查随办，毋许搁累》，《福建省例》二十三，《船政例》，《台湾文献史料丛刊》第七辑第一九九种，台北：台湾大通书局，1984年，第640～641页。

③ 《出海小船查明烙号》，《福建省例》二十三，《船政例》，《台湾文献史料丛刊》第七辑第一九九种，台北：台湾大通书局，1984年，第650～654页。

断地面临着各种各样的挑战,地方官员和守口员弁的私心都可能使船户陷入困境当中,尽管清朝政府也曾经多次明文严禁此类事件,如《严禁勒索船只验烙给照陋规》等。① 另外,在实行商船和渔船刊刻书写的规定时,为了避免守口文武员弁对船户需索的弊端,规定到浙江省捕鱼之福建渔船可以直接在浙江办理,分二册登记,另外允许福建到浙江省的渔船还未完成如式刊刻书写者,回闽再行完成,守口文武员弁应加以着令完竣;为了避免守口文武员弁的需索之弊,着令船户自行如式刊刻书写。② 由此可见,守口文武官员是商船、渔船进出口岸的重要因素之一,而地方官员和守口文武员弁都对商船、渔船负有一定的责任。这样的情形是清朝政府海洋管理政策的规定和反映,但另一方面如果碰到不守法的官员时,商船和渔船正常的海洋活动就要受到相应的影响。

当然,商船出海贸易不仅关系着普通商民的日常生计,同时也与地方社会的利益休戚相关,因此地方政府也会积极推动有利于地方利益的相关政策的制定。乾隆四十一年(1776年)正月,漳州府龙溪县向其上级打了一个报告,建议在发给商船县照的同时,给以官单,粘于船照之后,如遇舵水更替等情形,即可随时禀明填注。对于这一请求,福建布政司在经过调查之后,认为:

> 今溪邑大小商船,均系寄泊厦港,俱由厦防厅查验出入。该厅已有添给帮梢之成案。况船至外省,舵水人等或遇疾故勤惰,必需更换,以资驾驶,此乃事起一时,并无常额,亦非每船俱须更换。若回籍改换,旷日持久。否则人照不符,即干盘诘。呈明就地衙门查验更换,给单放行,殊属便民。如籍县于船照后预粘印单,岂能逆料其中途更换,势必空单粘给,难免船户任意添注,益启私租冒顶之端,非所以昭慎重。……应如该府所请,仍照浙省原议,遇有外省船只到闽,沿海各属,自应一体遵照查办。所有溪邑详请各船领给县照,预给官单之处,应毋

① 《严禁勒索船只验烙给照陋规》,《福建省例》二十三,《船政例》,《台湾文献史料丛刊》第七辑第一九九种,台北:台湾大通书局,1984年,第614~616页。
② 《沿海各属渔船仍照议定章程着令船户自行如式刊刻书写》,《福建省例》二十三,《船政例》,《台湾文献史料丛刊》第七辑第一九九种,台北:台湾大通书局,1984年,第628~630页。

庸议。①

从上面的史料不仅可以看到龙溪县请求预先给予官单的建议，还看到了厦防厅此前已经有过添给帮梢的事件，尽管，这一事件最终没有被当时福建省一级的政府所通过，以维持遵照浙江省之惯例而结束，但是，从某种意义上来讲，这也可以被看作是地方政府为出海商民提供便利的积极作为。

我们知道，漳州月港自明代隆庆开海以来，曾经是中国老百姓出洋贸易的唯一合法口岸，从事海洋贸易成为了海澄地方社会经济不可忽视的一股力量。康熙开海之后，清朝政府在厦门设立了海关对进出口的船只进行管理，从此，闽南地方的老百姓们大都是从厦门港出发，泛海贸易采捕。从文献的记载可以看到，清朝政府也考虑到地方社会的特殊性，海澄地方老百姓申请造船出洋等手续相对容易一些：

> 海澄县地处滨海，田园稀少，民多操舟为业，是以请造船只，较多他县。西南与本府属之龙溪、漳浦接壤；东北与泉州府属之同安连界。邻封各县，均属沿海。是以凡遇商民赴澄报造船只，恐有冒混情弊，均经该县历任各令吊集查讯，悉系澄邑籍隶土著诚实良民，取具澳甲、族邻切结，通详奉准置造。竣日方行验烙给照。②

从上述史料的内容可以看到清朝政府对海澄地方百姓申请造船的相关规定，只要是海澄籍贯的诚实良民，同时具有澳甲、族邻的保证，就可以申请造船，船只成造之日，地方官员验看之后就可以颁发船照以供行驶。尽管《福建省例》中声称没有发生外县之人冒充海澄百姓混领牌照的案例，而是提到有一些船户在身体条件下允许的情况下，往往会把船只转卖给邻县民人，这在当时还是比较普遍的情况；但是，我们也不能排除这只是船户转卖船只的借口之一罢了。因为今天的我们是通过《福建省例》的记载才知道这样的情形，而这一事件之所以能进入省例的范围，则是因为海洋上发生了拥有海澄船照而非海澄居民的船只抢劫案件。从这一事件中我们认为，通过船只的转卖，不仅海澄船户获得了利益，而且邻县居民也获得了出洋的机会。通过这一事件，我们从另一个侧面看到了海洋社会的老百姓们在现实

---

① 《外省船只到闽，沿海各属仍照浙省原议一体查办》，《福建省例》二十三，《船政例》，《台湾文献史料丛刊》第七辑第一九九种，台北：台湾大通书局，1984年，第627～628页。

② 《商渔船只买卖立定章程》，《福建省例》二十三，《船政例》，《台湾文献史料丛刊》第七辑第一九九种，台北：台湾大通书局，1984年，第641～642页。

生活中是如何调适政策与具体实践之间的距离的。

清朝政府关于出洋船只的管理条例,可以说是在实践中一步步走向完善的。马背上打天下的清朝统治者纵横于沙场,对海洋的认识经历了从完全陌生到不熟悉、从不熟悉到熟悉的过程。从前面的叙述,我们看到了清朝政府一步步加强对出海船只管理的努力,力图将出海船只的成造之日、离港之时以及回港之期等内容都纳入到其管理的范畴之内。然而,船只一旦出港行驶到茫茫大海中,就会出现许多不可预知的意外,因此,清朝政府相关政策和措施的出台既是其海洋管理的不断完善,同时也是当时海洋社会实际情况的反映。面对着清朝政府逐渐严密的规定,海洋社会的居民们还是屡出新招,特别是渔船方面,时刻在挑战着政府的政策权威。当然,盗贼问题一直是清朝政府关注的焦点,不论是陆地上的还是海洋上的,而海洋上的盗贼则可以看作是促使清朝政府不断调整政策的一个风向标。从另一方面来说,这也反映出了福建沿海地区老百姓们海洋活动的频繁以及地方社会海洋经济的繁荣。

二、清朝政府关于国人旅居海外的态度分析

前文已提及,康熙开海之后,清朝政府允许国人出洋从事贸易和采捕等活动,但是,对于老百姓旅居海外一事,清朝政府始终坚持自己的看法。尽管这样,今天的我们还是从各种官方和民间的文献中看到了许许多多当时国人旅居海外的记载。先不说船只出海之后风涛莫测会发生什么样的事情,也不考虑老百姓出洋贸易的商机是否能让他们按时归来,当然也不排除他们中的一些人是通过不合法的手段前往海外的。在清朝政府看来,这些旅居海外的国人都属于潜藏着危险的人,更害怕他们成长为郑成功式的反清分子。因此,清朝政府对他们是谨慎的,甚至是要强烈打击的。

乾隆年间陈怡老事件的发生与解决,集中体现了清朝政府在国人旅居海外问题上的态度。乾隆十四年(1749 年),私自前往噶喇吧谋生的龙溪县民陈怡老辞去当地的甲必丹之职,携带家眷和货物归国,行至厦门被盘获。当时,这一事件引起了清朝政府从中央到地方的各方关注:

> (乾隆十四年八月乙酉)谕军机大臣等,据潘思榘所称:陈怡老私往噶喇叭,潜住二十余年,充当甲必丹,携带番妇、并所生子女银两货物,归龙溪县原籍,现经缉获究审等语。内地匪徒,私往番邦,即干例禁,况

潜住多年，供其役使，又复娶妇生女，安知其不借端恐吓番夷，虚张声势，更或漏泄内地情形，别滋事衅，不惟国体有关，抑且洋禁宜密，自应将该犯严加惩治，即使不挟重赀，其罪亦无可贷。至于银两货物入官，原有成例，更不待言。今观潘思榘所奏，措词之间，似转以此为重，而视洋禁为轻，未免失宜，著传谕喀尔吉善、潘思榘，一面彻底清查，按例办理，一面详悉具摺奏闻。①

（乾隆十五年五月乙巳）刑部议准：闽浙总督喀尔吉善奏称，龙溪县民陈怡老于乾隆元年，潜往外番噶喇吧贸易，并买番女为妾，生有子女，复谋充甲必丹，管汉番货物及房税等项，于乾隆十四年辞退甲必丹，携番妾子女，并番银番货，搭谢冬发船回籍，行至厦门盘获。陈怡老应照交结外国、互相买卖借贷、诓骗财物、引惹边衅例，发边远充军，番妾子女釐遣，银货追入官，谢冬发照例枷杖，船只入官，从之。②

通过《清实录》的官方记载可以知道：福建龙溪县民陈怡老于乾隆元年（1736年）私自前往噶喇吧，在当地从事商业贸易活动，并娶番女生番子，还曾充当甲必丹，后于乾隆十四年携带家眷财物归乡，引发清朝政府从中央到地方的关注。从乾隆皇帝的言论中，我们看到了当时清朝中央政府对此的明确态度，认为陈怡老私往番邦、娶番妇生番子、漏泄内地情形等行为关乎国体，同时对地方督抚的说法作了纠正，认为他们"视洋禁为轻，未免失宜"。由此可见乾隆皇帝仍特别注重洋禁，最终清朝政府对陈怡老事件的定性是以交结外国、互相买卖借贷、诓骗财物、引惹边衅例，将陈怡老发配边远地区充军，番妇番子遣散，财物没收，就连船主谢冬也受到"枷杖，船只入官"的处置。清朝政府对这一事件的处理，引发了一系列的连锁反应，连福建巡抚陈宏谋也承认："自此贸易商民，稽流在番者，各怀疑畏，不敢回籍"。

另外，与陈怡老同为龙溪老乡的黄可润写了《陈开洋禁禀》，当中的记载显示了当时的情况：

自陈怡老获谴之后，贩洋之人以为大戒，身家稍裕者总不敢归，即归矣，吏役乡保吓骗需索，其家立破，是贩洋有室家之人终无生还之日，倚闾守帷，寡人之妻、孤人之子、愁怨者何止数十万户。夫流徙悔过，尚

---

① 《清高宗实录》卷三百六十一。
② 《清高宗实录》卷三百六十四。

有准归之日,今既不能绝其去之缘,而永断其归之路。①

与此同时,黄可润认为,福建山多、沿海多而土地少的基本情况是形成沿海百姓贩洋成风的重要原因,特别是以漳泉二府为著,"大约贩洋之家,十居七八",可见,在当时的闽南地区,贩海经商是地方海洋社会的一个常态。而商人们历尽艰辛远道而去,又可能会遭遇到一些突发情况,所以有的时候,他们就不得不暂留其地以候时机;此外,由于"洋中物产饶而女口贱,娶一妻,槟榔一盒耳,故在内地虽有室家,而到彼贸易未有不娶妻生子女者",他们当中有的还在海外娶妻生子。但是,这些人都是良民,时刻记挂着家乡,"故沿海之人虚往实归,资财既多,乡里咸沾余润"。因此,黄可润呼吁道:应该"仍照前例任其带回,不许吏役等骚扰",这样,沿海百姓之家才会有"父母兄弟妻子之乐"。

陈怡老事件在清朝政府中引起了很大的关注,亦在其家乡龙溪一带引发了相当大的震动。对于清朝中央政府而言,"洋禁"是其关注的重点,他们坚信"禁"是维护其政权稳定的前提,因而也是陈怡老获罪的重因。对于黄可润之辈而言,本地区独特的自然条件势必带给沿海人民以海为生的生计方式,他们自然地走向了朝廷所认定的"交结外国、互相买卖借贷、诓骗财物、引惹边衅"的道路。乾隆皇帝对他们那种"视洋禁为轻"的态度显然是无法容忍的,势必采取极端的处罚手段。而壶山黄氏家族几代人因为"家贫"②、"以家累辍学"又禁不住走上从事海洋活动的道路,以海洋贸易的经济收益实现着"耕读传家"的仕宦梦想。

通过黄可润的论述以及对相关族谱的分析,陈怡老这样的情况是闽南海洋社会经常可以看到的社会现象,例如还有,龙溪县流传社郭氏第十四世孙郭志道在国外娶洪氏,③以及龙溪县碧湖社杨氏第十六世孙杨魏娶番女④等等。另外,福建漳州南靖县人庄亨阳在其《禁洋私议》一文中也曾经谈到:

> 福建僻在海隅,人满财乏,惟恃贩洋。番银上以输正供,下以济民用。如交留吧者,我民兴贩到彼,多得厚利以归。其未归者,或在彼处为甲必丹转徙贸易,每岁获利千百不等,寄回赡家。其族戚空手往者,

----

① (清)黄可润:《壶溪文集》卷五,《请开洋禁禀》,稿本,福建省图书馆藏。

② 光绪《漳州府志》卷三十二,《人物》中有云:"文扬为人纯厚,行三,家贫,父母老伯兄病足,季弱甚,乃与仲兄居肆厦门,月更选归省致甘鲜。"

③ 《流传郭氏族谱》(世系图、宗支总图),清嘉庆年间编修。

④ 《白石杨氏家谱》,明隆庆修,清康熙续,道光二十八年(1848年)重修。

咸资衣食给本钱为生，多致巨富。故有久而未归者，利之所存，不能遽舍也。去来自便，人各安其生。自海禁严，年久者不听归，于是有获利既多，徒望故乡而陨涕者。又有在限内归，而金过多，为官吏垂诞，肆行勒索无所控告者，皆禁之弊也。夫不听其归，不可。若必促使尽归，令岛夷生疑惑，尽逐吾民，则自绝利源，夺民生而亏国计，尤不可也。又设禁之意，特恐吾民作奸，勾岛夷以窥中土。不知交留吧不过荷兰一小属国，去荷兰尚数千里，相隔既远，无从生心。又吾民在彼者，贫则仍留，富则思返，怀土顾家，亦必无引彼窥我之事。此皆前任督抚不恤民瘼，张大其说，以见己之留心海邦。而厉阶之生，遂至今为梗矣。①

尽管庄亨阳籍贯属于南靖县，与海洋尚有一定的距离，但是我们从黄可润家族一些人的墓志铭中看到了庄亨阳与海洋有着密切的关联——黄可润次子黄涵迎娶庄亨阳的孙女，而黄可润家族自其父辈开始便积极投身海洋贸易活动的大军当中，黄可润的几个兄弟也是贸易闽台、行走南北之人。我们可以说，这样的关系网络使得庄亨阳对国人出洋贸易旅居海外的情况知之甚深。庄亨阳认为，福建沿海的穷苦百姓空手跨海出洋，努力奋斗，多得厚利才会回到家乡，而他们之所以停留在海外多是出于生意上的考量，而清朝政府根本无需担心百姓多作奸、勾结岛夷窥视中土。另外，庄亨阳也说的很明白，福建地方官员如总督巡抚的夸大其词也是影响清朝政府决策的重要原因。

后来，随着时间的推移和形势的发展，清朝政府对旅居海外老百姓的情况有了一些了解，原先的政策有所放宽：

至无赖之徒，原系偷渡番国，潜往多年，充当甲必丹，供番人役使，及本无资本流落番地，哄诱外洋妇女，娶妻生子，迨至无已往生，复图就食内地以肆招摇诱骗之计者，仍照例严行稽查，又议准从前出洋回籍，原无定限；迨后定以三年，倘稍有逾限，即不得返回故土，似非一体同仁之意。嗣后出洋贸易者无论年份久近，概准回籍。若本身已故，遗留妻妾子女亦准回籍。②

----

① （清）庄亨阳：《禁洋私议》，《秋水堂集》，福建省南靖县地方志编纂委员会整理，2005年，第43页。

② （清）陈寿祺等撰：《福建通志》卷二七〇，《国洋互市》，清同治十年（1871年）重刊本之影印本，台北：华文书局股份有限公司，1968年。

三、百姓泛海出洋前仆后继

（一）龙溪福河李氏家族

福河李氏，世居漳州府龙溪县十一都福河社，明代中后期即有族人前往吕宋进行贸易活动，1603 年马尼拉大屠杀的时候，就有一些族人因"遭兵变"而亡。入清以来，福河李氏族人继续贩海经商，驰骋异域，例如：

二十世，贞，商于海外。

二十世，贤，商于吧。

二十世（溪尾），荣贞，商于吕宋。

二十一世（溪尾），基，商于吧。

二十一世（溪尾），镇、湛、谐，商于吧；吸，商于暹罗。

二十一世，尧，二十二世峉，商于吕宋。①

（二）龙溪东山林氏家族

上一章节内容中曾经提到，漳州府龙溪县二十九都东山林氏自明末清初即有族人前往海外诸如吕宋、柬埔寨、咬留吧等国家和地区的记录。从族谱上的内容可知，东山林氏于康熙壬申年（三十一年，1692 年）编修族谱，次年四月完工。清朝政府于康熙二十三年（1684 年）实行开海政策，而东山林氏族谱中的某些信息给我们透露了当时东山林氏家族与生活在海外的族人之间的信息是可以互通的，例如：

十三世梅四房，亲奇，志实子，生顺治丁亥（顺治四年，1647 年）五月初四丑，终在吕宋，康熙丁卯（康熙二十六年，1687 年）三月初七成娶四望山范氏，改节，子一鹤。

十三世梅四房，约、定迁吕宋。林约，士圭四子，讳世治，生崇祯丁丑（崇祯十年，1637 年），终吕宋。林定，士圭五子，讳世静，生崇祯庚辰（崇祯十三年，1640 年）八月廿六卯，终吕宋，康熙乙丑（康熙二十四年，1685 年）四月初二未娶岭后郑氏，生崇祯壬午（崇祯十二年，1642 年）六

---

① 《福河李氏宗谱》，清康熙三十五年（1696 年）续编，1995 年复印。

月十二卯,终康熙己巳(康熙二十八年,1689年)六月十六未,葬康坑继垄坐庚,子五:展、雄、猛、勇、壮。①

另外,通过上述史料的记载,我们看到了明末清初龙溪东山林氏家族的生活场景:林氏第十三世祖如林亲奇、林定等人,出生于漳州九龙江下游沿岸的海洋社会,他们曾经为了生存,泛海出洋,经过了一番的艰苦奋斗,终于回到故乡,成家也才提上日程。因此,我们在族谱上看到了他们成婚年龄不同于平常男女,他们两个人都是在康熙二十三年(1684年)开海之后才成家的,年龄也都超过了四十岁。不仅如此,在其成家之后,他们再次乘风出洋,并最终在吕宋走完了人生的最后旅程。

(三)龙溪壶山黄氏家族

上一章节中曾经提到,明末清初,龙溪壶山黄氏家族可能已经有族人参与海洋贸易活动,积累了一定的经济基础。十五世祖黄淑孕生四子,长子文进,次子文焕,三子文扬,四子文约,其中文焕曾经赴海外经商,归国后与三弟文扬在厦门设肆,从事商业贸易活动。

关于黄文焕的生平,我们仅在光绪年间编纂的《漳州府志》中黄宽②的记载条目中找到相关记述:

> (黄宽)父文焕,生有至性,七岁就外塾,归日已午,母氏方织不设食,密以手抚灶,灶冷不敢问,仍之塾,恐伤母心也。年十八,辞二亲往贩外国,方出门时,母以小块石缠裹针线,手授之,针线尽而石不忍弃,藏箧中,每思亲则启视泪下,归娶妇孝养膳饮皆手进,凡所有毕以奉二亲,与弟文扬交相爱无间。③

从上面的史料内容可以看到,黄文焕小时候也曾经进入私塾接受过儒家经典教育,十八岁时离开家乡,前往外国从事贸易活动。后来,经过了一段时间的发展,黄文焕选择回国(时间大约在康熙四十年,1701年),并在厦

---

① 《九牧二房东山林氏大宗谱龟山册系》,清康熙三十二年(1693年)。

② 黄宽(1709—1773),字济夫,号巽亭,清代漳州府龙溪县壶屿人,黄可润同祖弟,文焕之子。幼年丧父,乾隆十四年(1749年)进士,曾任江西崇义县知县,后回乡执掌邺山书院二十年,乾隆十一年(1746年)重修壶山黄氏四房谱。此外,黄宽还曾经参与了乾隆年间二十七年(1762年)《龙溪县志》的编纂。

③ 光绪《漳州府志》卷三十二,《人物》。

门设肆经营。① 乾隆二十四年（1759 年）四月初九日，黄文焕夫妇因其长子黄宽之故按例受到清朝政府的嘉奖。②

黄文扬（1679—1751），字季常，号穆园，黄可润之父，出生于同安县中孚村。海氛平静之后，随父回到龙溪壶屿。③ 当时，长兄文进病足，次兄文焕在外面从事商业贸易活动，四弟文约年龄还小，因此，黄文扬在家中主持事务。之后，黄文焕从海外归来，在厦门设肆，文扬与其兄一起经营。黄文扬去世之后，长子黄可润为其撰写了行述，后来庄有恭（1713—1767）为其撰写的墓志铭内容基本上来源于此。④ 通过《行述》，我们对黄文扬的生平经历有了一个比较直观的了解：

> 府君讳文扬，字季常，号穆园，世居漳州之龙溪壶屿，高祖仰庭公，曾祖澹甫公，祖俊升公，父敦恺公，赠奉直大夫。府君，敦恺公第三子也。当海氛未靖时，有司檄文，徙濒海居民，敦恺公自壶屿迁同安之中孚村，而府君生焉。初入塾，师授句，读毕必请其义，师曰：孺子世乱，略识字足矣。府君固请，师奇而从之。年十二，归省先人庐墓，龙溪途遇虎，府君屹立不动，虎竟去，人异之。海寇平，敦恺公累家还壶屿，辟榛芜，粗立家室，于时，伯父病足，仲父贾于外，季父方弱，内外事，府君经营劳瘁，惟家人知之。已而，仲父旋里，有肆在厦门，府君与仲父互归定省，甘鲜不绝，垂二十载。仲父遘疾殂，府君自厦门闻之，惶就途，未至家得凶讯，槌胸恸不能前，数步一仆，乡邻为感泣。季父海飓忽起，举家忧惶，府君自驾船，排风浪径赴之，挽不能止，出海风渐息，中流两船相值，悲喜交集，见者叹曰：嗟，此真兄弟也。自仲父殁后，府君遂不离亲

---

① 黄可润在为其父黄文扬所写的《行述》中有云："自仲父殁后，府君遂不离亲左右，聚居养三十年"，按黄文扬于乾隆十六年（1751年）年去世，据此推算黄文焕大约殁于康熙六十年（1721年）；又"已而，仲父旋里，有肆在厦门，府君与仲父互归定省，甘鲜不绝，垂二十载"，可以估算文焕大约于康熙四十年（1701年）从海外回乡，并在厦门设肆经营。康熙四十年，文扬年二十三，而文焕为其兄，故从十八岁贩洋开始算起，文焕在海外从事贸易活动的时间至少有六年之久。

② （清）黄宽纂修：《龙溪壶山黄氏族谱图系不分卷》，清抄本，福州：福建省图书馆藏。

③ 黄可润在《行述》中有云："（文扬）年十二，归省先人庐墓，龙溪途遇虎，府君屹立不动，虎竟去，人异之。海寇平，敦恺公累家还壶屿……"故黄氏迁回壶屿的时间大约在康熙三十年（1691年）之后。

④ 《例赠中宪大夫穆园黄公墓志铭》，《壶山黄氏传志录》。

左右，聚居养三十年。……①

上述的史料，为我们成功地刻画出了一个生长于地方海洋社会、不断进取、敢于冒险的的普通老百姓形象。透过黄可润的描述，我们对黄文扬的生平有了一个整体上的把握：生于世乱时代，与其兄文焕一样，曾入私塾接受儒家教育，具有一定的知识积累；十二岁的时候，在归乡为先人扫墓的途中，遇虎而沉着冷静；在台风来临之际，黄文扬独自驾船"排风浪"出海寻其弟等等，均显示了其过人的胆识。

黄文扬生七子，长子可润，次子可澧，三子可泰，四子抡元（出嗣），五子可垂，六子照，七子烈。

黄可澧，字振夫，黄可润的二弟，太学生，从事商业贸易活动，足迹遍及苏州、厦门、台湾等地，后殁于苏州，卒年四十五。我们知道，自明朝中后期以来，江南地区的丝绸作为海外贸易的重要商品之一，源源不断地运往漳州月港，继而流向海外市场，故当时出现了漳州仕商"梯山航海"到吴门的壮观景象。明朝中叶，到苏州寻求发展的漳州人开始集资筹建义冢，以埋葬在苏州地方去世未能归葬的乡人。久而久之，原先的义冢已经容纳不了日渐增加的无归乡人。因此，在苏州的漳州乡人再一次集资买地凤凰山，扩大原先义冢的范围，黄可澧在其中亦发挥了重要作用，当时任职吴地的庄有恭听闻此事表示了嘉许。② 另外，黄可润作《苏州藕花庵增置义冢记》以记之：

> 吴门为大都会，吾漳之梯山航海以来者，仕商毕集，修短丰啬各有不齐之数，其不能遂首邱之愿悲哉命也有。明中叶，公建义冢在天平山东北之原二里许、支硎山之南一里许，惧其馁，置田五十亩有奇以祀之，以其余饭憎。惧其涣，为之开藕花庵数十楹以守之，有待而未葬者，设殡室以妥之。其在庵之后为后山冢，庵之左为潘家山冢，庵之右为四亩山冢，其在凤凰山之北、牛头山之东南，为三山坟，其在总持林之南一里为十亩山冢。岁时祭扫，修其圮废，旅榇孤魂无复狐兔之悲矣。传之既久，诸冢毗附如栉，其不能归者日积至百数十柩，殡室皆满，吾乡同人在吴门者复怆焉，念之爰倾囊以襄义举，买地于支硎山东原为五亩山，葬木□八十有奇，骸斗四十有奇，立石表志不忘焉。……今吾乡诸君子既

---

① （清）黄可润：《壶溪文集》卷四，《皇清赠奉直大夫显考穆园公府君行述》，稿本，福建省图书馆藏。
② 光绪《漳州府志》卷三十二，《人物》。

不惮出不赀之费,而不以彼易此,又为之筹划精详,使其家人自谋亦不过是。九原可作其含笑无复余悲可知也。夫子曰里仁为美,今诸君子已离乎里而犹共敦其仁焉,吾乡风俗之古所由来远矣。谨识之,以俟后之君子兴其仁而师其法,而重念夫死生之际也。①

从这一则史料的内容中可以了解到:自明朝中后期以降,漳州商人就不断地前往苏州从事贸易活动,独在异乡的游子情怀让他们走到了一起,"义冢"之举表达了他们对于乡情的诉求。由此,我们也看到了自明代中叶以来,漳州商人一直在苏州延续发展。除此之外,黄可澧在苏州期间,碰到南北往来有困难的可润之友都会加以帮助,即使是朋友的朋友,可澧也会伸出友谊之手。②

黄可垂(1720—1772),字章夫,一字毅轩,黄可润的五弟,乾隆贡生,后获赠中宪大夫。十五岁的时候,黄可垂跟随其同祖兄黄惇夫前往汶莱从事贸易活动。两年之后,又从汶莱前往吕宋,之后才跟着回国的商船从上海返回中国,途经苏州、厦门回到家乡,其时年龄尚未满二十岁。后来,黄可垂又渡海台湾,在闽台海域之间数次往返。③ 纵观黄可垂的一生,其足迹遍及国内上海、苏州、厦门、台湾以及汶莱、吕宋等南洋国家和地区,在其他兄弟走上仕途的同时,支持着家族的生计。嘉庆四年(1799年),六弟黄照时任江南道监察御史加三级,奏请愿将本身妻室应得之封典赠兄毅轩先生中宪大夫、嫂王氏封恭人,表达了对其五兄黄可垂夫妇的感激之情。④

另外,黄可润的三弟黄可泰出任广东德庆州牧之前,也曾经跟随其二哥黄可澧在台湾、苏州帮忙打理事务:

> 己未,遭太宜人忧,伯兄甫成进士,闻讣归,仲叔二兄先后客台湾、姑苏,(可垂)佐伯兄求葬地……⑤

通过对各种资料的综合分析,我们可以发现黄可润兄弟几人通盘考虑各自的长处,实现了读书、经商等职业的分工:长兄可润业儒,官畿辅;次可澧业商,曾客台湾、姑苏,后殁于苏州;三可泰也曾与可澧客台湾、姑苏,后仕

---

① (清)黄可润:《壶溪文集》卷一,《苏州藕花庵增置义冢记》,稿本,福建省图书馆藏。

② 光绪《漳州府志》卷三十二,《人物》。

③ 《黄毅轩先生墓志铭》,《壶山黄氏传志录》。

④ 《黄门恭顺王恭人附葬墓志铭》,《壶山黄氏传志录》。

⑤ 《黄毅轩先生墓志铭》,《壶山黄氏传志录》。

岭南;四可受业儒;五可垂业商,曾参与从事海外贸易,身负一家生计之重任。六照业儒,官至江南道察院御史。总而言之,在经历了明清战乱之后,壶山黄氏家族抓住了机遇,重新出发,积极投身海洋贸易活动,在追求"朝为田舍郎,暮登天子堂"理念的同时,也书写着海洋人敢于冒险、不断进取的动人篇章。

由此可见,在康熙二十三年(1684年)清朝政府实行开海贸易政策之后,龙溪壶山黄氏家族和沿海社会的许多家族一样,加入到了贩海通商的浪潮中。一直到乾隆年间,壶山黄氏家族获得了比较大的发展,十七世祖黄宽于乾隆十一年(1746年)重修壶山黄氏四房谱,族谱中不仅登录了黄氏一族的庠序题名,而且收录了清朝中央政府对于黄可润夫妇、黄可润父母、祖父母和黄宽夫妇及其父母的几次嘉奖。[1] 可以说,黄氏家族在经历了明清之际福建沿海地方社会的混乱局面之后,回到壶屿故地,重新出发,再次整合,到乾隆年间,黄氏家族不仅通过海洋贸易活动积累了一定的经济实力,家族中还出现了诸如黄可润、黄可泰、黄照和黄宽等精英人物,与此同时,黄氏家族也和当时庄亨阳[2]、蔡新[3]、官献瑶[4]等闽南籍士绅缔结了姻亲关系,发展了本家族的人际关系网络。壶山黄氏家族的发展经历了依靠海洋贸易活动积累资金,鼓励家族子弟经科举而跻身官途,并进而主宰地方社会的过程。

在经历了明末清初战乱之后,黄氏家族面临的首要任务之一便是家族的重建工作。前文已有提及,乾隆十一年(1746年),黄氏家族第十七世孙黄宽重修了壶山黄氏四房谱。同时,乾隆十九年(1754年),鉴于"海氛功令徙界,族在徙中,荡析离居,宗庙遂为荆榛"的情况,黄氏家族重修了祠堂。[5] 另外,光绪年间的《漳州府志》中有云:

> (可润)爰置壶屿初祖祀田,费千金,次及小宗,友爱郡从大功共财有无相资晚岁服官于外,念诸昆睽隔作诗曰：……[6]

上述的这些举动,可以看成是复界之后黄氏家族自身的一次重新整合。

---

①　(清)黄宽纂修:《龙溪壶山黄氏族谱图系不分卷》,清抄本,福州:福建省图书馆藏。

②　黄可润次子黄涵娶庄亨阳之孙女。

③　蔡新为黄可润撰写墓志铭时,自称"年姻家"。

④　黄可澧次子黄澄娶官献瑶之女。

⑤　(清)黄可润撰:《壶溪文集》卷一,《支祖宾王公祠堂记》,稿本,福建省图书馆藏。

⑥　光绪《漳州府志》卷三十二,《人物》。

除此之外,黄可垂对整个家族的贡献也是值得一提的:

> 兄以一身膺家计之重,坐不安席,漳江鹭岛,日乘小舟,逐潮汐上下,晚爱武安佳山水俗淳朴为根本地,买屋汲汲营创。门外千指,赖以温饱,其尤难者,克己任怨,凡琐屑烦苦事,悉以身肩焉。戚族才质可任者,咸择业处之,使自食其力。平生耻居于内,每自外归,心与兄弟晤言竟日,或就先人前,焚香洒扫,未尝入私室,得美衣珍物,必先遗兄弟。同祖兄巽亭,宰崇义,引疾归,携子侄课学邺侯山,兄为拓别业,以资悦研,一切日用之需,如期致馈无少缺,二十年如一日。自奉甚啬,而事先必丰。支祖宾王公祠宇,明季毁于兵火,伯兄倡族人重建之,旋赴官,兄实终其事。既成,又为王父赠大夫敦恺公立家庙,宏堂构备祭器,凡力所能致者无少干。或讽之曰:予素俭,是不几于过饰尽制乎? 兄笑曰:俭,可施于祖耶。殁之日,遗命捐白金千两为大宗贸义田。

> 兄以家累辍学,援例贡成均,而持身严正,于古励行之君子有合焉。数十年来,行谊矫矫,宗族乡党□耳目,而性情心术,虽族党未必胥见具闻焉,照悉心识之。[①]

从史料中我们知道,壶山黄氏家族发展到第十七世,除了黄可润、黄可泰、黄照、黄宽等业儒走上仕途之外,还有黄可澧、黄可垂等人从事商业贸易活动,足迹遍及海内外,肩负家族生计的重担。黄可垂在其临终之日,还留下遗命,捐献百金千两作为大宗的义田之用。在黄可润去世之后,黄宽担负起家族的丧祭大事,主持家政族务,并然有序。[②]

(三)海澄圭海许氏家族

前文提到,自明中叶以降,月港地方因海外贸易的发展而日益繁荣,聚居于圭海的许氏家族对于海洋贸易自然不陌生,而雍正年间担任福建水师提督的许良彬以其具体实践让我们充分感受到了海洋人在这方面的风采。根据《高阳圭海许氏世谱》的记载:

> 良彬公,字质卿,号文斋,幼名荫,英生公长子也,生康熙庚戌年八月廿八日……少习举子业,虽从事毛锥常有乘长风破万里浪之志,时宫傅公提军百粤,弃业往谒,宫傅公见而器异之,留幕府政务多所参酌,及

---

① 《黄毅轩先生墓志铭》,《壶山黄氏传志录》。

② 光绪《漳州府志》卷三十二,《人物》。

宫傅公捐馆，遂浮海遍历诸外国，凡天时之常变、风潮之顺逆、山屿岛澳之形势无不留心究访，以故水务尤谙熟。①

另外，光绪《漳州府志》亦载：

> 许良彬：字质卿，海澄人，人少诚实，与人无竞，长从族父提督正于军门，因究心韬略，对知交慷慨谈，谓大丈夫当巢名清时图形麟阁上，即不然亦当乘宗悫长风破浪万里，安能郁郁老宇下戕居无何。正将遣人适外国而诸子惮行，良彬请往，由是，海中岛澳风潮夷险顺逆皆了然。贾粤东，与南洋人互市，市约期而归，货直过三期则否不为负。洋人与良彬贸易成贾而返，会其国有变，逾五载乃来，良彬悉封识其直计数以偿，且予息，商人归告其酋，酋曰：能若是乎？令诸夷悉赴良彬商，遂雄于财。②

通过上述两则史料，我们可以得知：许良彬早年跟随其族父许正于从军，曾受命出海遍历诸外国，故对海上之天时、风潮、海中岛澳形势等情况了解甚深。后来，许良彬在粤东地区与南洋人进行贸易，讲求诚信是他经商的重要指导原则，洋人争先与之贸易，许良彬因此而雄于财。这些经历不仅为许良彬积累了大量财富，同时也成为其后来任职海疆的重要因素。最终，许良彬以熟悉海疆事务之故受命担任福建水师提督，驻防厦门。

另外，《高阳圭海许氏世谱》也记载了族人前往海外生活的内容：

> 十四世（港滨派）廷选，名待，住暹罗。
>
> 十四世（港滨派）嗣岑，名天恩，住番吧。
>
> 十五世（港滨派）成圻，名抱，故于番。
>
> 十五世（美江派）富、石俱住番邦。③

众所周知，由于族谱的性质等原因，对于普通的老百姓而言，他们的日常活动尽管丰富多彩，但是只有生卒时间、葬地、迁徙等信息才会进入到族谱编撰者关注的视野当中，而我们后人通过这些残缺不全的信息，也只能勾画出他们当时活动的空间，知道他们曾经跨海出洋，背井离乡，离开祖籍地，到达一个新的环境。另外，虽然这些数据在海洋活动频繁的海澄并不突出，究其原因，可能是与许氏族谱编撰的年代相关，圭海许氏族谱刊刻于雍正八

---

① 《军功列宦行实·良彬公》，《高阳圭海许氏世谱》卷二，清雍正七年（1729年）编修。

② 光绪《漳州府志》卷三十二，《人物六》。

③ 《高阳圭海许氏世谱》卷四至卷六，清雍正七年（1729年）编修。

年(1730年),此后未有重修。直到近年来,港滨派许氏族人正组织筹划重修族谱,并于2010年6月完成初稿送审。尽管,这次的族谱重修仅是圭海许氏港滨支派的单独行为,但是其族谱中仍不乏族人前往东南亚发展的记载。

第三节　闽台对渡日益兴盛与政策的逐步调整

一、鹿耳门开渡

康熙二十二年(1683年),清朝政府收复台湾,朝廷内外即展开了一场关于台湾弃留问题的讨论。同年十月十日(1683年11月27日),当大臣奏请康熙皇帝因台湾平定之喜上尊号之时,康熙皇帝曾经说道:

> 台湾仅弹九之地,得之无所加,不得无所损,若称尊号、颁赦诏,即入于矜张粉饰矣,不必行。[①]

可见,在清朝统治者的眼中,平定台湾最初的意义仅仅是解除了郑氏海上政权对东南沿海、特别是福建地区的威胁。

施琅的《请留台湾疏》对台湾在东南四省海疆安全上的重要性作了充分的阐述,坚定了清朝政府把台湾纳入版图的决心:

> 窃照台湾地方,北连吴会、南接粤峤,延袤数千里。山川峻峭、港道纡迴,乃江、浙、闽、粤四省之左护。盖筹天下之形势,必求万全,台湾一地虽属外岛,实关四省之要害。[②]

基于上述原因,在收复台湾初期,清朝政府采取了"为防台而治台"的消极政策,主要着眼点在于海防,但求东南沿海的安定,并没有积极开发台湾。[③]　这样的治台理念,其产生和实践与当时清朝政府所处的历史背景有

---

① 《清圣祖实录》卷一一二,北京:中华书局,1985年,第20~21页。

② (清)高拱乾:《台湾府志》卷十,《艺文志》,《台湾文献史料丛刊》第一辑第六五种,台北:台湾大通书局,1984年,第231~233页。

③ 黄福才:《台湾商业史》,南昌:江西人民出版社,1990年,第86页。

着密切的关系，可以说，清初的海疆政策为清廷以后全力经营西北赢得了时间，腾出了必要的兵力和财力。[①] 后来随着形势的发展，清朝政府在一定程度上对原有的政策进行了调整。可见，清朝政府的治台理念并不是一成不变的，而是逐渐发展的。

关于开鹿耳门港与厦门港对渡，连横的《台湾通史》有这样的记载：

> （康熙）二十三年春，文武皆就任。……初，延平郡王成功克台之岁，清廷诏迁沿海居民，禁接济。至是许开海禁，设海防同知于鹿耳门，准通商，赴台者不许携眷。[②]

从以上内容可知，虽然施琅在《请留台湾疏》一折中，没有明确提出开海禁以及台湾与厦门港对渡港口等方案，但是我们可以做这样的思考：清朝政府之所以选择鹿耳门，首先是因为台湾统一之后，清朝政府面临的台湾已经历了郑氏子孙三代的经营，而鹿耳门自郑成功驱逐荷兰人之后，就是明郑政权进行贸易的重要港口。选择鹿耳门作为对渡港口可以说是清朝政府对明郑时期鹿耳门贸易传统的延续。其次，前面提到，鹿耳门港的自然地理条件比较险要，港口的入口极其狭小，只要在港口的两边安置炮台，就能达到较好地控制入港船只的目的，有利于对偷渡的稽查。这也是当时偷渡现象严重，但较少在鹿耳门港登陆的原因所在。再次，自明郑时期以来，鹿耳门就有建筑炮台，派兵驻守。清朝政府接手之后，也有加强鹿耳门港军事防守的措施，而且派驻台湾的一万军队中，大部分驻防在台湾府城附近，对鹿耳门港口也可以起威慑作用。

二、闽台对渡贸易的相关政策

康熙二十二年（1683 年），清朝政府统一台湾，沿海各省的海禁令逐一解除。二十三年，设海防同知于台湾的鹿耳门，准许两岸百姓往来通商。自此，闽台对渡贸易拉开了序幕。

上一节中关于商船和渔船出海贸捕的相关政策规定，自然也适用于康

---

① 马汝珩、马大正主编：《清代的边疆政策》，北京：中国社会科学出版社，1994 年，第 210 页。

② 连横：《台湾通史》卷三，《经营纪》，《台湾文献史料丛刊》第一辑第一二八种，台北：台湾大通书局，1984 年，第 61 页。

熙二十二年清朝政府统一台湾之后的闽台对渡贸易,同时,鉴于台湾一府在东南四省海防安全上的重要性,清朝政府还专门针对普通百姓对渡厦门——鹿耳门港的海上活动作出了更为详细、具体的规定:

> 商船自厦来台,由泉防厅给发印单,开载舵工、水手年貌并所载货物,于厦之大嶝门会同武汛照单验放。其自台回厦,由台防厅查明舵水年貌及货物数目换给印单,于台之鹿耳门会同武汛点验出口。台、厦两厅各于船只入口时,照印单查验人货相符,准其进港。出入之时,船内如有夹带等弊,即行查究。其所给印单,台、厦二厅彼此汇移查销。如有一船未到及印单久不移销,即移行确查究处。①

由此可见,对于闽台地区老百姓的对渡贸易活动,清朝政府采取了主要由海防同知衙门——即泉防厅和台防厅负责办理对渡手续、文武官员会同查验的办法来加强管理。故自康熙二十三年(1684年)起,闽台对渡贸易日益呈现出欣欣向荣的景象,首任巡台御史黄叔璥(1680—1758)在其所著的《台海使槎录》一书中,对康熙末年漳泉海商闽台对渡、贸易南北的情况有这样一番描述:

> 海船多漳、泉商贾,贸易于漳州,则载丝线、漳纱、剪绒、纸料、烟、布、草席、砖瓦、小杉料,鼎铛、雨伞、柑、柚、青果、橘饼、柿饼,泉州则载瓷器、纸张……建宁则载茶;回时载米、麦、菽、豆、黑白糖饧、番薯、鹿肉售于厦门诸海口,上海、姑苏……浙江则载绫罗、绵绸、纱、湖帕、绒线;宁波则载绵花、草席;至山东贩卖粗细碗、碟、杉枋、糖、纸、胡椒、苏木,回日则载白蜡、紫草、药材、绸、麦、豆、盐、肉、红枣、核桃、柿饼;关东贩卖乌茶、黄茶、绸缎、布匹、碗、纸、糖、面、胡椒、苏木,回日则载药材、瓜子、松子、榛子、海参、银鱼、蛏干。海壖弹丸,商旅辐辏,器物流通,实有资于内地。②

然而,另一方面,闽台两岸对渡贸易经济的繁荣也为海贼的猖獗滋生了土壤,康熙末年台厦之间海域上的盗贼横行,当时福建官员陈瑸就此提出会哨、护送以及连环等解决办法,得到了康熙皇帝的支持:

---

① (清)余文仪:《续修台湾府志》,《台湾文献史料丛刊》第一辑第一二一种,台北:台湾大通书局,1984年,第109页。

② (清)黄叔璥:《台海使槎录》,《台湾文献史料丛刊》第二辑第四种,台北:台湾大通书局,1984年,第47~48页。

台厦海防与沿海不同;沿海之贼,在突犯内境;台厦海贼,乃剽掠海中。自厦门出港,同为商船,而劫商船者,则同出港之商船也。在港时,某船之货物银两,探听既真,本船又有引线之人,一至洋中,易如探囊取物。故台厦防海,必定会哨之期,申护送至令,取连环之保。①

从上面的分析可以知道,清朝政府在厦门与鹿耳门之间对渡贸易的管理政策的制定上是比较严格的,试图通过对厦门与鹿耳门这两个港口的管理来达到控制闽台对渡贸易、稳定海洋社会的目的。

另外,在闽台对渡贸易的过程中,清朝政府为了解决内地的兵粮问题,制定了台运的相关政策。关于台运,道光年间编修的《厦门志》有这样的说明:

台湾,内地一大仓储也。当其初辟,地气滋厚,为从古未经开垦之土,三熟、四熟不齐,泉、漳、粤三地民人开垦之,赋其谷曰正供,备内地兵糈。然大海非船不载,商船赴台贸易者,照梁头分船之大小,配运内地各厅县兵谷、兵米,曰台运。②

乾隆十一年(1746 年),巡抚周学健(1693—1748)作出规定:商船赴台贸易者,照梁头与船只之大小,每船自一百至三百石而止,配运内地各厅县兵谷、兵米及采买平粜米谷,具体规定如表 5-1 所示。

表 5-1　台运商船配载表

商船类别	梁头尺寸	配载数量
大船	一丈七尺六寸至一丈八尺	三百石
次大船	一丈七尺一寸至一丈七尺五寸	二百五十石
大中船	一丈六尺至一丈七尺	二百石
次中船	一丈五尺六寸至一丈六尺	一百五十石
下中船	一丈四尺五寸至一丈五尺五寸	一百石
小商船	一丈四尺五寸以下	例免配载

资料来源:(清)余文仪:《续修台湾府志》,《台湾文献史料丛刊》第一辑第一二一种,台北:台湾大通书局,1984 年,第 110 页。

---

① 《台湾通志·列传》,《台湾文献史料丛刊》第一辑第一三〇种,台北:台湾大通书局,1984 年,第 469～470 页。

② 道光《厦门志》卷六,《台运略》。

此外,政府对每石米谷的脚价、拈阄决定配运的方法以及根据水途远近给予相应优待等问题,都有详细的规定:

> 每石脚价,定银六分六厘六毫五丝;自厦载往他处,水程每百里加银三厘。遇奉文起运之时,将入口船只,计梁头之丈尺,配米谷之多寡。至交卸处所,水程有近远之不同;将交卸地方写入阄内,当堂令各船户公同拈阄。阄值何处,即照拈配运,若水途远,如至福州府属及南澳等处交卸者,给与免单二张;其余兴、漳、泉等属则水途较近,给与免单一张。俟该船下次入口,将免单呈缴,免其配运。至台湾小船往各港运载到府交卸者,每石脚价银三分,着船总雇拨小船运载。①

乾隆三十七年(1772年),详定糖船配谷一百六十石,横洋船配谷八十石。四十八年,又奉部议:如遇加运之年倍于年额者,每船加倍配谷:糖船应配三百二十石,横洋船配一百六十石。② 道光年间《厦门志》对从事两地贸易商船的种类有这样的补充说明:

> 商船,自厦门贩货往来内洋及南北通商者,有横洋船、贩艚船。横洋船者,由厦门对渡台湾鹿耳门,涉黑水洋。黑水南北流甚险,船则东西横渡,故谓之"横洋";船身樑头二丈以上。往来贸易,配运台谷以充内地兵糈;台防同知稽查运配厦门,厦防同知稽查收仓转运。横洋船亦有自台湾载糖至天津贸易者,其船较大,谓之糖船;统谓之透北船。以其违例,加倍配谷。贩艚船,又分南艚、北艚:南艚者,贩货至漳州、南澳、广东各处贸易之船;北艚者,至温州、宁波、上海、天津、登莱、锦州贸易之船。船身略小,梁头一丈八、九尺至一丈余不等;不配台谷,统谓之贩艚船。③

除此之外,乾隆五十五年(1790年),准许厦门地区的白底渔船由厦门同知挂验,直接开赴鹿港,开启了渔船经商的新时期。④ 对渡条件的进一步放宽,促进了闽台两岸商业贸易的发展。

有清一代,台湾府志前后共五次修撰。最早是由高拱乾于康熙三十三

---

① (清)余文仪:《续修台湾府志》,《台湾文献史料丛刊》第一辑第一二一种,台北:台湾大通书局,1984年,第110~111页。

② 道光《厦门志》卷六,《台运略》,第188页。

③ 道光《厦门志》卷五,《船政略》,第166页。

④ 吕淑梅:《陆岛网络:台湾海港的兴起》,南昌:江西高校出版社,1999年,第114页。

年(1694年)编修,此后康熙四十九年(1710年)周元文[①]、乾隆五、六年间(1740—1741)、刘良璧(1684—1764)[②]、乾隆十一年(1746年)范咸[③]都曾重修,乾隆二十五年(1760年)余文仪(1687—1782)再一次续修。康乾年间台湾官修地方志的频繁修撰是台湾统一以后地区日益开发、政区变化的真实写照,亦是清朝政府在台湾统治一步步推进的历史反映。通过比较,我们发现,余文仪的《续修台湾府志》中已经较早记录了关于闽台对渡政策的相关内容,此前闽台两地的地方志书均未涉及。稍后乾隆十八年(1753年)刊行的《台海见闻录》一书,就其内容与《续修台湾府志》的相似度而言,《台海见闻录》应为参考之作。[④] 这一情况,固然是康雍乾以来闽台对渡贸易日益发展的反映,亦可看作是闽台对渡贸易相关政策、法令逐步制度化、明朗化历史进程的缩影。

三、渡台政策的出台及实施

前文提及,根据连横在《台湾通史》中的记载,康熙二十三年(1684年),清朝政府开放海禁,在鹿耳门设置海防同知,准许闽台之间通商贸易往来,但也规定了赴台者不许携带家眷。《台湾省通志》更是详细记录了大陆人民渡台的三条规定,具体如下:

> 其一为,欲渡船台湾者,先给原籍地方照单,经分巡台厦兵备道稽查,依台湾海防同知审验批准,潜渡者严处……其二为,渡台者,不准携带家眷。业经渡台者,亦不得招致。其三为,粤地屡为海盗渊薮,以积习未脱,禁其民渡台。[⑤]

这样的表述,最早见于日本学者伊能嘉矩的《台湾文化志》,以后庄金德

---

① (清)周元文:《重修台湾府志》,《台湾文献史料丛刊》第一辑第六六种,台北:台湾大通书局,1984年。

② (清)刘良璧:《重修福建台湾府志》,《台湾文献史料丛刊》第二辑第七四种,台北:台湾大通书局,1984年。

③ (清)范咸:《重修台湾府志》,《台湾文献史料丛刊》第二辑第一〇五种,台北:台湾大通书局,1984年。

④ (清)董天工:《台海见闻录》,《台湾文献史料丛刊》第七辑第一二九种,台北:台湾大通书局,1984年。

⑤ 《台湾省通志》卷二,《人民志·人口篇》,1980年,第11页。

的《清初禁止沿海人民偷渡来台始末》、台湾省文献委员会编的《台湾省通志稿》、林衡道的《台湾史》以及大陆学者的相关论著,如陈碧笙的《台湾地方史》等皆沿用了这一说法,并认为这一政策的颁布与当时福建水师提督施琅的建议有关。由于伊能氏原书中未注明出处,后人也多未见到这一政策的原始资料,所以所有学者对这一说法产生怀疑,如邓孔昭在《台湾移民史研究中的若干错误说法》一文中通过史料的比对,澄清了清政府禁止大陆人民"偷渡"台湾、禁止赴台者携眷政策的实行始于康熙二十二年和二十三年,以及乾隆二十九年清政府取消了不许赴台携眷的禁令等一些有影响的错误说法,提出清政府禁止偷渡和禁止赴台携眷的政策不是一开始就有的,而是逐渐形成的。① 而李祖基则通过对诸多史料的详细考证,提出这一政策的颁定时间应在康熙二十四年至二十九年(1685—1690)之间,而且这一政策的形成的确与施琅有关。除此之外,实际上,清政府禁止的只是无照渡台,对于申领照单,循正当合法途径渡台者,从来没有限制过。②

根据《清会典台湾事例》的记载,康熙五十一年(1712年),清朝政府覆准:

> 内地往台湾之人,该具给发照单。如地方官滥给往台湾照单,经该督、抚题参一次者,罚俸六月;二次者,罚俸一年;三次者,降一级留任;四次者,降一级调用。如良民情愿入台籍居住者,令台湾府、县查明,出具印文,移付内地府、县知照,该县申报该道稽查,仍令报明该督抚存案。若台湾府、厅、县官不行查明以致奸宄丛杂居住,经该督抚查出题参,照隐讳例议处。③

康熙五十六年(1717年),台湾发生了朱一贵(1690—1722)之乱。事后,漳浦人蔡世远在给总督觉罗满保的书信中,曾经提及:安台难于平台,中央应慎选文武官员;与此同时,蔡世远还向满公建议——不许有司擅给过台执照。④ 另外,同为漳浦人的蓝鼎元则认为:

---

① 邓孔昭:《台湾移民史研究中的若干错误说法》,《台湾研究集刊》2004年第2期。

② 李祖基:《论清代移民台湾之政策——兼评〈中国移民史〉之"台湾的移民垦殖"》,《历史研究》2001年第3期。

③ 《清会典台湾事例》,《台湾文献丛刊》第四辑第二二六种。

④ (清)蔡世远:《再与总督满公书》,《二希堂文集》,《影印文渊阁四库全书》集部二六四别集类,台北:台湾商务印书馆,1986年。

鄙意以为宜移文内地,凡民人欲赴台耕种者,必带有眷口,方许给照载渡,编甲安插。台民有家属在内地,原搬取渡台完聚者,许具呈给照,赴内地搬取。文武汛口,不得留难。凡客民无家眷者,在内地则不许渡台,在台有犯务必革逐过水,遞回原籍。有家属者,虽犯,勿轻易逐水,则数年之内,皆立室家,可消乱萌。[①]

后来,蓝鼎元上述的一番建议还通过奏疏的方式上达清朝中央,进而影响到清朝政府的相关政策。[②]

乾隆二十五年(1760 年),巡抚吴士功建议开放台民携眷之禁,得到清朝政府的同意而实行过短暂的一段时间,吴士功这样说道:

台湾府属一府四县,今归隶版图将及百年,久成乐土,居其地者俱系闽粤滨海州县之民,俱于春时往耕,西成回籍,迨后海禁渐严,一归不能复往,其生业在台湾者,既不能弃其田园,又不能搬移眷属,别娶番女,恐滋扰害。[③]

吴士功奏准台民搬眷过台的时间定限仅一年,自乾隆二十五年五月二十六日至二十六年五月二十五日止。另外,从吴士功的奏折中还可以了解到,在乾隆二十五年之前,清朝政府在闽粤地方官员的建议之下,曾经还有两次开放大陆民人携眷入台的短暂政策。由此可见,在渡台政策上,清朝政府允许老百姓一定范围内的渡台,但禁止偷渡。直到乾隆五十三年(1788年),清朝政府才最终取消了禁止赴台民人携眷的政策。

四、闽台之间偷渡成风

厦门—鹿耳门的对渡规模远远不能满足普通百姓前往台湾的需要。早在康熙末年,时任巡台御史的黄叔璥在其所著的《台海使槎录》中记载了当时的偷渡现象:

---

① (清)蓝鼎元:《与吴观察论治台湾事宜书》,《鹿洲全集·鹿洲初集》,厦门:厦门大学出版社,1995 年,第 49 页。

② (清)蓝鼎元:《经理台湾第二》,《鹿洲全集·鹿洲奏疏》,厦门:厦门大学出版社,1995 年,第 804~807 页。

③ (清)陈寿祺:《福建通志》卷八七,《海防·疏议》,清同治十年(1871 年)重刊本之影印本,台北:华文书局股份有限公司,1968 年,第 1754~1755 页。

偷渡来台，厦门是其总路。又有自小港偷渡上者，如曾厝垵、白石头、大担、南山边、镇海、岐尾；或由刘武店至金门、料罗、金尾、安海、东石，每乘小渔船私上大船……①

又：

康熙五十七年二月五日兵部等衙门议覆：福建浙江总督觉罗满保疏言，海洋大弊，全在船只之混淆、米粮之接济，商贩行私偷越，奸民贪利窃留，海洋出入，商渔杂沓。应将客商责之保家，商船水手责之船户货主，渔船水手责之澳甲同宗，各取保结，限定人数，出入盘查，并严禁渔船不许装载货物，接渡人口。至于台湾、厦门各省本省往来之船，虽新例各用兵船护送，其贪时之迅速者，俱从各处直走外洋，不由厦门出入。应饬行本省并咨明各省，凡往台湾之船，必令到厦门盘验，一体护送，由澎而台；其从台湾回者，亦令盘验护送，由澎到厦。凡往来台湾之人，必令地方官给照，方许渡载；单身游民无照者，不许偷渡。如有犯者，官民兵人分别严加治罪，船只入官；如有哨船私载者，将该管官一体参奏处分。应如所请。从之。②

另外，清人蓝鼎元曾经撰诗详细描写了闽台地区百姓偷渡所遭受的苦难：

累累何为者，西来偷渡人。银铛杂贯索，一队一辛酸。

嗟汝为饥驱，谓兹原隰畇。舟子任无咎，拮据买要津。

宁知是偷渡，登岸祸及身。可恨在舟子，殛死不足云。

汝道经鹭岛，稽查司马门。司马有印照，一纸为良民。

汝愚乃至斯，我欲泪沾巾。哀哉此厉禁，犯者乃频频。

奸徒畏盘诘，持照竟莫嗔。兹法果息奸，虽冤亦宜勤。

如其或未必，宁施法外仁。③

到了乾隆七年(1742年)，闽台两岸之间的偷渡现象再次引起了清朝中央政府的高度注意，乾隆皇帝专门下了诏书传谕地方文武官员，命其留心清

---

① （清）黄叔璥：《台海使槎录》卷二，《赤嵌笔谈》，《台湾文献史料丛刊》第二辑第四种，台北：台湾大通书局，1984年，第33页。

② 张本政主编：《〈清实录〉台湾史资料专辑》，福州：福建人民出版社，1993年，第81～82页；《清圣祖实录》卷二七七，北京：中华书局影印本，1985年，第19页。

③ （清）蓝鼎元：《鹿洲诗选》，《鹿洲全集》，厦门：厦门大学出版社，1995年，第915页。

查，以整治海疆秩序：

> （乾隆）七年，诏曰："……闻此项人等，俱从厦门所辖之曾厝垵、白石头、大担、南山边、刘武店，及金门之料罗、金龙尾、安海、东石等处小口下船。一经放洋，不由鹿耳门入口，任风所之，但得片土，即将人口登岸，其船远掉而去，愚民多受其害。况台湾惟借鹿耳门为门户，稽查出入。今任游匪潜行往来，海道便熟，将鹿耳门亦难恃其险要，殊非慎重海疆之意。朕所闻如此，着该督抚严饬所属文武官弁，将以上各弊一一留心清查。并于汛口防范周密，不使疏纵，庶民番不至缺食，港路亦可肃清。该部可传谕知之。"①

乾隆十一年（1746年），福州将军新柱奏称：

> 台郡远隔重洋，民番杂处。近有小船私由小港偷运米谷至漳、泉、粤东等处；内地奸民乘其回棹，暗行过台。又厦门往台船只，名为横洋船；其舵、水人等额配过多，有分贿兵役，顶冒偷渡过台，通行徇庇。②

乾隆二十六年（1761年）冬十月，闽浙总督杨廷璋（1688—1772）又奏：

> 查偷渡出洋，由厦门大担口正路者，多船主、舵工、顶冒水手，招无照之人私往；其由青、浯、槟榔等屿小路者，系客头先于海澄、龙溪等县招集小船，由石码潜出厦门搭载大船。③

乾隆三十五年（1770年）五月，福建官员温福上奏请严定偷渡台湾奸民治罪之例。乾隆皇帝就此下达谕令，曰：

> 闽省客头船户引诱民人偷渡台湾，最为地方之害。从前定例稍严，原欲使伊等畏法而不敢犯，乃自改未成减等之例，奸徒益无所顾忌，犯者愈多，是原办之督、抚、司、道等徒知博宽大之誉，而不顾事理之是非，姑息养奸，私改成例，使其人尚有存者，必当追论其罪。著传谕温福查明是年改办例案之督、抚、司、道俱系何人？即行据实覆奏。④

由此可见，虽然中央政府为规范闽台对渡贸易和移民出台了许多措施，严饬地方各级官员稽查海口，但是效果并不明显，闽台两岸之间的偷渡现象

---

① 连横：《台湾通史》卷三，《经营纪》，《台湾文献史料丛刊》第一辑第一二八种，台北：台湾大通书局，1984年，第68页。
② 《清高宗实录》卷二百八十一。
③ 《清高宗实录》卷六百四十七。
④ 《清高宗实录》卷八百五十九。

并没有消失，而是愈演愈烈。

五、清朝政府的政策调整

闽台两岸之间愈演愈烈的偷渡现象，迫使清朝政府不得不正视这一问题的严重性，开始对以往的相关政策进行反思和调整，并最终做出了一定的让步。例如，采取了开放其他港口的措施，以缓解一口对渡管理制度之下的压力。乾隆四十八年（1783年），福州将军永德奏请增设彰化县鹿港为闽台对渡正口的奏疏充分表达了清朝政府的态度，其疏曰：

> 窃闽省泉、漳等府各属，民间产米无多，大约取给台湾。即一切食用所需，亦藉台地商贩往来，以资接济。凡内地往台船只，由厦门查验出入；自台地渡回船只，鹿耳门查验出入。俱设有同知等官，管辖稽查，不准由别港私越偷渡：此向来之定例也。奴才于上年兼署福建陆路提督，极力踩缉偷渡人犯。其由厦门拿获者，虽不乏人；而由泉州之蚶江口偷渡盘获者，二十余犯。奴才体访台地往来海面，其南路台湾、凤山等属，系鹿耳门出洋，由厦门进口，是为正道。至北路诸罗、彰化等属，则由鹿港出洋，从蚶江一带进口，较为便易。若责令概由鹿耳门出海，其中尚隔旱路数站，不若蚶江一带进口较近。是以台地北路商贩，贪便取利，即多由此偷渡。以奴才愚见，莫若于鹿港、蚶江口一带，照厦门、鹿耳门之例，设立专员，管辖稽查，听民自便；则民不犯禁，而奸胥亦无能滋弊。[1]

此外，《清会典台湾事例》亦有相似的记载：

> 乾隆五十三年覆准：台湾每多偷渡，不如明设口岸以便商民。将八里坌对渡五虎门，一体开设；令淡水同知就近稽查船只出入，即行挂验。如有藉端需索，将专管官照海关需索故意留难例，降二级调用，兼辖官降一级调用。[2]

综上所述，对于厦门与鹿耳门之间的对渡，虽然清朝政府制订的相关政

---

[1] （清）周玺：《彰化县志》卷十二，《艺文志》，《台湾文献史料丛刊》第一辑第一五六种，台北：台湾大通书局，1984年，第395～396页。

[2] 《清会典台湾事例》，《台湾文献史料丛刊》第四辑第二二六种，台北：台湾大通书局，1984年，第31页。

策是十分严厉、苛刻的，但是我们同时也看到，乾隆年间赴台贸易配运米谷的商船数量呈现出逐年增加的趋势，这一方面固然是解决台谷积压问题措施的反映，另一方面也说明了乾隆年间闽台对渡贸易呈现出较大规模的发展状态。同时，我们还可以作这样的理解：台、厦地区的相关地方官员并没有很好地落实闽台对渡贸易的政策，民间从事两岸贸易的商人也没有很好地遵守朝廷政令。最终，闽台对渡贸易日益发展的现实，使得清朝政府认识到海洋社会百姓的生计利益，乾隆年间台运有关规定的几次修改可以看作是对先前商船违例事实的默认，同时允许渔船经商也是对闽台对渡贸易政策的调整和修正。乾隆五十三年（1788 年），清朝政府最终取消禁止赴台民人携眷的政策，从这个层面上讲，这也是清朝政府顺应地方民意执政理念的贯彻。

六、民间文献中百姓前往台湾的资料分析

有关大陆移民渡台的研究，李祖基曾经撰文探讨了其原因和类型。他认为，大陆向台湾较有规模的移民始自明代，一直延续到清末。在这数以万计的移民中，就其性质而言，可分为生存型和发展型两种。其中因大陆地区发生自然灾害、瘟疫、战乱等原因渡海来台的生存型移民占了相当大的部分。同时在此期间也有不少以开垦、经商以及冒籍考取功名为目的而渡台的发展型移民。尽管发展型移民与生存型移民在迁移目的上有所不同，但由于个人的能力、机遇等主客观条件的差异，两者的目的与结果并不一定统一。在长达三四百年的先民渡台的历史长河中，虽然不乏成功的个案，但对更多的人来说，留下的可能是心酸与不幸。[①]

笔者在收集和整理民间文献的过程中看到，漳州九龙江下游两岸区域的族谱中大量记载了老百姓前往台湾生活的历史信息。入清之后，我们前文谈到的几个家族的族人们大都延续了向台湾发展的生计模式，例如圭海许氏、莆山林氏、白石丁氏等等。

圭海许氏族谱中记载了明中叶至清前期出海前往台湾的一些族人的信息：港滨派第十二世孙仕信、仕牛兄弟前往台湾，居住在台湾中路新园尾，其中仕牛生子许元、许升，而许升又生子名许廷，派下子孙遂居台湾。除了港

---

① 李祖基：《大陆移民渡台的原因与类型》，《台湾研究集刊》2004 年第 3 期。

滨派,文山派和美江派许氏族人亦有迁移台湾的记录:

> 十一世(文山派)韬谅,住台湾南路。子孙现存。

> 十一世(文山派)启盛,住台湾。

> 十三世(文山派)学朝,生三子。俱居台湾。

> 十四世(文山派)文郡,派下住台湾。

> 十五世(文山派)承睿、承智、承建等派下俱住台湾。

> 十五世(美江派)耍,宋之子,住台湾。

> 十五世(美江派)传,豸之子,住台湾。

> 十六世(美江派)恭、信、敏、惠,俱盛之子。住台湾莲池头。①

由此可见,截止至雍正七年(1729年)圭海许氏族谱编修完成的时间,许氏家族已经有不少族人渡海到达台湾,族谱上"住"、"居"的字眼以及族人两三代人延续生活于台湾的记录,给我们透露出许氏族人已经开始定居于台湾的历史信息。总而言之,对于圭海许氏家族而言,除了从事农业生产之外,海洋也是他们生存和发展的重要空间。通过海洋这一流动空间,他们的足迹到达台湾,乃至南洋,寻求发展机遇。据载,1987年以来,港滨奕世堂衍派台湾宗亲曾经多次组团到港滨查对谱牒,寻根谒祖,捐资建小学等。

又如莆山林氏家族,上一章节的内容中已经有提到,明朝末年莆山林氏家族开始出现前往台湾发展的记录,并且过台之人携家带口的现象普遍,夫妇二人去世之后均葬台地,家族中开始出现连续几代人在台湾生活的痕迹。入清之后,莆山林氏族人充分发挥之前的关系网络,族人继续前往台湾,但是由于清朝政府严禁携眷政策的执行,莆山林氏自明末以来夫妻父子一家人共同生活于台湾的历史延续被人为地打断,夫妇天各一方的场景在族谱的记载中得到体现,"招魂"成为莆山林氏族人为在台亲属寻求寄托的一种重要手段。② 另外,马岭李氏也有这样的情况:九世演,字易周,生康熙五十八年(1719年),卒乾隆二十八年(1763年)台湾凤山县辞世,甲申年(乾隆二十九年,1764年)三月初二日接讣,初四日引魂。③ 这一时期,莆山林氏前往台湾的族人主要集中在淡水附近一带地方活动。

除了移民之外,漳州九龙江下游两岸区域的老百姓也投身商业贸易活

---

① 《高阳圭海许氏世谱》卷四至卷六,清雍正七年(1729年)编修。

② 《莆山家谱迁台部分集录》,清嘉庆编修。

③ 《马岭李记族谱》,清光绪丁未重抄,2006年续。

动,往返于闽台两岸之间。以龙溪平宁谢氏家族为例,其族谱中不仅记载了族人迁居台湾的记录,而且还提到以下相关内容:

> 据谢氏宗亲所藏乾隆二十四年(1759年)兄弟分家字据记载,十世次房长派建仲公在台有"协盛杉郊"生意。据老人言传,我村谢氏迁台后裔已聚族成社,亦名平林社。以前有十多艘番船来往于台湾与家乡,现有的宗亲也有部分是从台湾再迁回来的,只是年烟日久,说不清具体在什么地方,甚至有位宗亲存二份台湾厝契,可惜在六九年特大洪水中流失,而据族谱记载,部分宗亲葬在麻豆水屈头。①

由此可见,龙溪平宁谢氏族人于乾隆年间在台湾办有"协盛杉郊"生意,是当时闽台之间的郊商之一,其中谢建仲之子谢启达在乾隆二十二三年(1757—1758)曾经应督抚招商率船队前往台湾采购仓谷平粜,详细情形还将在下一节中进一步说明。

白石丁氏延续着明末以来的海洋发展传统,从其族谱的相关记载可以知道,丁氏族人基本上是以从事商业贸易活动为主的,例如:

> 二十六世节斋房讳穹字国芬妻蔡氏宜娘,号贞淑,未婚而穹贾于外,氏来家侍姑疾,及穹归,夫妇成礼。越四载而夫复外,亡时年二十八岁,守节以终,卒年六十一。传载县志。②

此外,《白石丁氏古谱》还记载了第二十五至二十七世孙泛海前往台湾以商业贸易为营生的详细事迹,先是丁赐靖经营于东宁,创造基业:

> 二十五世捐资光裕名仁,讳赐靖,字品石,秉性孝友,为琴和公长子。琴和公乐善好施,家事清淡,故公承其意,亦以乐善好善施为心,遂弃举子业,经营于东宁,克勤克俭,创造基业,以遗子侄,毫不为私。族人来投,皆善遇之,故族人皆称其德。归来,家置蒸尝,以供祭祀,乡有义举皆乐成之。族与邻社林姓械斗费用、名宦公祭业,于是,公之孙玉玑、曾孙献珍将公遗下之资遂买田充入大宗以为名宦公冬至祭费,族人称其义,将公崇祀大宗,冬至配享用光豆俎,以垂不朽。③

---

①《平宁谢氏迁台、南洋名录》,1990年代重修。

②《白石丁氏古谱》,陈支平主编《闽台族谱汇刊》第41册,桂林:广西师范大学出版社,2009年,第556页。

③《白石丁氏古谱》,陈支平主编《闽台族谱汇刊》第41册,桂林:广西师范大学出版社,2009年,第549页。

又有丁赐靖之孙丁上林将先祖之事业发扬光大：

> 二十七世祖乡大宾，讳上林，字玉玑，乳名攀，清馥公长子、品石公孙也。自品石公往贩东宁，建基贻谟，至上林，少有壮志，经营辛苦而光大之。笃信待人，忠厚交易，四方远近皆乐交焉，而利泽遂广矣。族人有到东宁相投者，皆善遇之，有能者因材任之，归家建置，念清馥公、品石公创业维艰，建小宗一座，以祀，清馥公置祀田，春秋祭祀，又建书田以鼓励子孙读书，使子孙进泮者得有资焉，以为久远不拔之业。又谋诸期功买田充入大宗庙、名宦公蒸尝，族人称其义，共迎品石公崇祀祖庙，以为美报。并十八世乐水公，昔有配祭者、有崇祀者，亦皆崇祀祖庙焉。乡有义举，皆乐成之。族与邻社械斗，族人被控囚禁，公捐金贰百以惠之。本境福文殿，年久毁坏，众议修理而苦于无资，亦极力捐金六十元以重新之。龙溪县父母张公润察其行谊，举乡饮礼，赠匾曰：德尊梓里。族叔郡庠生书云匾其小宗曰：光裕堂，赠联云：……①

当然，白石丁氏族谱中还不乏有"外出台湾"、"外出"的记载。从上面的史料可以知道，白石丁氏家族在清朝前期有大批的族人离开故乡，前往台湾谋求生存与发展，期间亦出现了诸如丁赐靖祖孙在内的许多成功个案，他们在个人取得成功之后，拿出了一部分的钱财以回馈家族的建设，甚至还共襄家乡地方社会建设的盛举。也正因为这样，他们的个人事迹也被详细地记录在家谱之中，既宣扬了个人的善举，也被家族作为教育子孙后代的鲜活范本，同时也鼓励族中的其他成功人士更好地为家族和地方社会服务。

在取得个人成功之后选择回馈家乡的人中，以从事商业贸易活动者为多，特别是经营闽台两岸对渡贸易的商民们。除了前文中谈到的平宁谢氏、白石丁氏之外，漳州九龙江下游两岸区域还有一些家族有着类似的经历，例如海澄屿头林氏家族：

> 登榜公于康熙三十二年携眷出祖台湾府岑后街，开张布店生理。乾隆三十四年以子贵赠中宪大夫。②

又如龙溪南园林氏家族：

> 乾隆初年，十三世祖济园公创办下路丹六糖行，盈利丰厚。

---

① 《白石丁氏古谱》，陈支平主编《闽台族谱汇刊》第 41 册，桂林：广西师范大学出版社，2009 年，第 552 页。

② 《林氏屿头族谱》，1998 年续编。

乾隆四十四年,十四世祖迩荣公偕五弟世仰公往台经商,生意发达,回乡建造田底大屋,与四弟世位三兄弟共居。[①]

除此之外,龙溪县二十九都白石保吉上社(今漳州台商投资区杨厝村过井社)林氏裔孙林应寅于乾隆四十六年(1781年)携子林平侯(1766—1844)寓台湾新庄。后来林应寅回乡,林平侯之子林国华(1802—1857)迁居台北板桥,衍成"林本源家族",是清末台湾重要的家族之一。[②]《林本源家传》记载了渡台祖林平侯一世至七世子孙的世谱。[③] 嘉庆二十四年(1819年),林氏族人在其家乡龙溪设置了林氏义庄,以助同宗族人贫乏之用。[④]

这些商民们大多从事贸易活动,流动性相对于从事垦殖的百姓较强,与祖籍地之间的联系较为密切。因此,在前往台湾寻求生存与发展的大军中,这一类取得成功的商民与祖籍地之间的互动就较为明显,而其他如蔡苑张氏第十二世孙张邦税往台湾,在彼有室有家,未锦旋的情况,[⑤]则可以看出他们与祖籍地之间的联系相对较弱。

另外,从族谱资料上看,我们发现,清代康雍乾时期,漳州九龙江下游两岸区域老百姓前往台湾的人数和规模逐渐超过了下南洋的民人,漳州籍百姓自明代中后期以来贩海东西洋的生计模式正悄然地发生着变化。

第四节　清代前期福建粮食问题引发的连锁反应

前文曾经提及,自明代中叶以后,福建地方就有了缺粮问题,特别是沿海地区的福州、兴化、泉州和漳州四个府。海洋贸易日益发展带来了地方经济繁荣,加上海外作物的引进等多方面因素,漳州九龙江下游两岸区域老百姓的衣食压力一定程度上暂时得到缓解,但是,入清之后,福建的粮食供给问题延续了明朝中后期以来的局面,甚至后来随着全国粮食问题的紧张而

---

① 《南园林氏三修族谱》,2008年。
② 《仰孟林氏族谱》,清咸丰十一年(1861年)重修。
③ 台湾板桥《林本源家传》,1984年。
④ 详细情况参见《林氏义庄碑文》,《龙海文史资料》第13辑,1992年,第14~15页。
⑤ 《蔡苑张氏家乘》,清同治三年(1864年)编修。

日益突出。

清代前期,福建粮食除了本省人民自己耕种之外,江浙、广东等省份也是福建重要的粮食来源之地。康熙收复台湾之后,随着台湾土地的日益开垦,台米内运也日渐成为福建粮食的重要补充。随着形势的不断发展,鼓励海外粮食进口也成为了清朝政府解决粮食问题的重要政策。而在清朝政府出台相关政策以解决粮食问题的过程中,漳州九龙江下游两岸区域的百姓们亦在不断地调整着自身的步伐,以适应形势发展的需要。

一、东南沿海省份米谷海运入闽

康熙五十四年(1715年),漳州发生饥荒,当时知府魏荔彤曾命令家人前往江苏买米斛,航海而至,有效地缓解了漳州百姓的燃眉之急:

> 魏荔彤,字念庭,直隶柏乡贡生,大学士魏文毅裔介季子,康熙四十九年任。岁饥,令家人买江苏米万斛航海达,漳民不乏食。其设义学行社仓葺江东桥辟府治,历著劳绩,尤汲汲于郡志之修,延聘郡中贤士大夫如蔡文勤世远诸人参订成书,荔彤手撰序论世推善本。在任六年,以卓异迁江苏常镇道,士民立碑以志去思,并塑像祀之于芝山书院讲堂。[①]

事后,漳州南靖县人庄亨阳作《魏念庭太守去思碑记》以记之:"岁乙未,漳民艰食,公令家人籴江苏米万斛,航海达漳,民用不困,公之赐也。"[②]

由于福建地区山多地少,特别是沿海府县,地近海滨,农业生产受自然条件的影响较大,故粮食供给问题较为紧张。为此,在遭受风旱之灾的一些年份,清朝政府针对性地制定了"截留漕粮海运至闽平粜"的相关政策以缓解福建民食之忧。

乾隆三年(1738年)十二月初六日,福建按察使伦达礼请求放宽海禁,运米入闽贸易。伦达礼认为,福建地方山多地少,上游延建邵汀诸郡所产米谷仅供民食,而下游福兴泉漳等处,产米无多,虽有台谷接济,又常常不敷民食。如果偶遇风旱之灾的话,民食就无着落,而政府的"截漕赈粜"之策一定

---

① 光绪《漳州府志》卷二十七,《宦绩四》。

② (清)庄亨阳:《魏念庭太守去思碑记》,《秋水堂集》,南靖:福建省南靖县地方志编纂委员会,2005年。

程度上解决了民食之忧。另外,伦达礼建议以海路通商贸易来解决福建民食问题:

> 应请稍宽海禁,出示招商,有情愿运载米谷入闽贸易者,许呈明地方官,给与执照,将商名米数并运往货卖地方俱填注照内,一路营汛关隘,查验放行,毋得留难阻滞。到闽收口之日,即将执照呈缴所在地方官验明,准其散卖。仍将照内注明到闽日期,钤盖印信,交付该商收执,以便回籍缴销。如有闽省商贾愿赴邻省采买者,亦准给照赴买,回日验销。各地方官仍彼此关移知照,设有透越他处,亦得互相稽查究治。如此略加变通,则利之所在,商贾必趋闽地,民食可以源源接济,不虞匮乏矣。①

乾隆四年(1739 年)十一月,在江苏巡抚的上奏和户部官员的讨论之后,认为:“江苏半系滨海之区,在在皆有出海之口,洋禁一开,徒滋接济外洋弊端。且江苏户口日繁,搬米过多,价易昂长。惟有查照江浙采买江广米谷之例,闽省如遇歉收,即探听江浙米价,委员采买。倘官买之米不敷,亦听闽省招商,并多拨官兵押送,其出口进口仍验给照票放行,亦止许出上海一口,其余概不得开放。”②这样的主张得到了乾隆皇帝的认同,但是他同时也下令福建地方的督抚官员就这一事件展开相关调查。乾隆五年(1740 年)二月十三日,闽浙总督德沛(1688—1752)就“密议招商从海运米入闽”一事作了回复。从奏折中,我们看到了包括德沛在内的沿海各省封疆大吏在这一问题上协商之后的总体看法。诚然,福建的粮食问题固然紧要,但是,从沿海各省的利益来看,招商从海路运米入闽无疑关系到沿海省份。因此,德沛在奏折中才会这样说道:

> 臣不敢因现任闽疆而置他省民生于膜外也。惟是偏灾歉岁,难保必无损益变通,原宜预计。请嗣后闽省偶遇荒歉,照依江浙采买江广米谷之例,探访江浙等省丰收,即一面奏请、一面动项,遴委丞卒守千员弁,赴米贱省分采买,由海运回闽,相机济用。既有员弁督率,足资弹压,则越贩透运之弊无庸稽查,而拯济歉岁更觉简易便捷矣。③

---

① (清)伦达礼:《为请稍宽海禁运米入闽贸易事》,《乾隆朝米粮贸易史料》(上),《历史档案》1990 年第 3 期。

② 《清高宗实录》卷一百五。

③ (清)德沛:《为遵旨密议招商从海运米入闽熟筹稽查事》,《乾隆朝米粮贸易史料》(上),《历史档案》1990 年第 3 期。

从上面的叙述可以知道，福建粮食问题需要依靠沿海几省的协济和帮助，而福建商人的贸易网络也已经遍及沿海省份的各大口岸，因此福建官员才会提出鼓励商人从海路运米入闽的办法来解决民食之忧。

由于粮食问题关乎社会稳定，一直以来，清朝政府严禁国内大米私贩出洋。乾隆八年（1743年）三月初九日，吏部左侍郎蒋溥（1708—1761）上了《为请严私贩粮米出洋之禁以益民食事》一折，其中谈到：

> 向来内地之米，不容私贩外洋，律有明禁，复经钦奉上谕，饬令沿海各省督抚严加查禁。现在各省文武查禁未始不严，无如外洋私籴价倍于内地，奸民趋利如鹜，罔顾法网，多方营私，装载货船偷出海口者，仍复不能尽绝。而不肖有司，尚有借此渔利自行贩运者。……应请特谕沿海各省督抚，严饬兼辖专防各海口文武，留心察查，慎密周详，凡有商船出口，无论货船、鱼船，务须严加查验。除食米外，不许稍有夹带，亦不许借端勒掯需索。该督抚仍不时委员明查暗访，如仍有不法之徒将米外贩，一经察出，除本人如律究处外，将该管文武各官立即参处，庶米粮不致私运外洋，皆流通于内地，而于民食不无裨益矣。①

前文已提及，在遭受自然灾害的特殊年份，清朝政府针对福建的粮食供给问题制定了"截留漕粮海运至闽平粜"的政策。清朝政府原来的出发点是为了"邻邦协济"，但在政策的具体执行过程中，也出现了一些商民利用这一时机，泛海前来购米，而"闽海届在东南，遍通番界，一出上海乍浦等口，顺风扬帆，茫茫大海，岛屿星罗，何从细察"、"尤虑载至福建粜卖者转少，而载至别岛接济奸人者反多"，因此，原本要运至福建沿海的米谷未能发挥作用，福州、兴化、漳州、泉州四府的米价仍然保持较贵的水平。故乾隆八年（1743年）六月十三日，御史沈廷芳上疏中央政府，为陈禁米粟出洋之源设立劝惩以重民食。②

乾隆九年（1744年）三月，福建巡抚周学健上疏，言及"闽省环山背海，地窄人稠，民食未能充裕，专借海运流通接济"。六月初二日，两江总督尹继善（1695—1771）上疏《为请仍严海运之禁以保江省民食事》，其中谈到：

---

① （清）蒋溥：《为请严私贩粮米出洋之禁以益民食事》，《乾隆朝米粮贸易史料》（上），《历史档案》1990年第3期。

② （清）沈廷芳：《为陈禁米粟出洋之源设立劝惩以重民食事》，《乾隆朝米粮贸易史料》（上），《历史档案》1990年第3期。

是闽省偶值歉岁，委员赴米贱省份采买，业经定有章程，不必更为招商贩运之议仰恳圣恩，俯念江省米谷原无多余，海贩实滋弊混，准令闽省仍循旧例。如遇歉收米贵之年，采访邻近省份，凡系丰收价平之处，不拘江浙、江广等省，即委员采买，运闽济用。毋庸招商贩运，则米谷仍可流通，两省民人均免乏食之虞，而海疆永享谧宁之福矣。[1]

由此可见，在福建粮食问题日益紧张的情况下，福建地方官员曾经提出了从海上贩运米粮入闽之议，希望能缓解民食之忧。然而，由于这一问题亦牵涉到沿海其他省份的利益，加上船只一旦出洋，便有很多不可预测之事，故沿海各省的封疆大吏亦不敢擅言，而仅仅在福建偶遇荒灾的时候，才能依照江浙采买广米之例，并且运米沿途有官兵监督护送，以资弹压，以杜越贩透运之弊。

二、台米内运

台湾自康熙二十三年（1684年）设一府三县，隶属福建。清朝政府为了让新上任的官员更好地发挥作用，台湾地方官员有很多是来自福建及其他地方。他们在入台之前，大多已有任官福建的经历，对海洋社会也已经有了一定程度的了解，这为他们日后在台的宦海生涯提供了宝贵的经验。从这边我们也看出了清朝政府派遣能吏治理台湾的意图。下面，笔者仅选取《台湾通志》中记载的与闽台对渡相关的台湾地方官员，对其基本资料进行整理、分析，现开列如表5-2。

表5-2　闽台对渡相关官员履历表

台湾官员	籍贯	官职	相关政绩	备　注
孙元衡	桐城	康熙四十二年任台湾府同知	性刚正，诸不便民事，悉除之。岁大饥，令商船俱以运米多者，重其赏；否则罚。于是南北客艘云集，米价顿减，民以不饥。	

---

① （清）尹继善：《为请仍严海运之禁以保江省民食事》，《乾隆朝米粮贸易史料》（下），《历史档案》1990年第4期。

台湾官员	籍贯	官职	相关政绩	备注
洪一栋	应山	康熙四十八年任台湾知府	通商惠工,革除陋规积弊;值岁大旱,多方设法运米,以活饥者。	
陈璸	海康	台湾厦门道	以才能调台湾,有惠政。 至闽疏言防海之法,谓台厦海防与沿海不同,必定会哨之期,申护送之法,取连环之保。上是璸所奏,如所请行。	康熙甲戌进士,授福建古田令,以才能调台湾,有惠政。巡抚张伯行奏请以璸为台湾厦门道。
王作梅	河南河内	雍正二年任海防同知	时厦门有船往来澎湖。至澎湖船,私相受授,接运米谷,名曰短摆。作梅捕之,尽得官弁交通状,以告大吏,执法治之。提标有哨船二十余艘,商于台,谓为自备哨。出入海口,不由查验。作梅请于总督巡抚,革其弊。客头诱引偷渡,久成固习。密擒詹望、黄老诸首恶,痛惩之。	康熙己丑进士
方邦基	浙江仁和	台防同知	革陋规,严禁海口需索。商船至者,无早晚,即时验收。尝有积匪能入海断桩绳覆船以为利者,缉得永锢狱中,商民安枕。	雍正庚戌进士,补台防同知之前曾任职凤山县
		台湾知府	时泉、漳米贵。制府谕令台船内渡,于常例外带米六十石。而台米亦贵,舆情不顺。邦基请罢前令,第听各船加带食米。台人无辞,而内地获济。	

续表

台湾官员	籍贯	官职	相关政绩	备 注
书成	镶黄旗人	乾隆十二年任台湾道	值泉州岁歉，米价腾贵，台湾民相约禁港，谷船不通。书成曰："何忍令泉民独饥？"亟下令。凡载谷米至泉州，各船悉放行无阻。于是粗艘络绎，市价以平。	
朱景英	湖南武陵	鹿耳门同知	同知司海口商舶出入，兼管四县。旧例：凡商舶来自厦门者，分配大小为六等；转输厦门已运者，免运一次。前运有卖放，不配运者，积三十余万。景英令如前带运……尝以台地辽阔，南北路兵单汛薄，请派兵防卫。	乾隆庚午解元，入台之前曾任宁德知县
罗卓	永定	台湾水师游击，迁北路副将，守鹿仔港	督缉洋匪著劳绩。时漳、泉、潮、汀四郡饥，斗米钱六百，贫民艰食。卓令回厦门商船，半配米粮，轮流叠运内地，全活无算。	乾隆己酉武举人

资料来源：《台湾通志·列传》,《台湾文献史料丛刊》第一辑第一三○种,台北：台湾大通书局,1984年,第429、430、468～470、482、487、541页。

从上面的列表内容可以看到,在康熙年间,台湾粮食就通过海运到达福建,有力地支持了福建沿海特别是漳泉地区的粮食供给。而清人蓝鼎元在《福建全省总图说》中有云：

（福建）山多田少,农圃不足于供,则造物难平之缺憾也。所赖身航及远,逐末者众,迩日南洋禁开,海外诸岛,稍资内地,倘台湾岁岁丰熟,则泉、漳民食亦可无虞。是台湾一郡,不但为海邦之樊篱,且为边民之廒仓,经理莫安,使民番长有乐利,九州郡咸蒙其福矣！沿海要地,防维周密,提镇协营,重兵匝布,但人人皆实心为国,亦不必更为区画也。①

以故,蓝鼎元在朱一贵事件之后,就经营台湾政策方面提出了自己的一番见解:

> (台湾)南北二路,地多闲旷,应饬有司劝民尽力开垦,勿听荒芜,可以赢余米谷资闽省内地之用。且可以恢扩疆境,使生番不敢恣意出没射杀行人。……凡从前效顺之番,皆加恩与民一体。凡游手无艺之人,皆渐次逐回内地。则在台民番皆安生乐业,数年间可得良田百十万,益国赋裕民食,沿海各省皆受皇恩于无既矣。②

另外,我们知道,台湾道、台湾知府、台防同知是闽台对渡管理问题台湾方面的重要官员。特别是主管海口商舶出入的台防同知,更负有直接的重任。这些台湾地方官员的政绩主要表现在打击非法贸易活动、平粜闽台两岸米谷(主要是台湾与漳泉地区)、稳定海洋社会秩序等方面。值得注意的是乾隆年间出任水师游击、后迁任北路副将的罗卓,除了完成在海上追缉洋匪的本职任务,还协助解决了漳州、泉州、潮州、汀州四郡的饥荒问题。

康熙末年,朱一贵事件之后,清朝政府曾经一度禁止台米内运。雍正四年(1726年),浙闽总督高其倬上《请开台湾米禁》一疏,其中言及开台湾米禁的益处有四,具体如下:

> 一、泉漳二府之民有所资藉,不苦乏食;二、台湾之民既不苦米积无用,又得卖售之益,则垦田愈多;三、可免泉漳台湾之民因米粮出入之故受胁勒需索之累;四、泉漳之民既有食米,自不搬买福州之米,福民亦稍免乏少之虞。③

乾隆年间,龙溪县人黄可润也曾经针对台郡米禁问题提出了自己的看法。黄可润认为,在台湾米禁的政策下,福建沿海船户大受影响,导致"旧者不敢修,新者不敢造,故近来大船比从前已少十之三四,过此伊于胡底,夫一船计水手二十余人若少三四百船,是沿海少万人之生活计矣"现象的出现,

---

① (清)蓝鼎元:《福建全省总图说》,《鹿洲全集·鹿洲初集》卷十二,厦门:厦门大学出版社,1995年,第239页。

② (清)蓝鼎元:《经理台湾第二》,《鹿洲全集·鹿洲奏疏》,厦门:厦门大学出版社,1995年,第806页。

③ (清)陈寿祺:《福建通志》卷八十七,《海防·疏议》,清同治十年(1871年)重刊本之影印本,台北:华文书局股份有限公司,1968年,第1753页。

甚至有无赖者,流为盗贼,进而对海上商船构成安全威胁。与此同时,在禁米令下,台米还是通过各种途径流散出来,中间也因买通兵役等环节而抬高米价,况且台湾的土地大多是由内地的老百姓前往耕种,产米粮多,"百十倍于内地",并不会出现诸如一些官员所说的"台湾孤悬海外,恐米贵无以接济"的情况。是故,黄可润主张开台湾米禁之令,这样"米不禁,则台厦之价相等,应补州县准其自备船赴厦采买,本辖之船亦不致作弊,且厦价既平,各处商贩如鹜,水运可通,取之本处而裕,如何至累民累商而重以累船也。"①

台米内运以接济福建沿海府县民食之事关乎地方社会的稳定,闽台两地的相关官员都对此事给予了极大的重视,例如巡视台湾吏科给事中汪继燝:

> 其在台郡,郡亦颇产米,岁运五万石之漳、泉粜之,以为常;而是春厦门米昂,君念所以纾其急者,令运户于常例外,艘增米二百石,计增万石有奇,价稍稍减。久之,漳、泉复告急。当是时,台郡麦秋遄往、早禾未登场,既无可应采买;即檄各县仓贮给之,非移时不达。乃以便宜咨拨秋季兵米之留郡者,事定买偿如其数;漳、泉之民以不饥。君曰:"台郡米腾跃,如何? 吾闻凤山有积粟,可碾也。"召囷户而谕之祸福,使无扇其值;复时时微巡海口,粒颗无阑出洋者。于是台湾米价平。②

另外,还有曾经任职漳州和台湾的金溶:

> 十年,知漳州府。……乾隆十三年春旱,米贵;上司檄开库平粜。公计府县所储仅十五、六万石,去新谷登场时尚远,粜尽而无以继,民益失其所恃,乃先劝有谷之家出三万石以粜,又给印纸令商人赴粜于足谷之处,又请宽台湾带米入内地之数,日草履步祷于十数里之外。时催粜之檄屡下,而公不动。四月向末,方始开粜。至六月,新谷登,雨亦降,米价频减,民情帖然。上司初怪其所为;至是,始备陈委曲,获嘉奖焉。……十四年,授台湾道。③

---

① (清)黄可润撰:《壶溪文集》卷五,《请开台郡米禁严革漳泉二郡械斗稟》,稿本,福建省图书馆藏。

② (清)方桼如:《奉直大夫巡视台湾吏科给事中汪君继燝墓志铭》,《碑传选集》,台北:台湾大通书局,1984 年。

③ (清)卢文弨:《浙江督粮道金公溶家传》,《碑传选集》,台北:台湾大通书局,1984年。

除了福建地方官府的积极作为之外,普通商民响应号召贩运粮食的行为也是值得注意的。乾隆二十二至二十三年(1757—1758),福建沿海发生旱灾,督抚两次奏请招商往台湾及温州、台州诸府采购米谷回闽平粜。二十四年(1759年),福建政府又下令招募商人赴延平、邵武二府贩运米粮以济民食。在这一事件中,龙溪县等商民发挥了重要作用:

> 按是时台湾温台海运维艰,各县鲜应幕者,知县陶敦和延请绅士富商多方劝谕,人感其诚,且急于乡梓之谊,勇跃争先。台湾买谷二万五千石,任其事者绅士郑蒲、陈文芳、谢启达、谢振喜、钱时泮、黄卫观、陈思观。温台二府买谷额一万石,任其事者士商王文滨、郑长柄、吴登。延邵买二万石,任其事者士商郑长焯、谢启达、吴登培、林必瑞、陈文伟、王文滨、陈子文、钱时泮、陈克栋、许鹤观、陈飞龙、谢振熺。当浙台谷尽之时,米价诩贵,人心惶惶,知县陶敦和与邑绅郑蒲等议免运良策,必迅速乃有济酌瓜素封之家,有海舶等往购运货计,既充舟楫亦便往返。不数旬而千樯云集,米价顿平。[①]

从上面史料中,我们看到了包括在前一节中提到的谢启达在内的一系列商民在漳州旱灾之后南来北往贩运粮食的积极作为,其中谢启达系龙溪平宁谢氏族人,而林必瑞则为龙溪南园林氏族人。乾隆三十六年(1771年),林必瑞敕受儒林郎,时任漳州知府的蒋允焄为之立"纯德可风"匾,此匾现在悬挂于林氏家族长二房上四房七房头二祖厅。谢启达等商民在台米内运以接济福建沿海府县民食方面的积极作为,既为自己的商业贸易活动赢得了一定的经济利润,同时,由于他们积极响应官府号召,也为自己今后商贸活动的开展打下了良好的政治环境基础,可谓一举两得。

三、鼓励海外粮食来华

乾隆时期,粮食问题日益成为影响社会经济发展的重要问题之一,甚至

---

① 《南园林氏三修族谱》,2008年。

连沿海产粮地区也不例外。① 为了保证粮食供给和抗御自然灾害，清朝政府采取了一系列的措施，如禁止大米出口、禁止用粮食酿酒、禁止奸商囤积居奇；鼓励外洋贩米来华、鼓励粮食流通买卖、开仓平粜、运丰补欠等。② 我们知道，在这样的社会历史背景下，即使是产粮区也开始为粮食问题所困扰，而对于原本就有缺粮问题的福建地方而言更是雪上加霜。在清朝政府的诸多措施中，具体落实到福建地方主要有免税、对商民旌表等，以此鼓励海外粮食来华。

早在雍正六年（1728 年）的时候，福建巡抚常赍向清朝中央上疏，言及："暹罗国王诚心向化，遣该国夷商，运载米石货物，直达厦门，请听其在厦发卖，照例征税，委员监督。嗣后暹罗运米商船来至福建、广东、浙江者，请照此一体遵行，应如所请。"雍正皇帝对此表示赞同，并下达谕旨言明此类米谷不必上税，著为例。③

乾隆初年，清朝政府除了不断重申禁止将国内米谷私运至外洋的政策之外，还制定了一系列鼓励海外粮食来华的措施，如乾隆七年（1742 年），批准免征外洋商人运米的船货税。乾隆八年（1743 年）九月甲申，乾隆皇帝再次下达谕旨：

> 朕轸念民艰，以米粮为民食根本，是以各关米税，概行蠲免，其余货物，照例征收。至于外洋商人，有航海运米至内地者，尤当格外加恩，方副朕怀远之意。上年九月间，暹罗商人运米至闽，朕曾降旨，免征船货税银。闻今岁仍复带米来闽贸易，似此源源而来，其加恩之处，自当著为常例，著自乾隆八年为始。嗣后凡遇外洋货船，来闽粤等省贸易，带米一万石以上者，著免其船货税银十分之五；带米五千石以上者，免其船货税银十分之三。其米听照市价公平发粜，若民间米多，不须籴买，即著官为收买，以补常社等仓，或散给沿海各标营兵粮之用，俾外洋商

---

① 学术界关于这方面的研究成果主要有：唐文基的《乾隆时期的粮食问题及其对策》（刊载于《中国社会经济史研究》1994 年第 3 期）、徐晓望的《试论清代东南区域的粮食生产与商品经济的关系问题——兼论清代东南区域经济发展的方向》（刊载于《中国农史》1994 年第 3 期）等。

② 中国第一历史档案馆：《乾隆朝米粮贸易史料》（上、下），《历史档案》1990 年第 3、4 期。

③ 《清世宗实录》卷八十六。

人得沾实惠，不致有枲卖之艰。该部即行文该督抚将军，并宣谕该国王知之。[1]

是故，自乾隆八年开始，如有外洋货船来闽粤等省贸易者，其船上带米五千石以上者享受相关的货物免税优惠政策。这样的政策，一定程度上鼓励了海外粮食的进口。

乾隆十一年（1746年）九月戊午，根据福州将军兼管闽海关事务新柱的奏报：

> 本年七月内，有暹罗国商人方永利一船，载米四千三百石零，又蔡文浩一船，载米三千八百石零，并各带有苏木铅锡等货，先后进口。查该番船所载米石，皆不足五千之数，所有船货税银，未便援例宽免等语。[2]

然而，乾隆皇帝认为"该番等航海运米远来，慕义可嘉，虽运米不足五千之数，着加恩免其船货税银十分之二，以示优恤"。

根据福建巡抚钟音的说法，乾隆三年、六年及十二年，吕宋之船来厦贸易，曾有三次，均系八月进口，次年四月回棹。[3] 李金明专门撰文，讨论了清代前期厦门与东南亚的贸易情况。当时也有不少内地商船从厦门到暹罗贸易，据估计，每年至少有40艘大帆船从厦门前往暹罗的首都曼谷。[4] 在文章中，李金明除了给予番船一定优惠的政策之外，还给从暹罗带米回国的内地商船制订相关优惠政策，以及给予奖励或赏给职衔、顶带等鼓励商民从暹罗进口大米的措施。[5] 乾隆二十六年（1761年）四月初八日，两广总督李侍尧等向中央上了《为海洋运米四省商民请照例议叙事》一折，奏折中说道：

> 窃照粤东地处海滨，户口繁庶，兼山多地少，产米不敷民食，经前督臣杨应琚具奏：商民有自备资本领照赴安南国运米回粤粜济民食者，照闽省之例，查明数在二千石以内，督抚酌量奖励，数在二千石以上，按照米数分别生监、民人，奏请赏给职衔、顶戴。经部议复，奉旨俞允钦遵在案。兹据广东布政使弈昂详称：乾隆二十五年分粤东米价平减，贩洋商

---

① 《清高宗实录》卷二百。

② 《清高宗实录》卷二百七十五。

③ 《乾隆朝外洋通商案》，《史料旬刊》第十二期，北京：北京图书馆出版社，2008年。

④ 姚贤镐：《中国近代对外贸易史资料》第一册，第249～250页。

⑤ 李金明：《清代前期厦门与东南亚的贸易》，《厦门大学学报》（哲社版）1996年第2期。

船运米回粤，数在二千石以上者无多，除二千石以上者照例奖励外。惟查有澄海县商民王朝阶，自备资本，附搭商船户陈福顺船只，由安南国购运洋米二千六百四十六石零回粤，陆续粜济民食，例得议叙，应请照二千石以上之例，给与九品顶戴，以示鼓励，取具册结详请核奏。等因前来。①

乾隆二十年(1755年)，福建巡抚钟音在其奏折中谈到了当年番商来福建贸易的情况：

> 今次夷商郎一氏沼吧等所带米粮，共计一万余石该国番斗，以内地市斗折算，实米七千七百八十四石，现俱交行铺公平粜卖，另存米谷二千余石，该夷商自留番众食用，又恐回棹时风水不常，多为留备，难以强其尽售所带米粮。货物之外，尚有番银一十五万圆，欲在内地置买绸缎等物，该道细加译讯，因何不赴广东采办，据称夷船赴广的多货难采买，是以来至厦门交易，察其言语情形，甚属恭顺安静，业将夷商五十二名搬往番馆，舵水八十六名留船照看，其防船军火器械，悉经起贮营库，于起岸之事点验铁炮十八位，其余器械与初报相符，已择殷实铺户林广和郑得林二人先领番银五万圆，带往苏广购办货物，取有连环保结不致羁悮。又查乾隆八年，钦奉上谕，外洋货船来闽贸易带米五千石夷商者，免其船货税银十分之三等因钦遵在案。今次亦遵恩例，免其税银十分之三，仰副皇上怀柔远人至意。凡内地商铺与之交易者，俱系官给腰牌，方许进入，番馆一切违禁物件，严加查察，禁止夹带私售。在馆在船之夷人，密加伺察，防闲不示以疑亦不敢稍懈等情具禀。②

除此之外，龙溪县人黄可润的《陈任港口等处载米船只严禁需索禀》一文也给我们透露了当时福建沿海人民与海外地区米粮贸易的一些信息。乾隆年间，在米价不断攀升的形势下，除了台湾，安南地方港口、柬埔寨等几个港口也因"地利厚"、"多产米"而日渐进入中国商人的贸易视野中，而且又因其地与两广相近，出海商船也不需太大，故在米价腾贵的年月里，许多商船借口"往台逃风"，实际前往安南港口。在其回程时，吏役因为商船皆运载米粮而不敢以"透越"之名究之。黄可润主张，厦防厅应该大张告示，如果有商

---

① (清)李侍尧等：《为海洋运米四省商民请照例议叙事》，《乾隆朝米粮贸易史料》(下)，《历史档案》1990年第4期。

② 《乾隆朝外洋通商案》，《史料旬刊》第十二期，北京：北京图书馆出版社，2008年。

船愿意前往安南等港口载米者,"照往台之例,有行户保认,蠲其税,严禁出入口需索陋规",这样之后,"则人皆踊跃,岁可增米数十万,而商民亦可资以疏通生计,有行户保认可无为匪之虞,十利而无一害者也"。①

明清时期,福建地区的粮食供给问题一直是中央和地方政府关注的重要焦点之一。自隆万年间,明朝政府对吕宋回程载米商船实行鼓励政策,海外米粮源源不断地注入,同江浙、广东等省的米谷共同缓解着福建沿海社会人地关系日益紧张的局面。入清之后,台湾内附并日渐成为"大粮仓",对福建其他府县的粮食供给起了很大的支持作用。与此同时,清朝政府也采取了一系列鼓励海外粮食进口的政策。然而,尽管清代前期,特别是乾隆时期,清朝政府出台了一系列解决粮食问题的政策和措施,但是已经扭转不了社会上粮价不断攀升的局面。徐晓望认为,清代东南区域的经济十分活跃,它们和东南亚产粮国安南、菲律宾、泰国之间存在着广泛的贸易关系,东南区域完全可以通过对这些国家的出口换回粮食,然而,清廷的闭关政策却使双边贸易一直不很通畅。论者或以为清廷在中期是鼓励商人去东南亚运米的,实际上,清廷在这方面严厉的管制措施早已使这一政策打了折扣。②

笔者认为,尽管清朝政府针对粮食问题出台了一系列的政策和措施,并且采取了严厉的管制,然而,这些政策和措施的具体执行力度被打了折扣。我们从文献资料上看,在清朝政府鼓励米粮进口的同时,尽管海外有些地区并不在清朝政府的相关视野之内,但是,福建与这些海外地区之间的米粮贸易一直进行着,例如:

> 比年米贵,间有往者,至去年乃大多其地与两广近,船不用大,故易为力耳。今年春夏米贵,赖此稍纾,然其去也,藉往台逃风为名,及其入口,以其皆米也,吏役亦不敢以透越究诘。③

从某种意义上讲,这样的政策在具体实施过程中被弹性处理,这就为老百姓往海外发展提供了支持,也为海洋社会的剩余人口提供了迁入的空间,

① (清)黄可润撰:《壶溪文集》卷五,《陈任港口等处载米船只严禁需索禀》,稿本,福建省图书馆藏。

② 徐晓望:《试论清代东南区域的粮食生产与商品经济的关系问题——兼论清代东南区域经济发展的方向》,《中国农史》1994年第3期。

③ (清)黄可润:《陈任港口等处载米船只严禁需索禀》,《壶溪文集》卷五,稿本,福建省图书馆藏。

因此,对于海洋社会而言是具有一定积极意义的。

从前面内容的叙述可以看到,尽管清朝政府为了解决福建的粮食供给问题出台了一系列的政策和措施,但是,诸如东南沿海省份米谷海运入闽和台米内运的情况,一般都是在福建遭遇风旱灾害的年份而其他地方米价稳定的前提下才能得以实现,而未能将之制度化和常规化;另外,鼓励海外粮食进口的政策主要是针对番商,在很大程度上是为了"怀柔远人",显示清朝政府对番国的优待原则。从这层意义上讲,我们也看到了清朝政府在向海洋发展过程中的局限性。

第五节　小　　结

本时期漳州九龙江下游两岸区域老百姓下南洋的经济活动,基本上延续了明代中后期以来月港开海的传统,基本上是以从事海洋贸易为主,不管是往来于家乡和南洋的贸易活动,还是在南洋范围内的转口贸易,他们活跃于浩瀚的海洋中。与此同时,我们也看到,随着海洋形势的发展和海外地区的日益开发,越来越多的国人开始选择在海外定居下来,以获得更好的发展。这一时期,老百姓们的海洋活动除了一些零星记载之外,大部分还是以家族、乡族为纽带的集体性活动。

我们基于实录、档案、地方志等官方文献的综合分析,辅以族谱、文集等私人著述,挂一漏万,试图还原清代福建闽南沿海社会发展的历史场景,勾勒出清代前期国人往海外发展的情况。当然,民间文献中的记载不能反映国人参与海洋活动的全貌,下南洋从事贸易活动的人数远远超过族谱上记载的情况,因为族谱仅仅记载了族人的生卒年月、配偶、子嗣和葬地等信息,而如果有些人曾经积极参与海洋贸易活动,但是最后的归宿地在家乡,那么我们从族谱上便无从了解到他们参与海洋贸易活动的信息,例如龙溪壶山黄可润家族的情况。另外,我们在其他族谱中看到了许多家族均有迁徙台湾和海外的相关记载,表明了明清以来本区域老百姓已把海洋活动视作基本的生计方式。诚然,族谱中所涉及的人和事仅仅是国人走向海洋的冰山一角,且其表达的主旨并非以海洋为中心,但通过其只言片语,我们既能领略到国人积极参与海洋活动的风采,亦可感悟到儒家思想文化在海洋社会仍广为传播。族谱可以说是地方海洋经济发展在文化上的反映。

我们再来看看与黄可润同时代的龙溪人黄增光的情况：黄增光，字君辉，号东圃，世居龙溪文圃，黄可润在其去世之后曾受托为其作行述。黄增光九岁丧母，康熙开海之后，其父黄力庵往吧国从事海外贸易，不久在吧国去世。消息传回家乡，仲兄前往料理后事。后来，黄增光听闻有亲友欲往南洋，遂从之，其时年方十九。根据吕宋的惯例，每年必须选取一名性格忠厚、家底较为殷实的人负责评断征税等事情。黄增光凭借自身的能力和威望获得该职位，并为当地的华商简化办事程序，提供各种方便，甚至捐献千金，为碰到困难的乡人而不断奔走。经过一段时间的发展和积累，黄增光风光回到家乡，首先择地将祖母、父亲和仲兄安葬，然后"建小宗祖祠，董理大宗祖祠，置产以充祭费，为次兄立继，分财产以赡之，为长次兄立祭田，亲支未能婚娶者资之，孤孀者恤之"，此外，他还积极参与地方上的公共事务，如建书院、清城壕、修贡院等。对于从事商业贸易，黄增光有自己的一番理解，他认为：

> 货殖为君子所不言，虽然，亦有道焉，吾岂有异术哉，吾始也以勤信得之，而及其稍赢，则亦择夫愿而有心计者，量予钱币，使走四方，廉物情，程以期限，物价轻重，瞭然跬步间，然后时其贵贱，俾懋迁以化之，而厚奖其能者，至人乐为我用，而生财之道在是矣。[①]

临终前，黄增光还以诸子学业嘱托黄可润，可润谓之"其欲以诗书裕后而贻谋燕翼"。由史料可见，黄增光把海外贸易所得用于家族的建设和地方社会的公共事务等方面，"勤""信"从一开始就是他经商的指导理念，而他临终前则表达了对诸子学业的挂念。

应该说，清朝政府在海外政策上的态度是影响沿海百姓日常生计的重要因素。我们知道，自明中叶开始，私人海上贸易兴起并获得长足发展，原本隶属于漳州府龙溪县八、九都地的月港即是当中重要的走私港口之一，最终，明朝政府在此设立海澄县，实行有限度的开海政策。从此，不管是贩夫走卒，还是地方缙绅，都积极地投入到海洋贸易活动的大潮中，同安人林希元即是后者的代表人物之一。可以说，明末，福建沿海社会到处充满着强烈的海洋商业气息，而郑氏海上政权的建立可算是中国海洋发展史上的一个

---

① （清）黄可润撰：《壶溪文集》卷三，《儒林郎东圃黄公行述》，稿本，福建省图书馆藏。

里程碑。明清易代，满族入主中原，面对不甚熟悉的汉人社会，加上与依靠海洋获得发展的郑氏政权在福建沿海区域的长久对峙，使得清朝政府的海洋政策一波三折，从禁海到开海，从开海到"禁南洋"案，最后虽然解禁，但是清朝政府对于海洋贸易相关人事的处理态度仍保守大于开放。在地方官员中，除了少数如施琅等手握重权的封疆大吏之外，我们很难看到诸如明代林希元那样积极投身海洋贸易活动的地方士绅，尽管有如庄亨阳、蔡新、黄可润等人在开海问题上的鲜明主张，但是一次又一次呼吁的徒劳无功也让我们对清朝政府保守的态度有了更为清晰的认识。国人的海洋活动在没有得到中央王朝的鼓励和支持的背景下艰难地进行，独在海外的华人在取得发展的同时也存在着诸多顾虑，特别是一些已经取得一定成就的人。一方面，他们有着"光耀门楣"的传统思想，在海外有成之后想回到家乡；另一方面，他们又得顾忌回乡后官府的态度。

前文已有提及，黄氏家族在经历了黄可润曾祖父黄俊升被抓交赎金救回事件，以及因海氛不靖而迁居同安中孚乃至后来族人回迁壶屿之后，经济状况已经大不如前。后来，在清朝政府实行开海贸易政策的前提下，先人的历史经验也告诉他们海外贸易带来的收入要比单纯从事农业生产丰厚得多，可以较快地提升家庭的经济实力，因此，黄氏族人纷纷投身海洋贸易活动。从这一层意义上讲，海洋贸易成为了壶山黄氏家族提升自我的重要途径之一。在经济实力不断增强的同时，黄氏家族亦致力于科举的追求。当然，科举与经商相比，科举成功的比例要低得多，所幸的是黄氏家族在比较短的时间内实现了科举功名的突破。

我们知道，自明中叶起，闽南地区特别是以漳州月港为中心的海洋社会即以海外贸易的兴盛而闻名，随着隆庆万历年间海外贸易的合法化，越来越多的老百姓投身其中，海澄人周起元曾经自豪地夸耀当地为"天子之南库"。[①] 可见，在当时闽南的海洋社会，贩海经商已经成为当地社会司空见惯的一大现象，而商人们的社会地位也早已不同往日，商人与仕宦的联姻自明代即已出现，如洪朝选(1516—1582)迎娶安平商人之女。陈支平认为，一二千年来，中国的商人始终与政治结下不解之缘。[②] 就本文中所提到的黄增光的个人经历而言，他在商业方面取得成功的同时，还积极参与地方上的

① (明)周起元：《东西洋考·序》，北京：中华书局，2000年，第17页。

② 陈支平：《民间文书与明清东南族商研究》，北京：中华书局，2009年，第200页。

公共事务。我们认为,这样的行动可以看作是传统时代商人们寻求政治支持的一种手段和方式,他们通过参与发展家乡的公共事业而赢得和巩固社会地位,进而为个人和家族的进一步发展积攒有利的社会资源。

族谱本身其实就是文化的宣言和文化的表达,也是中华传统主流文化在民间文献的反映,体现了地方社会对中央王朝的归附,而且族谱中选择记载的人和事本身就是有经过筛选的,背后有其深刻的社会意义。因此,我们还应该看到主流文化传统之外的一面,例如谢仓蔡氏:

> 十三世裔,字端甫,过南洋定居马六甲,任第八任甲必丹,清嘉庆六年回乡造母墓,捐银扩建崇报堂,嘉庆七年卒,生五子:沧明、沧杰、沧波、沧山、沧海。①

> 蔡世章,讳乔,字端甫,原籍圭海谢仓,系元鼎公二十八世孙,过南洋定居马六甲,任马六甲第八任甲必丹。生于乾隆十五年岁次庚午十月十七日寅时,卒于清嘉庆七年岁次壬戌七月初六日午时,享寿五十三岁。夫人曾氏喜娘,谥淑惠,生于乾隆乙酉六月二十五日吉时,卒于道光五年乙酉六月二十二日酉时,享寿六十一岁。夫妇俱葬于马六甲三宝山麓,地名亚依黎梨自置公司园内。生五子:名曰沧明、沧杰、沧浪、沧山、沧海。②

另外,还有龙溪刘瑞保官岱徐氏:

> 十一世以明(1728—1795),居嘛六甲传衍;生于雍正六年,卒于乾隆六十年,葬在三宝山。妣陈氏葬在三宝山。③

从上面的史料可以看到:谢仓蔡氏第十三世孙蔡世章下南洋定居马六甲,出任第八任甲必丹,嘉庆六年(1801年)还曾经回乡造母墓,并捐银扩建崇报堂,可见,蔡世章在下南洋的国人中应属于上层社会人士。去世之后,蔡世章及其妻子曾喜娘均未归葬故乡,而是葬于马六甲三宝山麓,地名亚依黎梨自置公司园内。徐以明与其妻陈氏居马六甲传衍,卒葬三宝山也是类似的例子。由此可见,传统史书中强调的落叶归根不一定就是海洋人的最终归宿。

除此之外,流传郭氏家族的例子也向我们透露了海洋活动本身具有流

---

① 《谢仓蔡氏崇报堂族谱》,2001年。

② 《金浦蔡氏族谱》,1995年。

③ 《霞漳溪邑刘瑞保官岱徐氏族谱》,清中叶。

动性和偶然性的一面。流传郭氏自第十一世就有郭彦璞携带家眷前往台湾，并生育有四子。之后，郭彦璞夫妇二人去世，葬在台湾。入清之后，流传郭氏有更多的族人往来于海洋之间，足迹遍及东南沿海、台湾与南洋等地。以郭彦璞第四子郭天榜支派为例：

> 十二世储赠儒林郎天榜公，彦璞公少子也，配祀追远堂祖庙思敬堂小宗，尝捐资于龙池岩，住持僧塑公像于后堂，至今崇祀勿替。公生于崇祯六年，至康熙四十六年，寿七十五。男二：长达璋、少文律。

> 十三世候选州司马达璋公，天榜公长子也，配祀追远堂祖庙思敬堂小宗，康熙六十年辛丑漳州府李讳秉衡手书"良翰"二字匾额并序赠公。康熙十四年至雍正三年，寿五十一。"良翰"匾：辛丑夏五月，台寇窃发，人心风烛，爰仿古轨连之法为捍备计，幸绅士父老实力共襄，境赖宁谧，诗所云：邦喜良翰，其斯谓欤！是为赠中宪大夫护理汀漳道，知漳州府事李秉衡为吏部拣选州同知郭达璋立。[①]

由此可见，郭天榜与郭达璋是郭氏家族和当地社会较有名望的士绅之一。郭达璋生有九个儿子，其具体情况如下面的树状图所示。

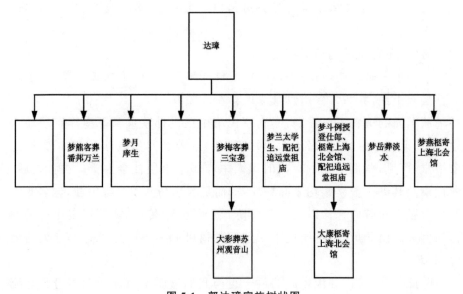

图 5-1　郭达璋家族树状图

---

① 《流传郭氏族谱（世系图、宗支总图）》，清嘉庆年间编修。

从图 5-1 树状图的内容可以看到,郭达璋九个儿子当中除了长子和四子情况不明之外,其余各子的活动地点或在龙溪流传故乡,或在苏州、上海,或在台湾,甚至还包括了南洋等地。另外,与郭达璋儿子相似情况的记载在郭氏族谱中还大量存在。根据其族谱的记载,我们可以做这样的推论:郭氏族人足迹遍及海内外,他们与清代福建地区的海洋贸易应该有着密切的联系,除了一些人功成名就后选择返乡回馈家族和地方社会,还有很大部分族人随着海洋的流动选择在异地扎根下来,而海洋风涛本身就充满了随意性和冒险性。

表 5-3　壶山黄氏家族及黄可润《壶溪文集》中涉及从事海洋活动的人物及其相关事迹

人物	首次出洋时间	所涉地方	事　迹	备　注
黄文焕	年十八	外国	年十八,辞二亲往贩外国;归国后在厦门设肆,与弟文扬一起经营	长子黄宽以进士知江西崇义县,后回乡掌郏山学院二十年,曾参与《龙溪县志》的编纂
黄文扬			与兄文焕在厦门设肆一起经营	子七:可润、可受、照等业儒,走仕宦之路;可澧、可垂贩海经商;
黄可澧		苏州、厦门、台湾	参与捐资增置苏州藕花庵义冢	卒于苏州
黄可泰		台湾、苏州		后出任广东德庆州牧
黄可垂	年十五	汶莱、吕宋、上海、苏州、厦门、台湾	年十五,跟随同祖兄惇夫前往汶莱等地	
黄惇夫		汶莱	置巨饷货海外之汶莱国	黄可垂同祖兄
黄力庵	康熙二十三年开海之后	吧	出洋贸易,后卒于吧	

续表

人物	首次出洋时间	所涉地方	事　迹	备　注
黄力庵次子		吧	父殁于吧,前往料理后事	
黄增光（黄力庵三子）	十九岁	南洋、吕宋	跟随亲友前往海外从事贸易活动,并在吕宋取得相当成就;归国后热心家族和地方事务等	临终前,以诸子学业嘱托黄可润

资料来源:《壶溪文集》、《壶山黄氏传志录》、光绪《漳州府志》等。

第六章

挣脱藩篱：清代中后期海洋社会的进一步发展与侨乡的形成

第一节　清代中期政府对外了解的匮乏和社会危机的加深

　　清朝立国之后，社会生产逐步恢复和发展，历经康熙、雍正、乾隆三朝，出现了长达一百多年的盛世局面，传统中国再一次登上历史发展的顶峰，自给自足的自然经济仍然占据着主导地位。在中国与西方国家的贸易中，中国的茶叶、丝绸、棉布、瓷器等特产源源不断地运往海外，与此同时，也从海外进口毛织品、棉花等商品。从明朝末年开始，葡萄牙、西班牙、荷兰、英国开始向海外发展。紧接着，法国、普鲁士、瑞典、丹麦、美国等西方国家也不断地来到南中国海，请求与中国进行通商往来。一直到 18 世纪，中国海商集团还保持着在东亚水域的贸易优势。[①]

　　尽管在 18 世纪，中国为数甚少的一些非天主教华人，通过各种途径，曾经到达过欧洲，甚至有一些人还留下了文字，记录了海外国家的一些情形；但是在北京城统治广大中国的皇帝，对于这些微不足道的冒险旅行家，除了樊守义之外，大都一无所知。[②] 因此，这些 18 世纪的访欧华人并不能增进

---

　　① 张彬村：《十六至十八世纪华人在东亚水域的贸易优势》，《中国海洋发展史论文集》第三辑，台北："中央研究院"中山人文社会科学研究所，1988 年，第 345～368 页。

　　② 陈国栋：《雪爪留痕——十八世纪的访欧华人》，《东亚海域一千年》，济南：山东画报出版社，2006 年，第 159～187 页。

清政府对外部世界的了解。其实,在清朝统治阶级做着"天朝上国"美梦的同时,中国社会正悄然发生着变化。"自乾隆末年以来,官吏士民,狼艰狈蹶,不士不农不工不商之人,十将五六……自京师始,概乎四方,大抵富户变贫户,贫户变饿者。四民之首,奔走下贱。各省大局,岌岌乎皆不可以支月日,奚暇问年岁!"①可见,从乾隆末年开始,"康乾盛世"的余辉早已在不知不觉中消失殆尽了,而高居庙堂之上的清朝统治者却对此浑然未觉。

乾隆五十八年(1793 年),英国派遣马嘎尔尼使团访华,请求与清朝政府订立通商条例。然而,清朝政府却把英国当成传统意义上有着宗藩关系的朝贡国,把英使马嘎尔尼(1737—1806)当成贡使,要求马嘎尔尼等人在觐见乾隆皇帝时必须行三跪九叩礼。不仅如此,面对英使马嘎尔尼等人提出的通商要求,乾隆皇帝说道:"天朝物产丰盈,无所不有,原不藉外夷货物以通有无,特因天朝所产茶叶、瓷器、丝斤为西洋各国及尔国必需之物,是以恩加体恤,在澳门开设洋行,俾得日用有资,并沾余润。"②从这边的内容可以看到,乾隆皇帝"天朝物产丰盈,无所不有"的看法代表了当时清朝政府内部大多数人的观点,他们认为中国所产的茶叶、瓷器和丝织物是西洋各国日常必需之物,而与英国通商是清朝政府对英国的"恩加体恤",英国等蛮夷小国应当要感恩。这样的"天朝上国"思想,在随后嘉庆二十一年(1816 年)阿美士德(1773—1857)使团访华的行动中再一次得以淋漓体现。更为夸张的是,这次谈判尚未开始,中英双方即在觐见嘉庆皇帝的礼节上发生争执,最终发生了"拒绝英国贡使纳贡"的闹剧。由此可见,一直到嘉庆年间,清朝政府根本就不知道外面的世界发生了怎样翻天覆地的变化,还是在恪守祖宗之法,把英国为首的西方国家视为传统意义上的朝贡国,以老办法来处理中外关系。

嘉庆二十一年(1816 年),嘉庆皇帝与大臣孙玉庭(1741—1824)的一段对话,更加说明了当时清朝政府对外了解的匮乏。嘉庆皇帝问:"英国是否富强?"孙玉庭回答道:"彼国大于西洋诸国,故强,但强于富,富则由于中国。彼国贸易至广东,其货物易换茶叶回国,转卖于附近西洋小国,故富,因而能强。我若禁茶出洋,则彼穷且病,又安能强?"③从这则材料可以了解到,孙

---

① (清)龚自珍:《西域置行省议》,《龚自珍全集》上册,第 106 页。
② 《粤海关志》卷二三。
③ 《孙玉庭自订年谱》,第 54 页。

玉庭向嘉庆皇帝承认了英国的富强,但同时又认为英国的富强是建立在与清朝政府的茶叶贸易基础之上,提出只要清朝政府禁止茶叶出口,英国的富强便无从谈起。与孙玉庭同样的看法在鸦片战争时期仍然存在,影响着中国。例如,顺天府尹曾望颜(1790—1870)曾经极力主张限制出口,他这样说道:"愚以为今日要策首在封关。无论何国的夷船,概不准其互市,彼百数十船载来之货久不能售,其情必急,而禁绝大黄、茶叶,不令商民与之交易,更有以制其命。"①可见,曾望颜依旧认为中外互市是英国等蛮夷小国生存的基础,其日常生活中无大黄、茶叶不行,清朝政府如若下令封关,禁止双方贸易往来,便可以"制其命"。

此外,差不多同时期的管同(1780—1831)在其所著的《禁用洋货议》中说道:"凡洋货之至于中国者,皆所谓奇巧而无用者也⋯⋯是洋人作奇技以坏我人心,而吾之财安坐而输于异域。夫欲谋人之国,必先取无用之物,以匮其有用之财。"②与孙玉庭相反,管同从外国商品进入中国的角度出发进行思考,认为洋货"奇巧而无用",是"洋人作奇技以坏我人心"。从上面的论述可知,无论是孙玉庭、曾望颜,还是管同,他们的看法与实际情况存在着较大的偏差,他们的观点可以看作是当时清朝政府对外了解匮乏的基本表现。

通过对史料的解读可以发现:在当时清朝,不仅是普通知识份子对外了解发生偏差,就是有"近代中国开眼看世界第一人"之称的林则徐(1785—1850),在对外了解上也存在着不符合实际的一面。如道光十九年(1839年)正月,道光皇帝在给林则徐等人的上谕中提到:"其茶叶大黄果否为该夷所必需,倘欲断绝,是否堪以禁止,不至偷越之处,并著悉心访察,据实具奏。"③同年二月二十九日,林则徐在其奏折中回答道:"至茶叶大黄两项,臣等悉心访察,实为外夷所必需,且夷商购买出洋,分售各路岛夷,获利尤厚,果能悉行断绝,固可制死命而收利权。惟现在各国夷商,业经遵谕呈缴烟土,自应仰乞天恩,准其照常互市,以示怀柔,所有断绝茶叶大黄,似可暂缓置议。如果该夷经此次查办之后,仍敢故智复萌,希图夹带鸦片入口,彼时自当严行禁断,并设法严查偷越弊端,应请于善后章程内另行筹议具奏。"①从林则徐的回答中可以知道,林则徐的看法与稍早之前孙玉庭、曾望颜等人相类似,依旧认为清朝政府如果单方面断绝与"外夷"之间的茶叶、大黄贸易,便"可制死命而收利权",而当时各国夷商已遵谕呈缴烟土,清朝政府应准其照常互市,以示怀柔。可见,林则徐对外了解仍显不足,对西方各国夷商亦存在幻想。

再如鸦片战争爆发前夕,林则徐在给道光皇帝的奏折中谈到:"夷兵除枪炮外,击刺步伐,俱非所娴,而其腿足裹缠,结束紧密,屈伸皆所不便,若至岸上,更无能为,是其强非不可制也","一至岸上,则该夷无他技能,且其浑身裹缠,腰腿僵硬,一仆不能复起,不独一兵可手刃数夷,即乡井平民,亦尽足以制其死命"。可见,林则徐认为洋人"腿足裹缠,结束紧密",因此"屈伸皆所不便",这与乾隆时期"洋人的膝盖与中国人不同,根本不能弯曲"的看法相比虽有一定进步,但是由此衍生出来"英人不善陆战"的思想却间接影响到了清朝政府在鸦片战争中的排兵布阵,为其最终失败埋下了伏笔。

另外,1839年底,林则徐在天后宫接见一些遭遇风难的英国船员的情形也能说明这一问题。根据当时船医喜尔的记载,林则徐向他们详细询问了一些外国情况,其中要他们将生产鸦片的地名写下来。当提到土耳其也出产鸦片时,林则徐提问土耳其是否属于美国或是美国所属之地。当林则徐听说土耳其不属于美国,并且距离中国有一个月航程时非常惊讶。最后,林则徐还交给他们一份致英王的照会。照会中仍以"天朝上国"的口吻说道:"窃喜贵国王深明大义,感激天恩,是以天朝柔远绥怀,倍加优礼,贸易之利垂二百年,该国所由以富庶称著,赖有此也……况如茶叶、大黄,外国所不可一日无也,中国若靳其利而不恤其害,则夷人何以为生?又外国之呢羽哔叽,非得中国丝斤不能成织,若中国亦靳其利,夷人何利可图?其余食物自糖料姜桂面外,用物自绸缎瓷器外,外国所必需者,曷可胜数……我天朝君临万国,尽有不测神威,然不忍不教而诛,故特明宣定例……"②

从前面的叙述可以看到,乾嘉以来,清朝政府对外面世界的了解极其匮

---

① (清)林则徐:《钦差大臣林则徐奏复洋商已缴鸦片请暂缓断绝互市片》,《鸦片战争档案史料》第一册,上海:上海人民出版社,1987年,第512页。

② (清)林则徐:《钦差大臣林则徐等奏呈拟具致英国国王檄谕底稿折·附件》,《鸦片战争档案史料》第一册,上海:上海人民出版社,1987年,第643~646页。

乏,这直接导致了中方在对外的交往中处于被动和劣势。最终,道光二十年(1840年),英国方面悍然发动了鸦片战争,迫使清朝政府签订了城下之盟。从1840年开始,清朝政府的统治日渐陷于内外交困的窘境。在这样特殊的历史背景下,清朝政府从中央到地方的有识之士在中外交往的过程中,开始放眼看世界,从"师夷长技以制夷"到"师夷长技以自强",清朝政府也在缓慢地修正着自己的步伐,以缓和日益严重的社会危机。

第二节　渡台政策的进一步放宽
与海峡两岸交流的频繁

乾隆末年,东南洋面上的海盗问题又一次凸显,困扰着清朝政府的统治者。嘉庆四年(1799年),福建巡抚汪志伊(1743—1818)在《议海口情形疏》中谈到:"至若洋匪从前不过土盗出没,自乾隆五十八九年间安南夷匪胆敢窜入,互相勾结,土盗藉夷匪为声援,夷匪以土盗为爪牙,沿海肆劫……"[①]从中可以看到乾嘉年间洋匪肆虐、互相勾结声援海上的情形。近年来,台湾学者李若文对19世纪初期活动于中国东南海洋包括蔡牵、玉德和李长庚在内的各方势力之间的互动进行了详细讨论,分析了海盗与官兵之间相生相克的关系,最后得出了中国的海洋发展因海盗与官兵之间的互相往来而停滞。[②] 乾嘉年间,洋匪肆劫海洋,给当时闽台两地之间的交流造成了相当大的阻碍。

道光十八年(1838年),道光皇帝发出上谕,要求各省将军督抚严紧查拿鸦片烟犯。[③] 在这样的社会历史背景下,担任湖广总督的林则徐率先在两湖地区实行了严禁鸦片烟的政策。林则徐在两湖地区的禁烟政策及取得

---

① (清)汪志伊:《议海口情形疏》,《福建通志》卷八十七,《疏议》,清同治十年(1871年)重刊本之影印本,台北:华文书局股份有限公司,1968年,第1755~1756页。

② 李若文:《海盗与官兵的相生相克关系(1800—1807):蔡牵、玉德、李长庚之间互动的讨论》,《中国海洋发展史论文集》第十辑,2008年,第467~525页。

③ 《着各省将军督抚严紧查拿鸦片烟犯事上谕》,《鸦片战争档案史料》第一册,上海:上海人民出版社,1987年,第389~390页。

的成效,为其后来在广东禁烟的成功积累了经验。道光二十年(1840 年),英国方面悍然发动鸦片战争,袭击了我国东南沿海的一些地区。这一年的夏天五月,英国兵舰窥视鹿耳门,遭到驻守台湾官兵的阻击。① 战后,中英两国签订了中国近代史上第一个不平等条约——《南京条约》,其中,清朝政府被迫开放广州、厦门、福州、宁波、上海等五个港口为通商口岸。之后的《天津条约》又增开安平、淡水等为通商口岸。

继英国之后,法、美、日等国相继而来,给清朝政府的统治带来了空前的危机。同治末年,台湾发生了日本兵船登陆的"牡丹社事件",清朝政府派遣沈葆桢(1820—1879)出任钦差办理台湾等处海防,兼理各国事务大臣,同时为重事权,所有福建镇道等官均归其节制,江苏、广东沿海各口轮船准其调遣。② 李祖基认为,同治末年日兵侵台事件发生之后,清政府移民台湾政策发生了实质性的改变。至此,实行了近 190 年之久的人民渡台必须领照并经查验的规定才算完全废止。此后,随着清政策治台政策转趋积极,沈葆桢的继任者福建巡抚丁日昌(1823—1882)更在厦门、汕头及香港等地设立招垦局,由政府提供路费,贷予资金、农具,招徕大陆移民,开发台湾内山地区。这种移民政策的大转变在以前是无法想象的。③

光绪元年(1875 年)正月戊申,清朝政府对之前的渡台政策作出调整:

> 谕:内阁沈葆桢等奏,台湾后山亟须耕垦,请开旧禁一折。福建台湾全岛自隶版图以来,因后山各番社习俗异宜,曾禁内地民人渡台,及私入番境,以杜滋生事端。现经沈葆桢等将后山地面设法开辟,旷土亟须招垦,一切规制自宜因时变通,所有从前不准内地民人渡台各例禁,著悉与开除。其贩买铁、竹两项,并著一律弛禁,以广招来。④

尽管上一章节的内容中谈到,闽台之间老百姓们的偷渡活动一直在暗中进行,清朝政府关于闽台移民的规定早已大打折扣,但是,偷渡活动属于官方所不能允许的范围,沿途亦充满着荆棘,老百姓最基本的生命安全都得不到保障。光绪元年正月关于"所有从前不准内地民人渡台各例禁,著悉与

---

① 连横:《台湾通史》卷十四,《外交志》,第 206 页。
② 《清穆宗实录》卷三百六十五。
③ 李祖基:《论清代移民台湾之政策——兼评〈中国移民史〉之"台湾的移民垦殖"》,《历史研究》2001 年第 3 期。
④ 《清德宗实录》卷三。

开除"的政策不仅为福建沿海百姓前往台湾谋生大开方便之门,同时也为闽台之间人员往来和相互交流提供了政策上的依据。因此,我们可以看到,晚清以来,族谱上所记载的前往台湾的人数不断增加,而且从台湾回乡谒祖的人数也大增,闽台两岸之间的交流日益频繁。

例如,漳州府龙溪县马麓(今龙海市榜山镇洋西村渡头社)邱氏第十八世孙邱清荷于道光年间迁居台湾桃园八德乡广兴村,光绪年间,其孙邱音(字佚人,号国兴)游大陆谒祖访宗,宗亲以本族族谱相赠。1989年,崇本堂第二十二世孙(邱清荷五世孙)邱武雄,又名邱光明,回渡头谒祖,并回赠本谱。[①]

再有,明清时期,龙溪县碧江社(今龙海市榜山镇北溪头村北溪头社)黄氏家族生活于九龙江西溪与北溪交汇处河岸的附近地带。一直以来,碧江黄氏就不断有族人漂洋过海,驰骋异乡。咸丰十一年(1861年),碧江黄氏第十四世孙黄大章率领台湾宗亲回乡谒祖,增建黄氏小宗"垂裕堂",并向本社碧江大庙献匾数副,现仅存一副"志在春秋宜享春烝,气塞天地能配天地"竖木板,落款为"职员黄大章领南优廪生达材留题"。光绪二年(1876年)九月,台湾宗亲再次回乡祭祖扫墓,并且购置三坵良田作为小宗"垂裕堂"的公产田,以供春秋二祭之费用开支,同时订立条约田契,勒石碑,详文如下:

> 垂裕堂族亲等,为建业配祭事,缘族叔大章移居嘉邑,念其四代祖填葬在本地白石山蓬莱峰山险桥头山等处,远隔重洋,每患春秋报本,未能躬亲祭奠。现已将其考妣配入本祠内,并欲建置祀以为坟墓祭扫之资,无如有志未逮遽而仙逝,伊男达谅能承父志爱,寄洋银叁佰陆拾捌圆,建置种芽田捌斗玖升,全年该收租谷贰拾壹石三斗陆升公正。带官粮银贰钱陆分壹厘,交托本房族亲代为轮流祭扫。夫祖宗虽远,祭祀不可不诚。今族叔大章不忘木本水源,伊男达谅复能继述先志族亲人等,无不欢欣办理。自此以后,凡值年首事务照章代为荐享上下相承,毋许擅易成规,以全孝思令勒石,以垂永远,并将田段逐一列左:一置水田一坵,受种芽田五斗,址在本社妈祖庵后,东至黄家田,西至妈祖庵,南至路,北至溪。一置水田一坵,受种芽田叁斗贰升,址在本社二层下,东至黄家田,西南俱至郑家田,北至大岸。一置水田一坵,受种芽田七

---

① 《马麓镇南社东邱崇本堂族谱》,清光绪壬午年(1882年)编修。

升,址在本社棣仔口,东西北俱至黄家田,南至沟,以上三宗契据俱存在台湾,此炤。光绪二年九月日公立。[①]

黄氏重修族谱之时,还在旧尾厝支族谱增补记载台湾宗亲从第十三世到十五世男丁的名字。此外,台湾宗亲将田契字约、族谱、碧江大庙签书注解,各带一本回台湾嘉义。

第三节　海外政策的调整与国人的大量出洋

对于晚清时期华侨政策转变的标志事件,学术界基本达成共识,即以1860 年《北京条约》的签订为分水岭。由于这个条约,清朝政府的海禁条例也就不废自破了。[②] 其中,条约中的第五款规定:

> 戊午年(咸丰八年,1858 年)定约互换以后,大清大皇帝允于即日降谕各省督抚大吏,以凡有华民情甘出口,或在英国所属各处,或在外洋别地承工,俱准与英民立约为凭,无论单身或愿携带家属一并赴通商各口,下英国船只,毫无禁阻。该省大吏亦宜时与大英钦差大臣查照各口地方情形,会定章程,为保全前项华工之意。[③]

由此可见,自 1860 年以后,中国老百姓便可以华工的身份前往海外国家和地区,无论是单身一人还是携带家眷,均可一并赴通商口岸乘船出洋,以谋生计。

近代国家外交护侨的主要措施是建立领事馆。随着晚清朝野对华侨认识的逐渐转变,保护和利用华侨成为清朝华侨政策的主要内容。南洋在中国周边地区具有重要的战略地位,也是华侨聚居之地,应当是清朝设领的重点地区。但由于朝廷对设领的重要性认识不足,推动不力,且外交人才缺乏、驻外使节布局失误和外交事权分散等,因此屡误设领时机,导致在晚清时期中国所设的 45 个领事馆中,仅有 7 个在南洋地区。设立专司外交的部

---

① 《北溪头黄氏族谱》,2006 年重修,第 183 页。
② 金晶:《晚清华侨政策研究综述》,《八桂侨刊》2007 年第 3 期。
③ 《筹办夷务始末》(咸丰朝),北京:中华书局,1979 年。

门和派遣驻外使节,标志着中国接受以西方外交观念和惯例为基础的国际关系制度。① 因此,尽管这样,我们还是看到了清朝政府的努力。

咸丰十年(1860年),清朝政府设立总理各国事务衙门,专门处理中外事务。光绪年间,清朝政府开始派遣驻外使节。光绪三年(1877年),清朝政府的第一个领事馆在新加坡设立,当地侨领、富商胡璇泽(1816—1880)出任第一任领事。此后,包括南洋在内的广大海外国家和地区都逐渐设置了清政府的领事。其中,庄国土将清朝在南洋设置领事的过程大略分为三个阶段:第一阶段从1877年新加坡领事馆的建立起,标志着清朝政府南洋设领活动的开始。第二阶段从1891年新加坡领事馆改为总领事馆、兼辖海门、槟榔屿、马六甲各处起,为南洋领事馆的增设时期。第三阶段从1899年马尼拉设置总领事馆起,直至清末,为争取在菲律宾、印尼各华埠设领的时期。②

光绪十九年(1893年)七月庚寅,出使英、法、意、比四国的大臣薛福成(1838—1894)上奏清朝中央政府:

> 请饬总理各国事务衙门,核议保护出洋华民良法,并声明禁止出洋旧例已删,以杜吏民诈扰。暨准各口领事核给护照,俾海外华民得筹归计。又奏:请酌议派拨兵船保护外埠华民,并下所司议。寻奏,应如所请行。至派拨兵船,宜俟日后体察情形,再行筹办,从之。③

光绪十九年(1893年)十二月戊午,清朝中央正式下达谕旨:

> 谕军机大臣等刑部奏,遵议出使大臣薛福成奏请申明新章豁除海禁一摺,据称内地人民流寓各国,其有确守华风情愿旋归乡里者,应由各出使大臣核给护照,任其回国,并由沿海各督抚督饬地方官严禁胥吏人等侵扰诈索,至私出外境各条,薛福成所请酌量删改之处,拟俟纂修则例时奏明办理等语,著依议行,即由总理各国事务衙门咨行沿海各督抚及出伙各国大臣,一体遵照,刑部摺著钞给总理各国事务衙门阅看将此各谕令知之。④

① 庄国土:《对晚清在南洋设立领事馆的反思》,《厦门大学学报》(哲学社会科学版)2006年第5期。

② 庄国土:《论晚清政府在南洋的设领护侨活动及其作用》,《南洋问题研究》1983年第3期。

③ 《清德宗实录》卷三百二十六。

④ 《清德宗实录》卷三百三十一。

从此之后，原先因种种原因而流寓外国的内地民人均可由出使大臣颁发护照，准其回国，同时，清朝政府亦命令沿海各省督抚大员严饬各级地方官员，严禁守口官兵对归国之人进行敲诈勒索。因此，此前实行的海禁政策最终宣告结束，沿海人民可以自由往来于家乡和南洋之间。

光绪二十五年（1899 年）四月壬辰，清朝政府同意福建官员许应骙（1832—1903)的建议，准许在厦门设立保商局以进一步确实保护出洋回籍之华商：

> 又谕：许应骙奏，福建厦门设立保商局保护出洋回籍华商一摺。闽民出洋，多籍隶漳泉，以厦门为孔道，此项民人，不忘故土，偶一归来，则关卡苛求，族邻诈扰，以致闻风裹足，殊非国家怀保小民之意。著准其于厦门设立保商局，遴选公正绅董，妥为经理。凡有出洋回籍之人，均令赴局报到，即为之照料还乡，傥仍有各项扰累情形，准受害之人禀局，立予查办，以资保护而慰商氓。[①]

之后不久，清朝政府亦允许沿海各省依照福建保商局之例，制定章程，遴选绅董，妥筹办理。

晚清时期，清朝政府的华侨政策不仅体现在华侨人数众多和规模较大的南洋地区，在其他一些华侨生活和聚居的地方也表现出积极的一面，例如在对非洲华侨政策上，晚清政府已经表现出了一定的主动性和进步性，如对主权意识和对国际法的重视，对华民称呼的改变，部分出于对民生的关注而主动输出劳务，在外交上的主动争取等等。[②]

1909 年，清朝政府正式颁布了《大清国籍条例》，从法律上解决了海外华侨的国籍归属问题，进一步凝聚了华侨的向心力。

从前面内容的叙述可以知道，清代中后期，由于国内外形势的改变，清朝政府的海外政策发生了重大的转变，特别是纠正了对海外华侨的既定印象，出台和颁布了一系列有利于促进和保护华侨的政策和措施。关于晚清时期华侨政策转变原因，学术界作了大量的研究和探讨，其中谈到华侨经济力量的显现是晚清华侨政策转变的重要原因之一。严重的经济危机，促使清政府把目光投向了海外华侨资本。杜裕根认为，在遣使设领初期清政府在经济上主要着重于筹赈筹防，卖官鬻爵，汲取华侨的财力；而清政府正式

---

① 《清德宗实录》卷四百四十二。

② 黎海波：《晚清政府的非洲华侨政策：评价与反思》，《华侨华人历史研究》2009 年第 1 期。

出台引进侨资兴办实业的政策始于 1895 年 8 月光绪皇帝的上谕。[①]

有学者认为,清代对华侨的政策大体上经历了三个阶段:第一、清初的严禁阶段;第二、清中期的限制阶段,即实行有条件出入国境的政策;第三、晚清的被迫放开到主动保护和利用阶段,这是清代华侨政策的质变阶段。由于晚清实行对华侨的保护、利用政策,这就加强了海外华侨与祖国的联系,极大地激发了他们的爱国热情,增强了他们的民族意识,为推动祖国的进步作出了重大贡献。[②] 而陈兆民则是从东南亚殖民政府华侨政策的角度出发,进行了评析。他认为,19 世纪中后期,东南亚殖民政府在新的形势下调整了对华侨的政策,开始实行经济上限制华侨,政治上歧视华侨的政策。这样的政策,一方面,使华侨在东南亚的生存发展环境恶化;另一方面,又激发了华侨爱国心,促使华侨回国投资的兴起。[③]

由于清朝政府海外政策特别是华侨政策的转变,晚清以降,沿海各省普通百姓出洋的人数呈直线上升状态。这一时期,漳州九龙江下游两岸区域的人民除了延续此前贩海经商的传统生计之外,更多的普通百姓以华工的身份远赴外洋,白手起家,以一己之勤换来三餐度日,稍有盈余亦千方百计寄侨汇回家乡以养家糊口。在这样的情形下,便开始有人投身批郊行业,专门从事华侨与祖籍地之间银信往来的服务。如光绪六年(1880 年),早年前往吕宋经商的龙溪县人郭有品(1853—1901)在其家乡流传社创办天一批郊。光绪十八年(1892 年),天一批郊扩大为四个局,总局设于流传,外设厦门、安海、吕宋等三个分局。光绪二十二年(1896 年),注册为郭有品天一信局,1902 年改为郭有品天一汇兑银信局。鼎盛时期,天一银信局的年侨汇额达千万元大银,占了闽南一带侨汇的将近三分之一。[④] 天一批郊的创办及其经营,一定程度上也反映出了晚清以来漳州九龙江下游两岸区域老百姓出洋发展的情况。

①　杜裕根:《论晚清引进侨资政策的形成及其评估》,《苏州大学学报》(哲学社会科学版)2000 年第 3 期。

②　韩小林:《论清代华侨政策的演变》,《嘉应大学学报》1995 年第 3 期。

③　陈兆民:《19 世纪中后期东南亚殖民政府的华侨政策评析》,《东南亚之窗》2007 年第 3 期。

④　郭伯龄编:《天一总局》,1999 年。

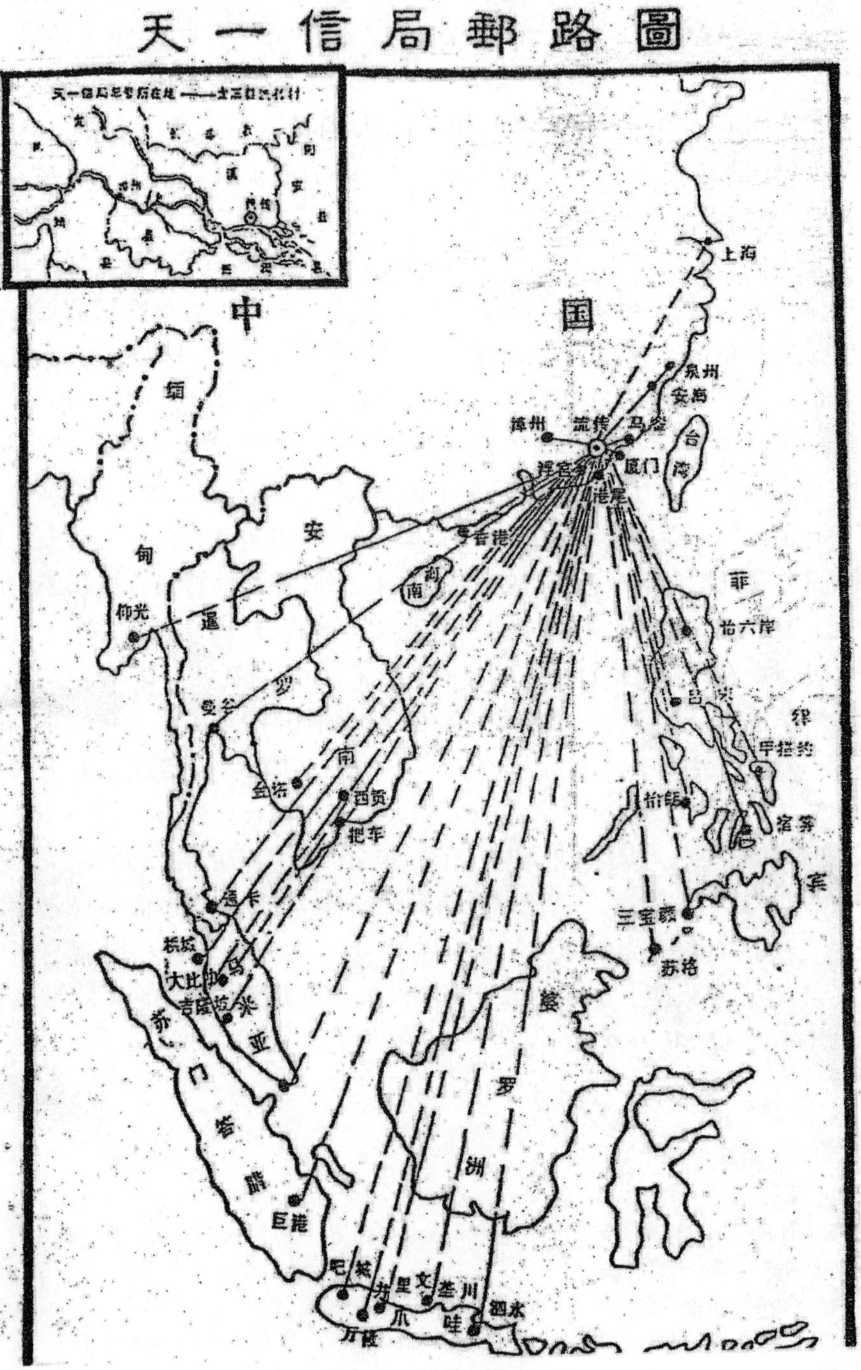

天一信局邮路图

上海
泉州
安岛
漳州 流传 马峦
浮宫 厦门 台湾
港尾
香港
缅 安
甸 逗 菲
亚
仰光 祐六岸
罗 吕宋
受弃 甲拉约
南 怡朗
幺诺 西贡 宿荟
把车 宾
远卡 三宝垄
桥玻 苏格
大比坳
吉隆坡 染
奇 亚
门
峇
喏 婆
朥 罗
巨港 洲
毛装 里
万隆 苏 文 垄川
哇 泗水

图 6-1　天一信局邮路图

晚清以来,漳州九龙江下游两岸老百姓出洋的人数剧增,规模远超之前的水平。例如:海澄县厚宝曾氏,自第十五世以来就有大量的族人出洋谋生。光绪十九年(1893年),厚宝曾氏家族重修族谱,谱成之后,曾氏族人有前往南洋募捐资金,用以刊刻,族谱中亦记载了这一事件:

> 乙未春三月,正游南洋,会房弟瑞炎于垄川知渠已亲到各埠力任督捐之劳用,能集腋成裘以裹盛举,其匡我不逮良可感也。越两月,正买舟归,亟再为□清日夜不遑厘正,以授手,民凡有捐资者各给一部,庶海邦共知尊祖重族之意。自此传之永永无致散遗,岂不懿欤?刻既竣,复述其缘起如此。——裔孙式正子平氏校刊再识①

正因为晚清以来海外政策的调整,使得光绪年间厚宝曾氏家族涵盖了远在南洋的大量族人,他们共襄盛举,促进了家族的建设。尽管这样,修谱之人还是发出了"族人派住外洋甚多,难以遍查"的感慨,于是,只能"兹就所知者录之,其不能详者于名下注派住洋,使有所考,闻有全未注明,盖族繁世远不能周知,倘阅者有知,或其子孙见之,速宜抄明来报,俟续修补入"。②

此外,本地区其他家族的族谱上也零星记载了一些出洋发展取得成功之人的事迹,其中有谢仓蔡氏:

> 蔡木豆:字第雍(1887—1963),海澄谢仓下仓社人,幼丧母,家贫,十一岁即渡洋谋生。一生爱国爱乡,热心教育、卫生事业,并多贡献。为人重乡谊,讲团结,乐助人,曾任新加坡漳州十属会馆董事,历任印尼福建漳属同乡会主席。返国后,更为祖国经济建设事业尽心尽力,贡献余热,并任福建省政协常务委员、福建省侨委常务委员、龙溪地区侨联名誉主席等职。③

再有渐山李氏:

> 二十一世祖程九祖,讳鹏云,字万里,勃然祖之长子,生于渐山,时在一八三一年元月廿九日辰时,公少不幸父殁,家贫随母居舅父处,于石码对面紫泥社长成,立志奔走天津、上海,再渡星洲、印尼等处从事贸易。光绪捐太学生,至一八七三年移居来山美桥建屋安居,配妻黄葱、黄敬二位,生子九人,仅存四房:长清月、四清井、六清地、八发进,卒于

---

① 《重修厚宝族谱序》,《武城曾氏重修族谱》,清光绪二十一年(1895年)编修。
② 《重修族谱凡例》,《武城曾氏重修族谱》,清光绪二十一年(1895年)编修。
③ 《谢仓蔡氏崇报堂族谱》,2001年重编。

一八九一年八月初三日,享年六十一岁,葬在清泉南山社外土名东园埔,坐午向子兼丁癸。①

第四节　海外移民对地方社会的后续影响

晚清以来,随着清朝政府渡台政策的进一步放宽和海外华侨政策的逐渐调整,越来越多的漳州九龙江下游两岸居民漂洋过海,渡台和过番日渐成为本地区老百姓谋求日常生计的重要方式。经过时间的积淀,移居台湾的民人逐渐完成了在地化的历史过程,与原先祖籍地之间的交流日益频繁。与此同时,海外华侨的经济力量不断上升,清朝政府的华侨政策日益转变,海外华侨在南洋与祖籍地之间往来无间。因此,随着清代中期之后大批国人的外出发展,在海外的各个地方也聚集了来自同一祖籍地的乡人,他们在海外逐步发展出一个个小社会,而祖籍地的海洋社会亦慢慢显示出"侨乡"特色。侨乡的出现,是海外政策调整后海洋人与海洋社会互动的集中体现。渡台与过番行为两者相形对比之下,晚清民国以来海外华侨对侨乡的后续影响较为深远,产生的效果也较为明显。

在海外移民对侨乡的影响方面,学术界已经取得了一些成果。正如,孙谦认为,海外华侨对闽粤社会变迁的影响包括了资本、物质技术、组织制度、精神文化等诸多方面,这些方面相互关系,正是这层层关系的交错,才在闽粤社会尤其是侨乡引起了连锁反应,反应与调适的结果,便是社会由表及里、又由里及外的变迁。海外华侨对闽粤社会近代化的变迁起到了十分重要的辅助作用。② 而林德荣在谈到西洋航路移民的历史作用时,着重分析了移民对侨乡发展的影响。他认为,闽粤移民把海外侨居地的物质文明和近代西方的先进技术回馈闽粤沿海故乡,导致了侨乡的形成,并对闽粤沿海社会经济和生活方式的变迁产生了不小的影响,为侨乡社会经济的发展起

---

① 《渐山李氏族谱》,明正统始修,续修至光绪。
② 孙谦:《清代华侨与闽粤社会变迁》,厦门:厦门大学出版社,1999 年。

到了重要的作用。①

　　根据史料的记载,最早回国投资的华侨是陈启沅(1834—1903),他早在1872年就创办了我国第一家民族资本近代机器缫丝厂。19世纪中期以前华侨几乎没有在国内投资,而19世纪中期以后华侨开始踊跃回国投资,实现强国之志。根据统计,在1862—1895年间,华侨在国内投资企业的总数为67家,投资金额为4471100元。晚清以来,随着清朝政府海外政策的逐步调整,众多事业有成的华侨开始能光明正大地回到家乡,他们除了在同乡出洋过程中发挥关系网的作用之外,还积极投资创办实业、捐资兴学、投身家乡社会公共设施建设,乃至接受革命思想感召而投身革命事业等等,他们的这些活动推动了家乡经济的发展和社会的进步。

一、创办实业,开始地方社会的近代化进程

　　林秉祥(1873—1944)、林秉懋兄弟,生于龙溪县浒茂洲,青年时期跟随父亲林和坂(1841—1914)前往新加坡经商,经过艰苦创业而成巨富。石码是龙溪地区土特产最主要的集散地,如木材、稻谷、纸、竹等,都是在石码加工后销售到国内外市场去的。当时加工完全依靠手工操作,生产效率很低。1913年,林秉祥兄弟在石码首倡利用动力锯木,筹办电气事业。他们一方面发动侨友林文狮、李双辉等投资外,还邀请地方绅士连城珍(1871—1937)、郭子希等合作。最初集资五万元,分为五百股,股东28人,其中侨胞10人,投资412股;地方绅士18人,投资88股。1915年,公司开始兼营电灯,改名"石码华泰电灯总公司"。1917年,定名为"石码华泰锯木电灯股份有限公司",再度依照公司条例呈请农商、交通两部注册。直到1938年,因时局变化等原因,该公司停办。石码华泰公司是龙溪县创办最早的电气事业。②

　　1918年,林秉祥在其家乡浒茂洲的"番仔楼"和讲书社创办了建祥电机织造厂,两年后,搬迁至新盖的厂房。织造女工最多的时候达到二百多人,产品质量不亚于舶来品。织造厂的原料多来自于上海,纱线和染料都是进

---

　　① 林德荣:《明清闽粤移民荷属东印度与海峡殖民地的研究》,南昌:江西高校出版社,2006年。

　　② 《石码华泰公司》,《龙海文史资料》第10辑,1988年,第40~42页。

口的。至于产品销售的地方,上等的纱衫、背心和袜子,大部分销售到新加坡;一般的纱衫、背心、袜子和纱布,销售到漳州、厦门、海澄、石码、安海等一带地区。1933年,该厂暂行停办,准备改组。后来,由于时局的变化等原因,林秉祥最终决意闭业。①

李松辉(1860—1945),又名双辉,祖籍泉州,后来全家迁居海澄县白水营,不久又搬迁至海澄县华瑶村定居。1879年,李松辉前往荷属东印度的泗水谋生,在茶行当伙计。后来,他自己投资经营茶叶,获得成功。1911年,李松辉还在海外购置全套火力发电设备,在海澄县城关办起第一家发电厂,以造福乡人。此外,李松辉还在国内投资了60多个项目,如上海南洋兄弟烟草公司、上海花砖厂、永安纺织厂、龙岩适中电机厂、泉州电厂、厦门自来水公司、漳浮公路,漳嵩铁路等。②

图6-2　华瑶李氏古民居

漳州九龙江下游两岸区域的海外华侨,在全国华侨创办实业的大队伍中,起步较晚,直到民国初年才开始在家乡进行相关投资,后来由于国内外

---

① 《龙溪县最早的机制纺织业——建祥电机织造厂》,《龙海文史资料》第十辑,1988年,第43~45页。

② 黄正华主编:《漳州华侨名人传》,北京:东方出版社,1993年,第40~41页。

形势的剧烈变化,这些实业大都不是很成功;但是,通过这些带有近代化色彩的实业,地方上正逐渐发生着缓慢的社会变迁。

二、热心教育,着力提高家乡的文化素质

上一节内容中已有提到,光绪六年(1880年),早年前往吕宋经商的龙溪县人郭有品在其家乡流传社创办了天一批郊。光绪二十四年(1898年),郭有品开始在流传社兴办义塾,聘请塾师任教,使村里的学童得以免费入学。另外,郭有品还兴办唤醒堂,为贫苦乡人施药施棺,周济族亲,每逢月十五雇塾师在唤醒堂传授孔孟之道、忠孝故事等,教育后人克己复礼、忠孝勤俭,并同族人共订村规,严禁族人吸食鸦片、赌博,清除社内娼馆,对一些不务正业且屡教不改者,资助船费遣往南洋谋生,深得乡人称赞。光绪三十一年(1905年),郭有品之子郭行钟捐献十亩水田作为尚书田,改义塾兴办私立流传高初两等小学(即流传小学),招聘老师,招收学生,并亲自出任校长。1921年,天一银信局又捐资扩建教室,成立龙溪县七区第一私立流传女子国民学校。1928年,天一银信局停业,郭行钟仍为流传小学每年提供二千四百两银洋作为办学经费,直至20世纪50年代初公立流传小学建立。[①]

1914年,林秉祥、林秉懋兄弟在家乡浒茂洲城内村的林氏大宗祠堂创办祥懋学校,特聘漳州名绅林在衡为名誉校长、游藏珍为校长。1915年,林氏兄弟为纪念其父林和坂(字采蘩)的创业精神,乃将祥懋学校改为以父字命名的"采蘩学校",此即私立采蘩第一小学,亦为采蘩学校的总校。1916年,林秉祥又在溪洲村创办私立采蘩第二小学。最终,附近各村共创办了九个分校,其中总校为完全小学。1927年,林秉祥又在溪洲村番仔楼创办了浒茂商业中学。林氏兄弟独资创办采蘩侨校,历时20多年,为家乡和国家培养了不少卓越的人才。1915年11月,当时的大总统向林秉祥颁发三等嘉禾勋章,并题赠木质浮雕匾额一方,上书"急公好义"四个大金字,至今这一匾额仍高悬在今天城内中心小学的教学楼上。[②]

杨在田(1848—1931),龙溪县角美碧湖(杨厝)村人,其父早年旅居菲律

① 郭伯龄编:《天一总局》,1999年。

② 《我县早期一所规模最大的侨办采蘩学校》,《龙海文史资料》第13辑,1992年,第60～62页。

宾马尼拉经商。杨在田十三岁的时候，父亲亡故，乃只身远渡重洋，继承父亲之业。光绪年间，杨在田在其家乡创办了培竹山房家塾，延聘长兄辈迪光、茂才出任教席，精心教导子侄辈学习文化知识。随后，杨在田又独资创办碧湖学校，乡中及邻里子弟可免费入学，甚至对学生中的家境贫寒者还资助其纸笔费用。该校先后办了六十年，培养了不少人才。①

曹耀堂（1869—1942），字允泽，祖籍海澄县豆巷村，自幼随其先辈定居石码下新行街。十四岁时南渡越南西贡（今胡志明市）宅郡谋生，先在乡亲开办的碾米厂当学徒，因工作勤奋逐步提升为经理，后与友人合资组建福源米业公司，并逐步壮大规模。1921 年，曹允泽委托其亲属曹新猷回乡，开办启智国民小学。1922 年，曹允泽回乡捐资扩建校舍，并改名"树人学校"。在曹允泽的带动下，海澄旅外侨胞掀起了回乡创办学校的热潮，先后办起崇仁小学、厚境小学和文鼎小学等。②

许文鼎（1887—1967），出生于海澄县厚仔许村。1903 年，许文鼎离开家乡前往缅甸勃生埠谋生，在一家柴薪店做伙计。后来，许文鼎继承岳父家业，改营庆源安碾米厂，获得了更大的发展。1936 年冬，许文鼎汇款回国，筹建完全小学，后来，学校正式取名为"文鼎小学"。与此同时，许文鼎又购置水田十亩作为校产，收入作为办学经费。直至 1950 年，小学由政府统一接办。此外，许文鼎还向厦门大同中学捐建图书馆，命名为"文鼎楼"，赞助经费，为家乡学子到厦门升学提供方便。③

常言道：十年树木，百年树人。教育，对于家族和国家而言，都是非常重要的议题。通过上面的史料可以知道，自晚清以来，本区域就开始有华侨在家乡进行投资以支持家族乃至地方社会的教育事业。刚开始的时候，这些学堂以传授孔孟之道、忠孝故事等内容为主，到了后来，在全国上下兴办新式学堂的热潮中，华侨们也积极投入到创办新式教育的队伍中。众多新式学校的兴办和发展，对于地方社会民智的开启起了很大的推动作用，老百姓们的文化素质得到了很大的提升。

---

① 《爱国爱乡、乐善好施的旅菲华侨杨在田》，《龙海文史资料》第 13 辑，1992 年，第 38～40 页。

② 《热心家乡教育事业的旅越华侨曹允泽》，《龙海文史资料》第 13 辑，1992 年，第 40～43 页。

③ 黄正华主编：《漳州华侨名人传》，北京：东方出版社，1993 年，第 265～266 页。

三、投资家乡公共设施建设，便乡便民

林和坂，在北溪草围社开设一间医药铺，并有两班轿夫，如遇急症，则抬医生赶赴病人家里诊治，对贫苦死者，无法收敛，则施棺施账。每年岁暮，他都要发度岁金给贫穷乡亲，每人大洋两元、大米两斗，受惠者每年上千人。他还在漳州城内设立"采蘩善社"，拨出他在漳州的房产三十八间作为善社基金，行善布施。[①]

为使乡亲出国、归国途经厦门时有个栖身之地，许文鼎在鼓浪屿内厝澳建造许家圆楼一座，有二十多个房间，接待过路乡亲。1930、1932 和 1965 年，家乡遭受自然灾害，许文鼎曾三次寄大米和巨款回国，帮助乡亲度过难关。[②]

郑永昌（1841—?），出生于海澄县浮宫乡美山村。1859 年，前往荷属东印度谋生。1884 年，郑永昌回乡，筹建祖祠家业，历时五载，耗资十万多光洋，兴建敦仁、谦光两座祠堂，以及大厝民宅一百余间。与此同时，郑永昌还在乡里修建村道、小桥、渡口码头，便利行旅。[③]

前文已有谈到李松辉积极投资实业，此外，1920 年，李松辉从海外回国，见到家乡华瑶村通往海澄溪头街的木桥窄小，不便行旅。在其第二次回国的时候，便购买了四根大杉木，雇工重建坊桥。1927 年，他再次返乡，捐资建造钢筋水泥桥，并且亲自督工，直至竣工。另外，李松辉还捐出巨款，修建一条长一公里的石板路。[④]

除此之外，本区域还有一些深受革命思想感召的海外华侨，如杨衢云、李林、杨新容、苏眇公、陈师尹、蔡添木等人，他们与近代以来祖国的命运紧紧相连，为革命事业奔走于海内外之间。

①　黄正华主编：《漳州华侨名人传》，北京：东方出版社，1993 年，第 139～141 页。

②　黄正华主编：《漳州华侨名人传》，北京：东方出版社，1993 年，第 266 页。

③　黄正华主编：《漳州华侨名人传》，北京：东方出版社，1993 年，第 287 页。

④　黄正华主编：《漳州华侨名人传》，北京：东方出版社，1993 年，第 40～41 页。

第五节　小　　结

　　晚清民国以来，海外华侨获得了很大的发展，印证了"有海水的地方就有华侨"的历史事实，他们随着海水的流动，到达异域，开始崭新的人生。随着时间的推移，有相当一部分海外华侨已经融入到当地社会，特别是二代、三代华侨，他们与祖籍地之间的联系已不如前代，但是，他们与祖籍地之间的纽带一直在延续着。时至今日，兴资办学、热心家乡的公共设施建设等活动仍然是海外华人回馈家乡最主要的形式之一。如何最大限度地吸收各方面资源为当前经济和社会建设服务仍然是我们面临的重要议题，我们要发挥各种优势，制定出政策，以吸引更多的社会资源，包括资金、技术和人才等，推动地方社会经济的飞速发展。海外华人是历史留给我们的优势资源，我们应当抓住历史机遇，转变思想，致力于服务型政府建设，招商引资，使之发挥最大的社会能量。

第七章

结　论

15 世纪之后，东西方世界之间的经济、贸易、文化交流日益频繁，中国东南海洋区域成为连接世界贸易网络的重要一环。明代中叶，嘉靖倭乱带来了东南海洋社会的混乱局面，同时也使得比较偏远的闽南海洋社会开始进入到明朝政府的统治视野当中，福建漳州月港就是其中的关键点之一。在本书中，笔者把闽南海洋区域的社会经济变迁放置到明清时期整个海洋环境的历史过程中进行考察，所涉及的漳州府属九龙江下游两岸区域，自古以来即是历代中央王朝的边缘地带。笔者尝试着从海洋史的视野出发，重新审视明清时期闽南海洋社会中官府、士绅和普通百姓的历史定位。

杨国桢认为，海洋史学是海洋视野下一切与海洋相关的自然、社会、人文的历史研究，从理论上说，包括海洋自然生态变迁的历史，和人类开发利用海洋的历史、海洋社会人文发展的历史。它与原有涉海的各种专门史不同之处，在于它是以海洋为本位的整体史研究，在于它以海洋活动群体为历史的主角，并从海洋看陆地，探讨人与海的互动关系，海洋世界与农耕世界、游牧世界的互动关系。[①] 中国人的海洋发展传统很早就烙印在中华民族身上，海洋文明与农耕文明、游牧文明一样都是中华文明的重要组成部分。具体落实到福建漳州九龙江下游两岸区域当中，这里的老百姓从事着与海洋密切相关的多种生产经营活动，当然，海洋区域老百姓的日常活动范围不仅限于海洋，也不仅限于陆地，从他们日常生计的变迁中，我们看到了海洋与陆地的互动。

明清时期，特别是 16 世纪以来，福建漳州府的沿海区域经历了从经济和社会发展比较落后到直线飞速上升，并成为经济社会发达、逐渐融入主流

---

① 杨国桢：《海洋世纪与海洋史学》，《东南学术》2004 年增刊。

文化圈的历史过程。本区域自唐宋以来，经过明清时期的发展，人口不断增长这势必往外拓展，而月港之外便是茫茫大海，沿海人民在继承了闽地原有海洋文明的基础上，开始向海外发展，反映了中华文明的发展轨迹。这一时期，闽南海洋社会受到了各种力量的重视，其中，明清政府在海洋管理政策上屡有变迁，地方士绅充分把握形势、建言献策，以海商为代表的普通百姓则有"犯禁"、"顺应"和"疏离"的不同表现，并且地方士绅与海商在一定的历史条件下是共生存在的命运共同体。可以说，明清两朝政府、地方士绅和普通百姓都不同程度地参与到海洋政策变迁的历史现场当中，他们共同推动了闽南海洋社会经济的发展与变迁。下面，笔者用简单的示意图来描述官府、士绅、海商与明清海洋政策变迁之间的互动关系（如图 7-1 所示），并从几个方面对本书加以总结。

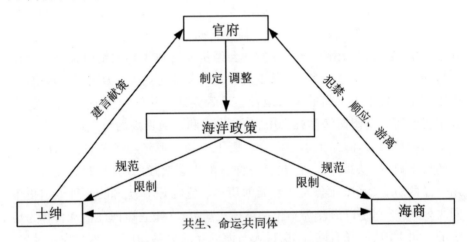

图 7-1　明清海洋政策变迁互动关系图

第一，明清官府海洋政策的历史变迁，主要围绕海洋贸易、海洋移民政策而展开。明清官府包括中央和地方两个层面，在此我们看到了官府如何因应形势的发展，制定、调整相关政策，规范、限制海洋活动，揭示海洋政策变迁之下中央朝廷与地方官府、海洋社会之间的复杂关系，从中透视明清官府在边疆治理问题上的得失。

众所周知，明朝自朱元璋立国以来，便制定了"寸板不许下海"的基本国策，海禁成为明朝政府海洋政策的基调。然而，中国历史发展到明代，东南海疆早已不是先前时期止于陆地的概念，不再是将张士诚、方国珍之辈驱赶入海即可解决的问题。明代的东南海洋，充满着变化莫测的因子。近年来，王日根提出制度史研究应强调"官民互视"的视角,给了笔者很大的启发。①笔者认为,虽然刚开始,明清两朝中央政府在面对不熟悉的海洋社会时,制定出的相关政策,比如厉行海禁政策,并不是那么符合地方社会的实际情况,但是后来随着形势的发展,在地方官员、士绅和普通百姓的努力下,中央逐渐对地方的具体情况有了比较深刻的了解,开始对以往的政策进行反思并加以调整,力图稳住东南海疆。明代中叶,中央通过加强军事控制、增置行政治所等措施来应对日益纷杂的海洋形势。此后,在各级官府"摸着石头过河"的具体实践下,月港以开海为依托,开始享有"天子南库"之盛誉,士绅、海商共享开海成果。入清之后,清政府针对下南洋和过台湾陆续出台了一系列措施,百姓们以不同的方式挑战着政策权威,期间士绅建言献策。这一过程,有过反复,也有过挫折,但是明清官府总体上存在着探索经略海洋的积极趋向,并非从海洋上退缩,其进步性不可忽视。

第二,士绅在明清海洋政策变迁中的作为和影响。

对于国家不甚了解的地方社会,老百姓容易逃避控制,因此,士绅在调整地方与国家关系上的作为是我们关注的议题。在这一过程中,福建这一海洋社会区域出现了一批带有鲜明时代特征的海洋人物,如董应举、沈鈇、何乔远、傅元初、王命岳、黄梧、李光地、施琅、陈昂、蓝鼎元、庄亨阳、李清芳、蔡新等人。在本书中,笔者具体选取了一些代表性人物就某些事件做个案分析,如对税监高寀的联合抵制、对"开海"、"禁海"问题乃至禁南洋案、陈怡老事件、闽台对渡等事件中士绅言行的深度剖析,结合具体的历史场景,探讨他们在明清时期中国东南海洋社会治理中的作为,以及明清两朝政府中央决策与他们之间存在的关联。一方面,作为朝廷官员,他们的一言一行与明清两朝中央政府保持着一致;另一方面,作为闽籍士绅,他们代表了着海洋社会的地方利益。这些士绅是明清官府海洋政策相关问题的重要顾问,其言行可以影响政策走向。与此同时,有些士绅直接任职于沿海地区,在实践中制定出一系列行之有效的措施。在这种情形下,海洋政策实施的效果,虽与明清两朝中央政府原先的设想相去甚远,但客观上却有利于地方海洋社会的发展。当然,这些士绅对于海洋社会除了"有为"的一面,也存在着局限之处。

---

① 王日根:《制度史研究应强调"官民互视"》,《史学月刊》2007年第7期。

此外，在海洋社会中，士绅与海商互有交叉，士绅除了身负维护王朝统治责任之外，他们本身或其家族成员同时也是海商，与海商形成了命运共同体。后来，在海洋政策的变迁中，有一部分士绅在经济地位提高后选择了致意于科举，从海洋暂时回归陆地，此前通过士绅将海洋人的诉求上达中央的路径因此而中断。这一信息沟通路径的中断，与近代中国的发展轨迹存在某种历史关联。

第三，在明清海洋政策变迁中，海商为代表的老百姓有"犯禁"、"顺应"和"游离"的不同表现。

明代中叶，东南沿海区域的老百姓们延续着先人的足迹，继续开发和利用着海洋资源。伴随着形势的发展，中国东南海洋人的活动圈逐渐突破传统的势力范围，永乐年间，郑和七下西洋的壮举书写了中国人在世界海洋文明史上的伟大篇章。此后，国人的足迹遍及印度洋和太平洋的众多国家和地区，乃至浩瀚大洋中星罗棋布的岛屿。当时，福建漳州人王景弘作为副使同行，在第七次下西洋返航途中，郑和逝世于古里，在此情况下景弘率领大明船队安全返航。在郑和下西洋的庞大舰队中，有众多水手为闽南漳州人。通过这次的航海行动，漳州人积累了丰富的航海知识和宝贵经验。虽然，郑和下西洋的辉煌没能继续下去，反而随着永乐皇帝的龙御殡天戛然而止。但是不管如何，中国东南区域老百姓海洋贸易活动的暗流一直存在着。与此同时，中国人的海洋活动方兴未艾，西方国家开始进入古老中国传统的海洋区域，中西双方的商人们在南中国海相遇。西方人的到来，给原本相对平静的海洋环境带来了新的变数，但与此同时也带来了新的机遇。

海洋政策对老百姓有限制和规范的双重作用，一方面，在官府实行海禁及严格限制海洋活动的规模之时，老百姓不断以"犯禁"的方式挑战着政策权威；另一方面，海洋政策也规范着海洋活动，包括了造船出洋的程序、船只的样式、设关征税等方面，"顺应"是他们的自然选择。此外，在海洋政策反复摇摆的情况下，老百姓们"游离"在王朝的边界，海洋移民日益增多。

不管如何，在明清中国的海洋发展历程中，官方、民间力量合力推动了海洋政策的变化，在官方积极探索而赶不上世界海洋形势变化的情况下，民间却走出了一条自己的海洋发展道路：以海商为代表的民间力量成为明中叶之后推动海洋中国发展的重要因素，对外展现和传播了友好往来、平等合作、互利共赢的中国形象，是中国海洋文明的直接践行者。值得注意的是，在月港繁荣时期，商人地位大幅度提升，成为一股不可忽视的社会力量。

第四,对于闽南海洋社会而言,海洋环境的变化是影响地方社会发展的重要因素。

海洋环境包括自然地理环境和人文社会因素等方面。明中叶以后,闽南海洋区域受到多方力量更多的重视,包括了明清官府、士绅和海商、以及葡萄牙、西班牙、荷兰、日本等多股海洋力量。这些力量都曾对明清中国海洋政策的变迁产生影响。自然环境或许没有太大变化,社会环境却因为各种力量的参与而时常发生变化:政府的作为具体体现为政策,尽管明朝政府的政策出发点与清朝政府或许有些差异;士绅们的作为体现为对形势的把握、分析及政策建议。笔者认为,在自然环境与海上势力基本不变的情况下,政府的导向愈显重要。清代政府对于海洋的控制较之明代强化了许多,对海洋社会的影响也愈大。但是,另一方面,我们也应该看到,在清朝政府的严格控制下,普通百姓的偷渡现象愈演愈烈。本书重在突出人为因素对海洋环境的影响,如明清易代、中央决策、闽籍士绅等因素,同时也关注彼此之间存在的互动。

对于地处海疆边陲的东南沿海社会而言,海乱所引发的海防安全是明清两朝统治者把目光投向本区域的重要原因之一,因而海乱成为地方海洋社会发展的契机;对于海洋社会的士绅而言,这样的理由又可以成为地方与中央博弈的例证;其三,海洋环境的变化,甚至成为海洋社会家族获得新一轮发展的重要历史机遇。战乱既是北方汉民入迁福建及福建范围内部人口流动的重要契机,同时也是福建民间家族社会重新流动、重新组合的重要时期。

在海洋环境不断变化的情况下,沿海居民的作为或表现为"犯禁",或表现为"顺应",或体现为"疏离",由此导致了各自生产方式或生活方式的不同选择。以龙溪过壶山黄氏家族为例,清代海洋环境历经变化,身处沿海区域的人们或深受其害,家业荡尽;或顺势而为,获得发展。有的走上了海外贸易的道路,赢得丰厚的商业利润;有的则干脆留居海外,继续保持着与家乡的密切联系。经济地位提高后的人们大多选择了遵循儒家思想规范,建立家族,致意于科举,实现了对主流价值的依归。海洋文化因子也逐渐进入主流文化体系,乃至对清代各级政策的制定与修改产生着程度不同的影响。

虽然官府允许商民出洋从事贸易活动,但是仍然有很多人以偷渡的方式出海。这类人在是否回来的问题上谨慎,轻易不回国,特别是乾隆时期关于陈怡老事件的处理,使得海外人员与海洋社会之间的互动出现了种种障碍，这一时期的海洋互动，主要是合法出国从事贸易活动的舞台，特别是在光绪华侨政策出台之前，海外移民在中央政府面前根本不值一提，因此，海外移民与海洋社会的互动仍是停留在民间层次上的，为新一批的海洋人提供便利而已。甚至，其中有一部分人与祖籍地逐渐失联，更多的表现为"疏离"。从这一方面，我们看到了国人在走向海洋发展历程中的不易，但另一方面，我们也感受到了闽南海洋社会日新月异的社会风景。

考察地方社会在海洋环境中的历史变迁，包括了普通百姓的日常生计、生存空间、社会地位、家族建设等方面的变化。我们从族谱等民间文献中可以看到，在当时九龙江下游两岸区域社会中，百姓们的生存和发展空间网络随着海洋活动的开展而遍及东南沿海、台湾和东南亚等地，甚至有的家族中兄弟同时前往台湾和南洋发展的例子亦不少见。在他们的日常生活视野中，国家的概念并不那么强烈。中国帆船所能到达之处，他们的足迹就随之走到了那里。他们当中的一些人从事海洋贸易活动，其余的虽然职业不甚清楚，但是很多情况不是我们所了解的"因贫困而贩海经商"，至少这与清中叶之前九龙江下游两岸区域的实际情况并不相符。当然，我们也应该看到，本区域老百姓当中的一部分人作为向海外进军的参与者，他们在历史时空的限制下，逐渐游离出主流文化之外。这些人的乡土观念并非我们之前印象的那样浓厚，这或许就是海洋的流动性所赋予他们的特色。

第五，族谱、祠堂、家族等因素在闽南海洋社会发展中的角色分析。

16世纪以降，九龙江下游两岸区域的社会经济发展过程给我们呈现出了一幅多姿多彩的历史画卷。本区域地处中原王朝的边缘地带，百姓的身份地位原本较低，而明中叶之后，他们通过海洋贸易、军事、科举等途径实现了个人的成长与家族的上升，与此同时亦引起了社会结构的重大变迁，这本身与内地的具体情况就有很大的不同。这一切，对于我们考察闽南海洋社会背后的发展运行机制无疑具有重要的学术意义。

科大卫认为，国家扩张所用、地方社会接纳的理论，就是地方社会模式的根据。循这一方面来走，我们了解一个地区的社会模式，需要问两个问题。一个是这个地方什么时候归纳在国家的范围？第二，归纳到国家范畴的时候，双方是应用什么办法？莆田与珠江三角洲的区别就在这里。南宋把地方归纳到国家的办法跟明代不同。南宋应用的办法，是朝廷承认地方神祇。明代的办法，开始是里甲，后来是宗族礼仪。在莆田，不是宗族没有兴起，而是宗族制度只是加在一个现有的神祇拜祭制度上面，而尤其是这两层的礼仪混在同一个建筑物的标志里面。[①]

在九龙江下游两岸区域,尽管龙溪自南朝梁武帝大同六年(540 年)就设置了县级行政单位,乃至唐代垂拱二年(686 年)设置漳州,辖漳浦、怀恩二县,但是与此同时,我们也发现了国家正史中并无太多的笔墨来叙述这一地方的历史过程,处于历代王朝边缘地带的海洋社会,其地位由此可见一斑。特别是明代中后期才设置的海澄新县,明朝政府正式将之纳入管辖范围。随着地方行政建制的不断健全和完善,国家教化才得以推行。因此,在具体的地方社会中,我们不仅看到了以青礁慈济祖宫为中心的保生大帝信仰圈在九龙江下游两岸区域的辐射,更为重要的是,我们还强烈地感受到了各个家族在历史变迁中的努力。从这层意义上讲,笔者认为,明代中叶之后,九龙江下游两岸区域的老百姓修族谱、建祠堂、发展宗族是为了让官府放心,表明自己是王朝治下之民,从而为进一步的海洋活动赢取更多的社会资源。从事海洋贸易的商人们,在商业方面取得成功的同时,还积极参与地方上的公共事务。我们认为,这样的行动可以看作是传统时代商人们寻求政治支持的一种手段和方式,他们通过参与发展家乡的公共事业而赢得和巩固社会地位,进而为个人和家族的进一步发展积累有利的社会资源。在海洋社会中,家族内部兄弟的分工是对多种社会资源的利用,而且这样的情形在本区域内家族发展中是比较常见的现象。[②] 这一现象与现代商业精神是不相矛盾的,官绅仕宦的地位可以为商业的开展提供各种有利的条件,而经商所取得的利润收入也可以投入到家族的公共事务上,为个人的成长和家族的发展提供经济来源。两者之间相互作用,相互促进,可视作传统家族文化在历史时期的更新。另一方面,我们也看到了明中叶之后,海洋贸易所得利润中的一大部分被用于传统生活方式的各个方面,显示了与中华主流文化的衔接。晚清民国时期,一大批华侨响应号召,回国创办实业,为海洋社会注入了一股清新的时代气息。在这一历史过程中,地方士绅所扮演的

---

① 科大卫:《告别华南研究》,《学步与超越:华南研究会论文集》,香港:文化创造出版社,2004 年。

② 这种情形不仅限于本区域,如清人蔡新在《赠奉政大夫工部屯田司员外郎让亭庄君传》中提到的:"庄琛,字尧甫,号让亭,泉州惠安人,海氛既定,三兄弟从事贸易活动。……两兄既事远游为生计……后以子获赠……"(蔡新:《缉斋文集》,《四库未收书辑刊》第九辑第二十九册,北京:北京出版社,2000 年)

角色也是值得我们关注的。例如,伴随着乡民的海外发展,特别是在官府禁止出洋特定时期内,如遇到客死他乡的同胞,家族及其士绅则会努力将其妻子努力叙述为"节妇",这无疑显示了闽南海洋区域对中央王朝的内附。

然而,对中央王朝的内附亦不等于海洋发展的终止,清代壶山黄氏家族的发展状况给了我们一个形象的诠释。明末清初以来,这个家族中的一些族人积极参与海洋贸易活动,积累了一定的经济实力,进而黄氏族人也在实践着"朝为田舍郎,暮登天子堂"的传统晋升之路。直至乾隆时期,黄氏家族获得了比较大的发展。但是,一旦家族内仕宦人数增多,家族维持和壮大有了保证之后,他们便不再从事海外贸易活动。传统社会的主流价值观对海洋区域的人们一样具有强大的影响力。尽管 17 世之后,黄氏家族没有再出现诸如前几代人贩海经商的现象,而更多的是获得科名甚至走上仕途,但海洋社会的传统仍然在他们身上留下了深深的烙印,他们徘徊在九龙江边上,在一定的历史时空里,他们还会继续书写着海洋人的篇章,如晚清民国时期,壶山黄氏宗族衰落,二十一世祖黄食知、黄食九兄弟下海以捕鱼为业。黄食知生四子,其中三子以海为生,从事从金门引进的绫和手抛网、钩钓业等多种捕捞形式,在海上讨生活。1949 年 10 月 15 日,这三兄弟参加了渡海作战的厦鼓战役,后来石美渔民和石码渔民合并时,他们成了石码渔业社区第一代渔民。因此,从黄氏家族的这段经历中,我们看到了海洋社会的传统生计在他们身上的历史延续。

唐宋以来,福建漳州九龙江下游两岸区域的政治、经济、文化发展状况相对落后,最早进入的汉人主要是是开漳将士。伴随着沿海地区土地的日益开发,当地居民以海为伴,海洋经济获得了初步发展。明代中叶,海澄设县、月港开海,海洋区域迎来了新的历史发展时期。月港,从一开始便与走私有着密切的联系,私人海上贸易成为中国海洋贸易发展史上的一个转折点,而此前的朝贡贸易一直占据着主导地位。明清之际,闽南海洋环境风云际会,变幻莫测,本区域海氛不靖,地方海洋社会面临重新出发、整合的契机。月港作为内河港口,自开港之日起即非因其优良地理条件而生,并且入清之后,闽海关正口设于厦门,但是,九龙江下游两岸区域老百姓们的日常生计并没有多大的改变,依然继续书写着海洋文明的历史。从这层意义上讲,月港并未退出历史舞台,海洋因子也并未随着港口的淤塞而消失。

参考文献

一、史籍史料

（一）正史、政书、档案、文集资料

［1］明实录［Z］．"中央研究院"历史语言研究所影印本，上海：上海书店，1983．

［2］清实录［Z］．北京：中华书局影印本，1985．

［3］康熙起居注［Z］．北京：中华书局，1984．

［4］赵尔巽等．清史稿［M］．北京：中华书局，1976．

［5］张本政主编．《清实录》台湾史资料专辑［Z］．福州：福建人民出版社，1993．

［6］福建省例［Z］．台湾文献史料丛刊第七辑第一九九种，台北：台湾大通书局，1984．

［7］清一统志台湾府［M］．台湾文献史料丛刊第二辑第六八种，台北：台湾大通书局，1984．

［8］清会典台湾事例［M］．台湾文献史料丛刊第四辑第二二六种，台北：台湾大通书局，1984．

［9］明清台湾档案汇编［Z］．台北：远流出版事业股份有限公司，2004．

［10］清奏疏汇编［Z］．台湾历史文献丛刊（清代史料类第二辑），南投：台湾省文献委员会，1997．

［11］（明）陈子龙．明经世文编［M］．北京：中华书局，1962．

［12］（明）张燮．东西洋考［M］．北京：中华书局，2000．

［13］（明）何乔远．名山藏［M］．福州：福建人民出版社，2010．

［14］（明）董应举．崇相集选录［M］．台湾文献史料丛刊第八辑第二三七

种,台北:台湾大通书局,1987.

[15](清)张廷玉等.明史[M].北京:中华书局,1974.

[16](清)贺长龄等.清经世文编[M].北京:中华书局,1992.

[17](清)顾祖禹.读史方舆纪要[M].续修四库全书 610 史部地理类,《续修四库全书》编纂委员会编.上海:上海古籍出版社,1995.

[18](清)顾祖禹.读史方舆纪要[M].北京:中华书局,2005.

[19](清)顾炎武.天下郡国利病书[M].四部丛刊三编 25 史部,上海:上海书店,1985.

[20](清)江日昇.台湾外志[M].济南:齐鲁书社,2004.

[21](清)杨捷.平闽纪[M].台湾历史文献丛刊(明郑史料类),南投:台湾省文献委员会,1995.

[22](清)施琅.靖海纪事:二卷[M].福州:福建人民出版社,1983.

[23](清)蓝鼎元.鹿洲全集[M].厦门:厦门大学出版社,1995.

[24](清)庄亨阳.秋水堂集[M].福建省南靖县地方志编纂委员会整理,2005.

[25](清)蔡世远.二希堂文集[M].影印文渊阁四库全书集部二六四别集类,台北:台湾商务印书馆,1986.

[26](清)黄可润.壶溪文集[M].福建省图书馆藏,稿本.

[27](清)蔡新.缉斋文集[M].四库未收书辑刊九辑二十九册,北京:北京出版社,2000.

[28](清)黄叔璥.台海使槎录[M].台湾文献史料丛刊第二辑第四种,台北:台湾大通书局,1984.

[29](清)董天工.台海见闻录[M].台湾文献史料丛刊第七辑第一二九种,台北:台湾大通书局,1984.

[30](清)丁宗洛.陈清端公年谱[M].台湾历史文献丛刊(诗文集类),南投:台湾省文献委员会,1994.

[31](清)姚莹.东槎纪略[M].台湾文献史料丛刊第三辑第七种,台北:台湾大通书局,1984.

[32](清)陈衍.台湾通纪[M].台湾文献史料丛刊第一辑第一二〇种,台北:台湾大通书局,1984.

[33](清)钱仪吉等.碑传选集[M].台北:台湾大通书局,1984.

[34](清)屈大均.广东新语[M].北京:中华书局,1985.

[35](清)梁廷枏.粤海关志[M].台北:成文出版社,1968.

[36](清)文庆等.筹办夷务始末(道光朝)[M].台北:文海出版社,1970.

[37](清)贾桢等.筹办夷务始末(咸丰朝)[M].北京:中华书局,1979.

[38]中国第一历史档案馆.乾隆年间议禁南洋贸易案史料[J].历史档案,2002,(2).

[39]中国第一历史档案馆.乾隆朝米粮贸易史料[J].历史档案,1990,(3、4).

[40]故宫博物院.史料旬刊(第十二期)[Z].北京:北京图书馆出版社,2008.

[41]中国第一历史档案馆.鸦片战争档案史料(第一册)[Z].上海:上海人民出版社,1987.

[42]中国人民政治协商会议福建省龙海县文史资料研究委员会.龙海文史资料(第十辑)[Z].1988.

[43]中国人民政治协商会议福建省龙海县文史资料研究委员会.龙海文史资料(第十三辑)[Z].1992.

(二)地方志

[1](明)梁兆阳修、蔡国桢等纂.海澄县志[M].日本藏中国罕见地方志丛刊,北京:书目文献出版社,1992.

[2](清)陈瑛、王作霖修、叶廷推、邓来祚纂.海澄县志[M].中国地方志集成之福建府县志辑 30,据清乾隆二十七年(1762 年)刊本影印,台北:成文出版社有限公司,1968.

[3](清)吴宜燮修、黄惠、李畴纂.龙溪县志[M].中国地方志集成之福建府县志辑 30,据清乾隆二十七年(1762 年)刻本影印,台北:成文出版社有限公司,1968.

[4](清)江国栋修、陈元麟、庄亨阳、蔡汝森纂.龙溪县志[M].康熙五十六年(1717 年)刻本,漳州地方文献丛刊·府县志辑之一,漳州市图书馆整理出版.

[5](明)陈洪谟修、周瑛纂.漳州府志[M].北京:中华书局,2012.

[6](清)李维钰原本、沈定均续修、吴联薰增纂.漳州府志[M].中国地方志集成之福建府县志辑,据清光绪三年(1877 年)芝山书院刻本影印,台

北：成文出版社有限公司,1968.

[7](清)陈寿祺.福建通志[M].清同治十年(1871年)重刊本之影印本,台北：华文书局股份有限公司,1968.

[8](清)薛起凤.鹭江志[M].厦门：鹭江出版社,1998.

[9](清)周凯.厦门志[M].台湾文献史料丛刊第二辑第九五种,台北：台湾大通书局,1984.

[10](清)高拱乾.台湾府志[M].台湾文献史料丛刊第一辑第六五种,台北：台湾大通书局,1984.

[11](清)余文仪.续修台湾府志[M].台湾文献史料丛刊第一辑第一二一种,台北：台湾大通书局,1984.

[12](清)周元文.重修台湾府志[M].台湾文献史料丛刊第一辑第六六种,台北：台湾大通书局,1984.

[13](清)刘良璧.重修福建台湾府志[M].台湾文献史料丛刊第二辑第七四种,台北：台湾大通书局,1984.

[14](清)范咸.重修台湾府志[M].台湾文献史料丛刊第二辑第一〇五种,台北：台湾大通书局,1984.

[15](清)周玺.彰化县志[M].台湾文献史料丛刊第一辑第一五六种,台北：台湾大通书局,1984.

[16]连横.台湾通史[M].台湾文献史料丛刊第一辑第一二八种,台北：台湾大通书局,1984.

[17]陈荫祖修、吴名世纂.诏安县志[M].中国地方志集成之福建府县志辑31,据民国三十一年(1942年)诏安青年印务公司铅印本影印,台北：成文出版社有限公司,1968.

[18]台湾通志[M].台湾文献史料丛刊第一辑第一三〇种,台北：台湾大通书局,1984.

[19]石码镇志[M].龙海县《石码镇志》编纂小组,1986.

(三)族谱

[1]白石丁氏古谱[M].陈支平主编《闽台族谱汇刊》第41册,桂林：广西师范大学出版社,2009.

[2]高阳圭海许氏世谱[M].清雍正七年(1729年)编修.

[3]儒山李氏世谱[M].清乾隆三十八年(1773年)编修.

［4］渐山李氏族谱［M］.明正统始修、续修至光绪.

［5］福河李氏宗谱［M］.清康熙三十五年（1696年）续编，1995年复印.

［6］高氏族谱（卿山）［M］.明永历九年（1655年）修，续至嘉庆.

［7］流传郭氏族谱［M］.清嘉庆年间编修.

［8］荥阳郑氏漳州谱·翠林郑氏［M］.2004年重编.

［9］文苑郑氏（长房四世东坡公世系）族谱［M］.2002年续编.

［10］海澄内楼刘氏族谱［M］.清康熙五十七年（1718年）编修.

［11］纯嘏堂钟氏族谱［M］.清康熙年间编修.

［12］白石杨氏家谱［M］.明隆庆修，清康熙续，道光二十八年（1848年）重修.

［13］角美壶屿社族谱、壶屿社概况［M］.1995.

［14］壶山黄氏传志录［M］.1995.

［15］龙溪壶山黄氏族谱图系不分卷［M］.清抄本，福州：福建省图书馆藏.

［16］陈氏霞寮世系渊源［M］.清康熙三十三年（1694年）编修.

［17］霞寮社陈泽的一生［M］.台谱，2003.

［18］马崎连氏族谱［M］.2006.

［19］南园林氏三修族谱［M］.2008.

［20］荥阳郑氏漳州谱·鄱山郑氏人物录［M］.2004年重编.

［21］九牧二房东山林氏大宗谱龟山册系［M］.清康熙三十二年（1693年）编修.

［22］莆山家谱迁台部分集录［M］.清嘉庆编修.

［23］紫泥吴氏宗谱［M］.清康熙十年（1671年）编修、民国十一年（1922年）重抄.

［24］马岭李记族谱［M］.清光绪丁未重抄，2006年续.

［25］平宁谢氏迁台、南洋名录［M］.1990年代重修.

［26］林氏屿头族谱［M］.1998年续编.

［27］仰盂林氏族谱［M］.清咸丰十一年（1861年）重修.

［28］林本源家传［M］.1984.

［29］蔡苑张氏家乘［M］.清同治三年（1864年）编修.

［30］谢仓蔡氏崇报堂族谱［M］.2001.

［31］金浦蔡氏族谱［M］.1995.

[32]霞漳溪邑刘瑞保官岱徐氏族谱[M].清中叶.

[33]马麓镇南社东邱崇本堂族谱[M].清光绪壬午年(1882年)编修.

[34]北溪头黄氏族谱[M].2006年重修.

[35]天一总局[M].郭伯龄编,1999.

[36]武城曾氏重修族谱[M].清光绪二十一年(1895年)编修.

二、今人论著

[1]马汝珩、马大正主编.清代的边疆政策[M].北京:中国社会科学出版社,1994.

[2]黄顺力.海洋迷思:中国海洋观的传统与变迁[M].南昌:江西高校出版社,1999.

[3]张炜、方堃主编.中国海疆通史[M].郑州:中州古籍出版社,2003.

[4]王日根.明清海疆政策与中国社会发展[M].福州:福建人民出版社,2006.

[5]傅衣凌.明清时代商人及商业资本[M].傅衣凌著作集,北京:中华书局,2007.

[6]陈自强.泉漳集[M].北京:国际华文出版社,2004.

[7]林仁川.明末清初私人海上贸易[M].上海:华东师范大学出版社,1987.

[8]李金明.明代海外贸易史[M].北京:中国社会科学出版社,1990.

[9]林仁川.福建对外贸易与海关史[M].厦门:鹭江出版社,1991.

[10]蓝达居.喧闹的海市:闽东南港市兴衰与海洋人文[M].南昌:江西高校出版社,1999.

[11]李金明.漳州港[M].福州:福建人民出版社,2001.

[12]廖大珂.福建海外交通史[M].福州:福建人民出版社,2002.

[13]黄福才.台湾商业史[M].南昌:江西人民出版社,1990.

[14]黄国盛.鸦片战争前的东南四省海关[M].福州:福建人民出版社,2000.

[15]陈国栋.东亚海域一千年[M].济南:山东画报出版社,2006.

[16]厦门港史志编纂委员会.厦门港史[M].北京:人民交通出版社,1993.

[17]李金明.厦门海外交通[M].厦门:鹭江出版社,1996.

[18]顾海.厦门港[M].福州:福建人民出版社,2001.

[19]吕淑梅.陆岛网络:台湾海港的兴起[M].南昌:江西高校出版社,1999.

[20]葛剑雄主编.中国移民史(第5、6卷)[M].福州:福建人民出版社,1997.

[21]曾少聪.东洋航路移民:明清海洋移民台湾与菲律宾的比较研究[M].南昌:江西高校出版社,1998.

[22]刘正刚.东渡西进:清代闽粤移民台湾与四川的比较[M].南昌:江西高校出版社,2004.

[23]庄国土.中国封建政府的华侨政策[M].厦门:厦门大学出版社,1989.

[24]孙谦.清代华侨与闽粤社会变迁[M].厦门:厦门大学出版社,1999.

[25]林德荣.明清闽粤移民荷属东印度与海峡殖民地的研究[M].南昌:江西高校出版社,2006.

[26]杨国桢.瀛海方程:中国海洋发展理论和历史文化[M].北京:海洋出版社,2008.

[27]杨国桢.海涛集[M].北京:海洋出版社,2015.

[28]杨国桢.闽在海中:追寻福建海洋发展史[M].南昌:江西高校出版社,1998.

[29]崔来廷.海国孤生:明代首辅叶向高与海洋社会[M].南昌:江西高校出版社,2005.

[30]杨国桢、郑甫弘、孙谦.明清中国沿海社会与海外移民[M].北京:高等教育出版社,1997.

[31]聂德宁.明末清初的海寇商人[M].台北:杨江泉发行,2000.

[32]徐晓望.福建通史·明清(第四卷)[M].福州:福建人民出版社,2006.

[33]朱维幹.福建史稿(下册)[M].福州:福建教育出版社,1986.

[34]中共龙溪地委宣传部、福建省历史学会厦门分会编.月港研究论文集[C].1983.

[35]中国海洋发展史论文集编辑委员会主编.中国海洋发展史论文集

（第一、二辑）[C].台北："中央研究院"三民主义研究所,1984—1986.

[36]中国海洋发展史论文集编辑委员会主编.中国海洋发展史论文集（3—10辑）[C].台北："中央研究院"中山人文社会科学研究所,1990—2008.

[37]张海鹏等主编.中国十大商帮[M].合肥:黄山书社,1993.

[38]王日根.明清民间社会的秩序[M].长沙:岳麓书社,2003.

[39]郑广南.中国海盗史[M].上海:华东理工大学出版社,1998.

[40]傅衣凌.休休室治史文稿补编[M].北京:中华书局,2008.

[41]连心豪.中国海关与对外贸易[M].长沙:岳麓书社,2004.

[42]陈支平.民间文书与明清东南族商研究[M].北京:中华书局,2009.

[43]黄正华主编.漳州华侨名人传[M].北京:东方出版社,1993.

[44]华南研究会.学步与超越:华南研究会论文集[C].香港:文化创造出版社,2004.

三、学术论文

[1]李智君、殷秀云.近500年来九龙江口的环境演变及其民众与海争田[J].中国社会经济史研究,2012(2).

[2]苏惠苹.明中叶至清前期海洋管理中的朝廷与地方——以明代月港、清代厦门港、鹿耳门港为中心的考察[D].厦门大学硕士学位论文,2008.

[3]吕一燃.二十年来边疆史地研究的回顾和展望[J].史学理论研究,1992(1).

[4]马大正.二十世纪的中国边疆史地研究[J].历史研究,1996(4).

[5]冷土.十年来清代边疆开发史研究概况[J].清史研究,1991(2).

[6]钞晓鸿、郑振满.二十世纪的清史研究[J].历史研究,2003(3).

[7]何瑜.清代海疆政策的思想探源[J].清史研究,1998(2).

[8]李德元.海疆迷失:对中国传统海疆观念的反思[J].厦门大学学报（哲学社会科学版）,2006(2).

[9]何瑜.康熙晚年清政府海疆政策变化原因探析[J].清史研究,1991(2).

[10]何瑜.康乾盛世与海疆政策[J].清史研究,1993(1).

[11]卢建一.试论明清时期的海疆政策及其对闽台社会的负面影响[J].福建论坛(人文社会科学版),2002(3).

[12]范金民.明清海洋政策对民间海洋事业的阻碍[J].学术月刊,2006(3).

[13]张立凡.试论明代廷争的社会影响——兼论明代倭寇与禁海[J].吉林师范大学学报(人文社会科学版),1984(2).

[14]韦庆远.论康熙时期从禁海到开海的政策演变[J].中国人民大学学报,1989(3).

[15]范东升.浅谈清初海禁对台湾开发的作用[J].武汉教育学院学报,1989(3).

[16]李金明.清康熙时期的开海与禁海的目的初探[J].南洋问题研究,1992(2).

[17]林仁川.明后期海禁的开放与商品经济的发展[J].安徽史学,1992(3).

[18]刘奇俊.清初开放海禁考略[J].福建师范大学学报(哲学社会科学版),1994(3).

[19]陈东有.试论明代后期对外贸易的禁通之争[J].南昌大学学报(社会科学版),1997(2).

[20]王日根.明清海洋管理政策刍论[J].社会科学战线,2000(4).

[21]李金明.十六世纪中国海外贸易的发展与漳州月港的崛起[J].南洋问题研究,1999(4).

[22]李金明.闽南文化与漳州月港的兴衰[J].南洋问题研究,2004(3).

[23]李金明.十六世纪漳泉贸易港与日本的走私贸易[J].日本问题研究,2006(4).

[24]林汀水.海澄之月港港考[J].中国社会经济史研究,1995(1).

[25]陈微.月港开放与世界贸易网络的形成[D].福建师范大学硕士学位论文,2006.

[26]张亨道.明代后期督饷馆税制[A].第七届明史国际学术讨论会论文集,1999.

[27]林枫.明代中后期的市舶税[J].中国社会经济史研究,2001(2).

[28]王日根、苏惠苹.明海洋管理制度化进程中的朝廷与地方[J].大连

大学学报,2008(4).

[29]郑有国、苏文菁.明代中后期中国东南沿海与世界贸易体系——兼论月港"准贩东西洋"的意义[J].福州大学学报(哲学社会科学版),2009(1).

[30]松浦章.明代末期的海外贸易[J].求是学刊,2001(2).

[31]洪佳期.试论明代海外贸易立法活动及其特点[J].法商研究,2002(5).

[32]陈尚胜."闭关"或"开放"类型分析的局限性——近20年清朝前期海外贸易政策研究述评[J].文史哲,2002(6).

[33]王永曾.清代顺康雍时期对外政策论略[J].甘肃社会科学,1984(5).

[34]夏秀瑞.清代前期的海外贸易政策[J].广东社会科学,1988(2).

[35]徐凤媛.康熙年间的海外贸易[J].黑龙江民族丛刊,1997(2).

[36]王超.清代海外贸易政策的演变[J].辽宁师范大学学报(社会科学版),2001(1).

[37]王丽英.简论清代前期的外商政策[J].惠州学院学报(社会科学版),2006(2).

[38]张乃和.15—17世纪中英海外贸易政策比较研究[J].吉林大学社会科学学报,2001(4).

[39]陈尚胜.明与清前期海外贸易政策比较——从万明〈中国融入世界的步履〉一书谈起[J].历史研究,2003(6).

[40]史志宏.明及清前期保守主义的海外贸易政策[J].中国经济史研究,2004(2).

[41]史志宏.明及清前期保守主义的海外贸易政策形成的原因及历史后果[J].中国经济史研究,2004(4).

[42]冯飞鹏.对明清政府海外贸易政策的反思[J].玉林师范学院学报(哲学社会科学版),2006(2).

[43]尚畅.从禁海到闭关锁国——试论明清两代海外贸易制度的演变[J].湖北经济学院学报(人文社会科学版),2007(10).

[44]彭巧红.明至清前期海外贸易管理机构的演变——从市舶司到海关[D].厦门大学硕士学位论文,2002.

[45]陈建标.明末清初厦门港的崛起与陶瓷贸易[J].南方文物,2004

（2）.

[46]冯立军.试论清朝前期厦门海外贸易管理[J].南洋问题研究,2001（4）.

[47]余丰.十九世纪中叶以前厦门湾的历史变迁[D].厦门大学博士学位论文,2007.

[48]蒋楠.流动的边界:宋元以来泉州湾的地域社会与海外拓展[D].厦门大学博士学位论文,2009.

[49]戴清泉.清代的闽台对渡及其影响[J].大连海运学院学报,1993（3）.

[50]黄国盛.论清代前期的闽台对渡贸易政策[J].福州大学学报（哲学社会科学版）,2000（2）.

[51]黄国盛.论清代前期的闽台对渡贸易政策（续）[J].福州大学学报（哲学社会科学版）,2000（3）.

[52]丁玲玲.清代泉台对渡贸易浅析[J].福建商业高等专科学校学报,2004（6）.

[53]邓孔昭.台湾移民史研究中的若干错误说法[J].台湾研究集刊,2004（2）.

[54]李祖基.论清代移民台湾之政策——兼评《中国移民史》之"台湾的移民垦殖"[J].历史研究,2001（3）.

[55]庄国土.海外贸易和南洋开发与闽南华侨出国的关系——兼论华侨出国的原因[J].华侨华人历史研究,1994（2）.

[56]庄国土.清朝政府对待华工出国的政策[J].南洋问题研究,1985（3）.

[57]李家驹.清政府对华工出洋的态度与政策[J].近代史研究,1989（6）.

[58]李家驹.同治年间清政府对华工出洋的态度与政策[J].近代史研究,1992（3）.

[59]杜裕根.论晚清引进侨资政策的形成及其评估[J].苏州大学学报（哲学社会科学版）,2000（3）.

[60]杨国桢.海洋迷失:中国史的一个误区[J].东南学术,1994（4）.

[61]杨国桢.关于中国海洋社会经济史的思考[J].中国社会经济史研究,1996（2）.

[62]杨国桢.论海洋人文社会科学的概念磨合[J].厦门大学学报（哲学社会科学版），2000(1).

[63]郭成康.康乾之际禁南洋案探析——兼论地方利益对中央决策的影响[J].中国社会科学，1997(1).

[64]陈东有.中央与地方的利益与冲突——乾隆年间丝货贸易中的禁通之争[J].中国社会经济史研究，1998(4).

[65]林汀水.唐以来福建水利建设概况[J].中国社会经济史研究，1989(2).

[66]林汀水.九龙江下游的围垦与影响[J].中国社会经济史研究，1984(4).

[67]施建华.九龙江下游河口治理措施探讨[J].水利科技，2007(4).

[68]杨国桢.葡萄牙人 Chincheo 贸易居留地探寻[J].中国社会经济史研究，2004(1).

[69]张健.论朱纨事件[D].厦门大学硕士学位论文，2007.

[70]崔来廷.明代大闽江口区域海洋发展探析[J].中国社会经济史研究，2005(1).

[71]林仁川.明代漳州海上贸易的发展与海商反对税监高案的斗争[J].厦门大学学报（哲学社会科学版），1982(3).

[72]庄国土.16—18 世纪白银流入中国数量估算[J].中国钱币，1995(3).

[73]王日根.明代东南海防中敌我力量对比的变化及其影响[J].中国社会经济史研究，2003(2).

[74]冯立军.清初迁海与郑氏势力控制下的厦门海外贸易[J].南洋问题研究，2000(4).

[75]王日根."外患纷起"与明清福建家庭组织的建设[J].中国社会经济史研究，1999(4).

[76]王静芳.浅析康熙朝晚期禁海的原因[J].前沿，2005(7).

[77]王日根、苏惠苹.康熙帝海疆政策反复变易析论[J].江海学刊，2010(2).

[78]冷东.明清海禁政策对闽广地区的影响[J].人文杂志，1999(3).

[79]李祖基.大陆移民渡台的原因与类型[J].台湾研究集刊，2004(3).

[80]唐文基.乾隆时期的粮食问题及其对策[J].中国社会经济史研究，

1994(3).

[81]徐晓望.试论清代东南区域的粮食生产与商品经济的关系问题——兼论清代东南区域经济发展的方向[J].中国农史,1994(3).

[82]李金明.清代前期厦门与东南亚的贸易[J].厦门大学学报(哲社版),1996(2).

[83]王日根、苏惠苹.清代闽南海洋环境与家族发展——龙溪壶山黄氏家族的个案分析[J].安徽史学,2011(1).

[84]金晶.晚清华侨政策研究综述[J].八桂侨刊,2007(3).

[85]庄国土.对晚清在南洋设立领事馆的反思[J].厦门大学学报(哲学社会科学版),2006(5).

[86]庄国土.论晚清政府在南洋的设领护侨活动及其作用[J].南洋问题研究,1983(3).

[87]黎海波.晚清政府的非洲华侨政策:评价与反思[J].华侨华人历史研究,2009(1).

[88]韩小林.论清代华侨政策的演变[J].嘉应大学学报,1995(3).

[89]陈兆民.19世纪中后期东南亚殖民政府的华侨政策评析[J].东南亚之窗,2007(3).

[90]杨国桢.海洋世纪与海洋史学[J].东南学术,2004年增刊.

[91]王日根.制度史研究应强调"官民互视"[J].史学月刊,2007(7).

后　记

　　月溪，犹如一轮弯月嵌入九龙江畔，两岸垂柳依依，炊烟袅袅，商家鳞次栉比，给月港增添了一道亮丽而又婉约的风景线。1989 年金秋时节，在月港之畔，垂髫小儿背着书包开始走进校园。那时那刻，我还不明白在不久的将来自己会与月港结下不解之缘。2001 年 7 月 13 日，我刚刚经历了高考的洗礼。那一夜，北京申奥成功，举国同欢。同年金秋九月，我负笈北上鹭岛求学，日益感受厦门大学厚重的人文关怀和学术传统。时光荏苒，如白驹过隙，凤凰花开花落，送走一批批莘莘学子。一路前行，老师指引，同门相伴成长。

　　悠悠十六载，弹指一挥间。首先，我要深深感谢我的导师王日根教授。犹记得第一次见到王老师的情景，是在师姐本科论文答辩会上，"只闻其声、不见其人"的王老师与现实有了交汇。犹记得撰写本科毕业论文之时，初次拜访王老师的场景。王老师温文尔雅、和蔼可亲，化解了我初投师门的不安，同时，王老师严谨的学风给我留下了深刻印象。硕士、博士期间，我在王老师的指导下继续学习。王老师春风化雨、谆谆善诱，鼓励我寻找自己的学术兴趣点，其睿智的言谈激发着我对历史的探索。论文从选题到定稿，无不倾注着王老师的心血。学业之余，王老师和师母叶宝珠教授还对我的生活给予了很大的关心，让一度迷茫的我获得了鼓励。在此，向导师和师母献上最诚挚的谢意！这次，博士学位论文修改稿有幸入选"海上丝绸之路研究丛书"正式出版，亦是老师的鞭策之力。

　　厦门大学历史系的杨国桢、陈支平、林枫、侯真平、钞晓鸿、张侃、刘永华、饶伟新、曲天夫等诸位教授，你们对历史学科的执著和严谨的治学态度，使我受益匪浅。

　　本书的完成离不开搜集资料和田野调研过程中遇到的一切热心之人。忘不了伯父带我拜访龙海市图书馆郭亚文馆长之情。郭馆长不仅热心提供其馆藏的族谱等民间文献资料，还帮忙联系福建省图书馆特藏部的林永祥老师和龙海市政协文史委的林本谅先生;再加上龙海市方志办的陈春红女士,提供了大量的地方文献资料,为本书的写作奠定了坚实的资料基础。忘不了初登浯屿岛受到高三学生林萍婷无私帮助之景。林同学在我的冒昧咨询之后,主动提出带我在岛上走动之议,其家人热情好客给我留下了深刻的印象。忘不了孤身一人的镇海之行。城隍庙、文庙中来不及询问姓名的普通百姓,对我这个不速之客不胜其烦、每问必答。忘不了港滨许氏家族的许海军老先生为我讲述族人往事,以及许英俊同学在炎炎夏日里带我实地考察史迹的辛苦。借此机会,一并致谢!

求学期间,同门覃寿伟、何铎、周惊涛、江涛、吕小琴、曹斌、张宗魁、张先刚、陈瑶、肖丽红、黄友泉、涂丹、徐枫、徐鑫、庞桂甲、张霞、程龙吟、吴鲁薇,以及同窗张凤英、傅惠玲、崔如梅、卢增夫、董维维、郭巧华等人一路陪我学习和成长。有了你们,我的大学生涯增添了许多绚丽的色彩。感谢一路相伴!

此外,我要感谢一直以来不断给我支持和鼓励的家人、亲戚朋友。幼年失怙,虽然不幸,然而,有你们的爱护和相伴,我才能够勇敢地面对人生,乐观地一路成长。你们都辛苦了,谢谢! 三十二载悠悠岁月,懵懂幼儿今已长大,在此遥寄思念,以慰父爱无边!

最后,我还要感谢爱人陈焕庭博士、爱女陈子理。多年来,爱人对我的研究工作给予了极大的支持和鼓励,陪伴我走过宁波、香港、澳门、广州、泰国等地各大博物馆,加深了我对月港时期海洋贸易的感悟。爱女降生,给我们的生活增添了许多乐趣。

自强不息,止于至善! 在未来的工作和生活中,我将继续以此为宗旨,勉于自励!

苏惠苹

2017 年 9 月 30 日于月港之滨